工 信 精 品
软件技术系列教材

U0734296

Fundamentals
of Java
Programming

Java

程序设计基础教程

慕课版 | 第2版

朱丽萍 傅雷扬 ◎ 主编

刘刚 夏林朋 ◎ 副主编

人民邮电出版社
北 京

图书在版编目（CIP）数据

Java 程序设计基础教程 ：慕课版 ：第 2 版 / 朱丽萍，
傅雷扬主编. -- 2 版. -- 北京 ：人民邮电出版社，
2025. --（工信精品软件技术系列教材）. -- ISBN 978
-7-115-66384-9

Ⅰ. TP312.8

中国国家版本馆 CIP 数据核字第 2025BS5307 号

内 容 提 要

本书通过大量案例详细讲解了 Java 程序设计的基础知识。全书共 12 个单元，内容包括 Java 基础
知识，基本数据类型及运算符，控制执行流程，字符串，面向对象，集合和数组，文件及流，日期和
时间，反射、异常及枚举，并发编程，网络编程及综合实训——简易网上银行系统。本书图文并茂，
内容浅显易懂，代码注释详细，配备全套慕课视频，资源丰富，贴近行业应用。

本书可作为高等院校或培训机构 Java 基础课程的教材，也可作为 Java 程序设计爱好者的自学参
考书。

♦ 主　　编　朱丽萍　傅雷扬
　　副主编　刘　刚　夏林朋
　　责任编辑　赵　亮
　　责任印制　王　郁　焦志炜
♦ 人民邮电出版社出版发行　　　北京市丰台区成寿寺路 11 号
　　邮编　100164　电子邮件　315@ptpress.com.cn
　　网址　https://www.ptpress.com.cn
　　三河市君旺印务有限公司印刷
♦ 开本：787×1092　1/16
　　印张：18.5　　　　　　　　2025 年 3 月第 2 版
　　字数：533 千字　　　　　　2025 年 3 月河北第 1 次印刷

定价：69.80 元

读者服务热线：(010)81055256　印装质量热线：(010)81055316
反盗版热线：(010)81055315

第2版前言

Java 简介

Java 是 Sun Microsystems 公司于 1995 年推出的一种高级编程语言，Java 一词来源于印度尼西亚爪哇岛的英文名称。Java 是面向对象程序设计语言的代表，相比 C++，其更全面地体现了面向对象的思想，它不仅继承了 C 和 C++的许多特性，还去除了 C 和 C++语言中烦琐的、难以理解的和不安全的内容。"高效且跨平台"是 Java 的一大特点，Java 程序可以"一次编译，随处运行"。因此，Java 语言不仅是目前 Web 开发的主流技术，也是移动应用开发的主流技术。

本书利用丰富有趣的案例，细致地讲解了 Java 的基础知识。本书重点知识点采用小任务的形式，带领读者边学边练；每个单元均设置了项目实战（第 12 单元除外），带领读者编写实用的小程序或小游戏，巩固所学的知识；最后通过一个综合实训——简易网上银行系统，带领读者在学习 Java 数据库连接和操作的同时，通过 Web 实际项目的开发体验 Java 的经典应用场景。

本书配套资源

本书配套案例源代码、素材、最终文件、电子教案等教辅资源，读者可登录人邮教育社区（www.ryjiaoyu.com）进行下载。登录人邮学院网站（www.rymooc.com）或扫描封底上的二维码，使用手机号完成注册后，即可在线观看全书慕课视频。也可以使用手机扫描书中的二维码直接观看视频。

本书特点、优势

- 理论与实践相结合。本书根据行业企业的发展需要选取教学内容，符合读者的认知规律和教师的教学规律。

- 任务驱动，适应性强。本书根据教学内容合理安排教学任务，读者通过学习本书，不仅能快速地运用所学技术，而且能够提高项目开发能力。

- 启智增慧，弘扬社会主义核心价值观。本书全面贯彻党的二十大精神，落实立德树人根本任务，引导学生坚定文化自信，树立社会责任感。

本书由朱丽萍、傅雷扬任主编，刘刚、夏林朋任副主编。由于编者水平有限，书中难免存在不妥之处，敬请广大读者批评指正。

编者

2024 年 10 月

目录

第 8 单元

日期和时间 ··················153

第 9 单元

反射、异常及枚举 ···········162

第1单元
Java基础知识

01

情景引入

Java是一门程序设计语言，因其可移植性强、API（Application Program Interface，应用程序接口）和扩展插件丰富而备受欢迎。自问世以来，Java受到了前所未有的关注，并成为计算机、移动电话、家用电器等领域中最受欢迎的开发语言之一。特别是在Web软件开发领域中，Java占据了不小的市场。大家所熟知的高自由度沙盒游戏《我的世界》的最初版本就是用Java编写的。即使在程序设计语言众多的今天，一些权威的软件活跃度统计数据显示，Java仍然是最活跃的编程语言之一，这充分显示了其独特的魅力和吸引力。

本单元首先介绍Java语言的发展历程和特点，然后介绍如何搭建Java开发环境，最后介绍一些常用的开发工具。通过对本单元的学习，读者可以对Java语言有初步的认识，并且能够独自完成Java开发环境的搭建。

学习目标

知识目标
（1）了解Java的发展历程。
（2）了解Java语言的特点。
（3）掌握安装Java程序开发工具的步骤。
（4）掌握Java程序的开发过程。
（5）熟悉Java开发环境的搭建。

能力目标
（1）能独立搭建Java开发环境并创建项目。
（2）能使用Eclipse编写简单程序。

素质目标
（1）通过了解Java发展历程、搭建开发环境，培养自主学习新技术与解决实际问题的能力。
（2）通过学习Java语言特点，培养对编程语言特性的分析与理解能力。

思维导图

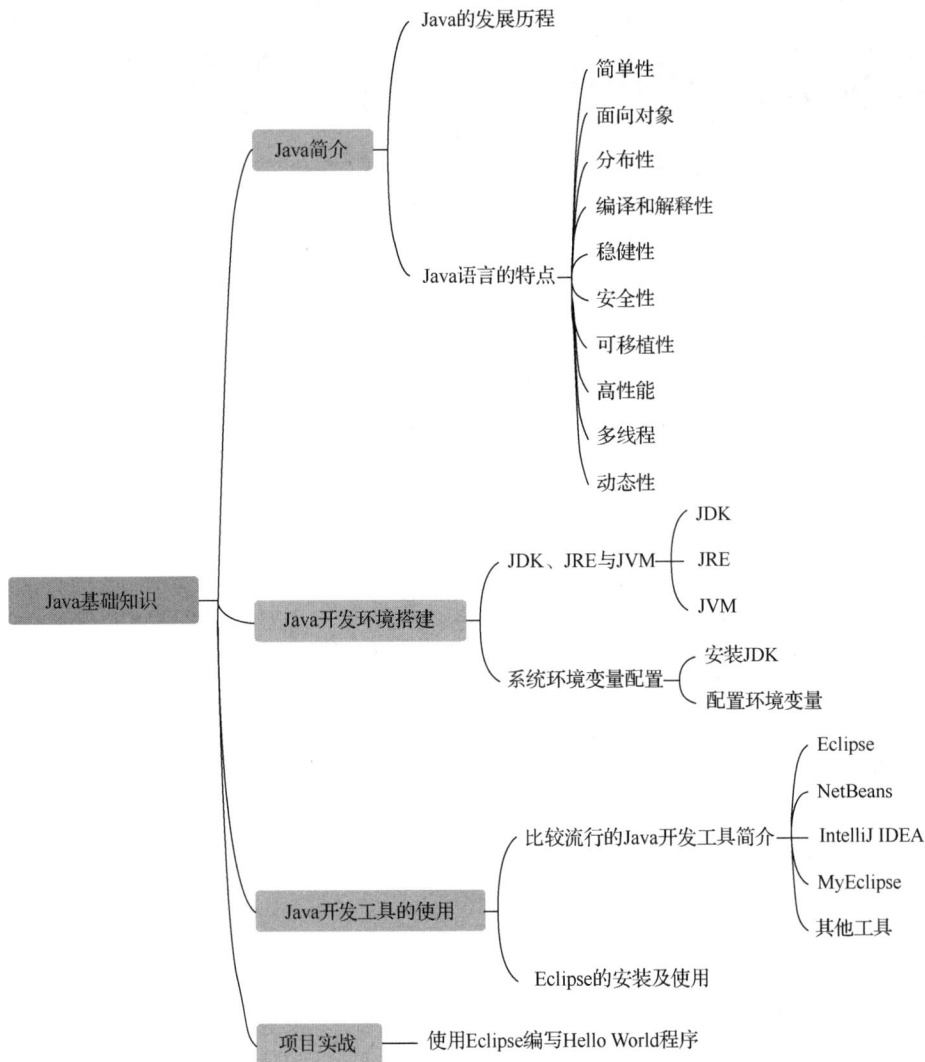

1.1 Java 简介

Java 是一门面向对象的编程语言。不同于传统的编程语言（如 C 和 C++），它继承了 C++面向对象、具有丰富的 API 等优点，且摒弃了难以理解的多继承概念；Java 中没有让很多开发者倍感头疼的指针概念，还提供了垃圾回收（Garbage Collection，GC）机制，让开发者无须担心内存问题；Java 提供的异常日志能帮助开发者快速地定位错误。这些优点都让 Java 更加简单且强大。

Java 简介

在多年的发展中，Java 已经变得比较完善，这也是 Java 一直活跃的原因。

1.1.1 Java 的发展历程

20 世纪 90 年代，硬件领域出现了单片式计算机系统。这些系统可以让消费类电子产品更加智能。Sun Microsystems（以下简称 Sun）公司为了抢占先机，在 1991 年成立了 Green 小组。Java 之父詹姆斯·高斯林与其他几个工程师一起开发出了被称为 Oak 的面向对象语言，这就是 Java 语言的前身。1995 年，Sun 公司推出了可以嵌入网页且可以随网页在网络上传输的 Applet（一种将小程序嵌入网页中执行的技术）并申请了商标。由于 Oak 已经被使用，其名称被修改为 Java。在 1995 年 5 月 23 日的 Sun World 大会上，Java 和 HotJava 浏览器被一同发布。自此，Java 进入人们的视野。

1996 年，JDK（Java Development Kit，Java 软件开发工具包）1.0 发布，这是 Java 发展历程中的重要里程碑，标志着 Java 成为一种独立的开发工具。之后，Java 平台的第一个即时（Just In Time，JIT）编译器发布。1999 年，Java 2 平台企业版（Java 2 Platform，Enterprise Edition，J2EE）发布。同年，Java 2 平台推出了另外 2 个版本：J2ME（Java 2 Platform，Micro Edition，Java 2 平台微型版），专为移动、无线及资源受限的环境设计；J2SE（Java 2 Platform，Standard Edition，Java 2 平台标准版），适用于桌面环境。Java 2 平台的发布是 Java 发展过程中最重要的一个里程碑，标志着 Java 的应用开始普及。2004 年，J2SE 1.5 发布，并更名为 Java SE 5.0。该版本包含泛型支持、基本类型的自动装箱、增强的 for 循环、枚举类型、格式化 I/O（Input/Output，输入/输出）及可变参数等，是 Java 语言发展史上的又一个里程碑。Java 10 于 2018 年 3 月发布。

1.1.2 Java 语言的特点

Java 语言共有十大特点，分别为简单性、面向对象、分布性、编译和解释性、稳健性、安全性、可移植性、高性能、多线程、动态性。

1. 简单性

相对于 C 和 C++而言，Java 没有 goto 语句，使用 break 和 continue 语句及异常处理语句代替；没有 C++的运算符过载和多继承特征，免去了预处理程序。Java 奉行一切皆是对象的理念，避免了对指针的使用。同时，Java 自带垃圾回收机制，让开发者无须关心存储管理问题。

2. 面向对象

Java 是使用类（Class）来组织的，类的概念完美地契合了面向对象的理念。类是属性和行为的集合，即数据和操作方法的集合。结合包（Package）的分层分体系来组织类，使得 Java 的层次感更强，方法的调用和开发更加方便和简单。

3. 分布性

Java 支持多种层次的网络连接，Socket 类提供了可靠的流（Stream）连接，所以用户可以使用 Java 来构建分布式的客户机和服务器。

4. 编译和解释性

Java 编译程序生成字节码（Bytecode），而不是常见的机器码。Java 程序可以在任何支持 Java 解释程序的系统上运行。

Java 支持快速原型，可实现快速程序开发。这是与传统的、耗时的"编译、链接和测试"形成鲜明对比的精巧的开发过程。

5. 稳健性

Java 不支持指针的使用，这增强了程序的稳健性，简化了出错处理和恢复操作。

6. 安全性

Java 没有指针，并且会在加载前对字节码文件进行安全性验证，这些特点使 Java 相对安全。

7. 可移植性

Java 是运行在 Java 虚拟机（Java Virtual Machine，JVM）上的，所以其运行不依赖于平台和操作系统。

8. 高性能

为了提升性能，JVM 会根据代码逻辑和当前系统重新排列字节码中程序执行的逻辑顺序。这种重排不仅不会影响程序的逻辑，还会大大提升程序的运行性能。

9. 多线程

Java 支持多线程开发，并给出了一系列的类和关键字等，以确保在多线程环境中变量的位置保持一致。

10. 动态性

Java 是一种动态的语言，可适应变化的环境。例如，Java 中的类是根据需要载入的，其中部分类是通过网络获取的。

1.2 Java 开发环境搭建

Java 的开发基于 Java 开发工具包（Java Development Kit，JDK），这是 Java 的核心，包括 Java 运行环境（Java Runtime Environment，JRE）、Java 工具和 Java 基础类库。Java 开发环境的搭建就是 JDK 的安装过程。

Java 开发环境搭建

1.2.1 JDK、JRE 与 JVM

JDK、JRE 和 JVM 是 Java 开发的基础概念，下面将依次介绍。

1. JDK

JDK 是 Sun 公司针对 Java 开发者发布的产品。JDK 中包含 JRE。JDK 的安装目录下有一个名为 jre 的目录，里面有两个文件夹，分别为 bin 文件夹和 lib 文件夹。在这里可以认为 bin 文件夹中是 JVM，lib 文件夹中则是 JVM 工作所需要的类库，而 bin 文件夹和 lib 文件夹合起来就称为 JRE。

2. JRE

JRE 是 Java 程序不可缺少的运行环境。有了它，Java 开发者才可以发布自己开发的程序，让用户使用。

JRE 中包含 JVM、Runtime Class Libraries 和 Java Application Launcher，这些是运行 Java 程序的必要组件。

与 JDK 不同，JRE 是 Java 的运行环境，而不是开发环境，所以它没有包含任何开发工具（如编译器和调试器），只是针对使用 Java 程序的用户。

3. JVM

JVM 是 Java 实现跨平台运行的核心部分。通常 Java 程序会先被编译为.class 文件，这种文件可以在虚拟机上执行。

.class 文件并不直接与操作系统交互，而是通过 JVM 与系统交互。JVM 的这种屏蔽具体操作系统的特点是实现 Java 跨平台运行的关键。

1.2.2 系统环境变量配置

为了使系统在编译 Java 程序的时候可以自动找到 Java 命令所在的位置，需要在安装 JDK 之后配置环境变量，具体如下。

1. 安装 JDK

JDK 包含 JRE 和 JVM，所以搭建 Java 开发环境只需要安装好 JDK 即可。JDK 的安装步骤如下。

① 在 Oracle 官网中下载 JDK 的安装包，下载页面如图 1-1 所示。本书以 JDK 1.8 为例进行介绍，JDK 11 及更新版本的安装和使用方法类似。

Linux x64 Compressed Archive	135.04 MB	jdk-8u401-linux-x64.tar.gz
macOS ARM64 Compressed Archive	119.42 MB	jdk-8u401-macosx-aarch64.tar.gz
macOS ARM64 DMG Installer	201.35 MB	jdk-8u401-macosx-aarch64.dmg
macOS x64 DMG Installer	208.95 MB	jdk-8u401-macosx-x64.dmg
Solaris SPARC 64-bit (SVR4 package)	118.39 MB	jdk-8u401-solaris-sparcv9.tar.Z
Solaris SPARC 64-bit Compressed Archive	84.35 MB	jdk-8u401-solaris-sparcv9.tar.gz
Solaris x64 (SVR4 package)	119.34 MB	jdk-8u401-solaris-x64.tar.Z
Solaris x64 Compressed Archive	82.25 MB	jdk-8u401-solaris-x64.tar.gz
Windows x86 Installer	139.73 MB	jdk-8u401-windows-i586.exe
Windows x64 Installer	149.08 MB	jdk-8u401-windows-x64.exe

图 1-1　Oracle 官网的 JDK 下载页面

② 首先根据自己的操作系统选择安装包（本书以 Windows 10、64 位的操作系统为例，选择 Windows x64 安装包）。下载后得到的安装文件是 jdk-8u401-windows-x64.exe。双击该文件即可开始安装，安装界面如图 1-2 所示。

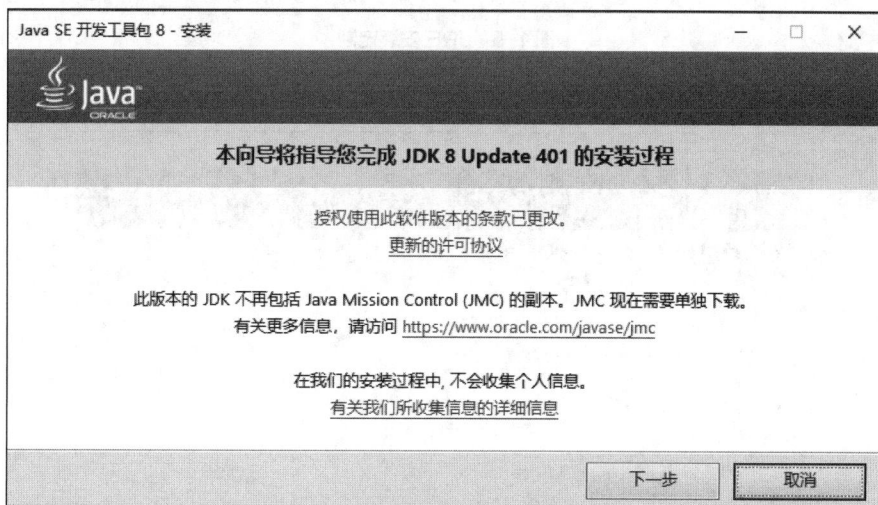

图 1-2　JDK 安装界面

③ 单击"下一步"按钮，进入定制安装界面，如图 1-3 所示。

④ 保持默认设置，单击"下一步"按钮，进入安装执行界面，如图 1-4 所示。

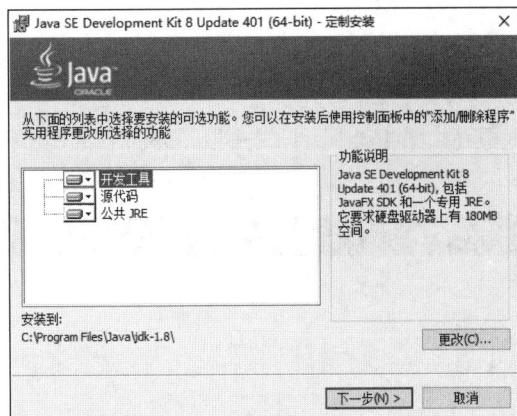

图1-3　定制安装界面

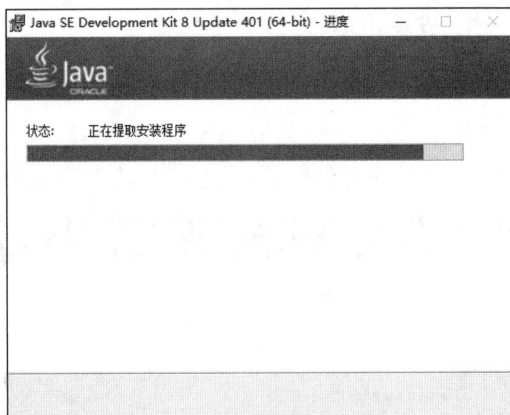

图1-4　安装执行界面

⑤ 安装执行需要一定的时间，此处只需要等待即可。安装完成之后，会提示用户定制安装 JRE，选择安装目标文件夹后如图 1-5 所示。

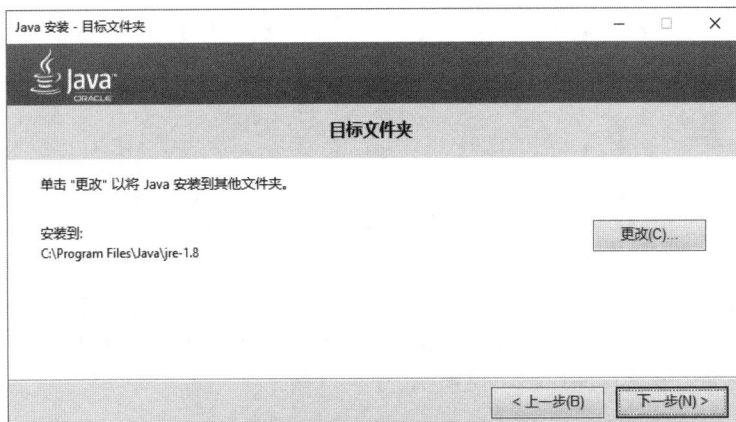

图1-5　JRE 安装定制

⑥ 保持默认配置，单击"下一步"按钮，将弹出 JRE 的安装界面，如图 1-6 所示。

图1-6　JRE 安装界面

⑦ 耐心等待，直到安装完成，如图 1-7 所示，单击"关闭"按钮即可完成 JDK 的安装。

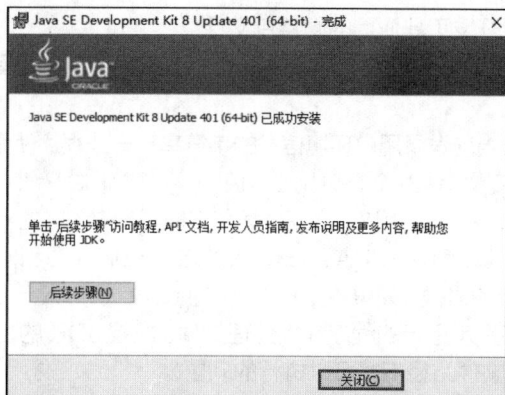

图 1-7　安装完成

默认的 JDK 安装路径是系统盘中的 Java 目录，找到该目录，其结构如图 1-8 所示。

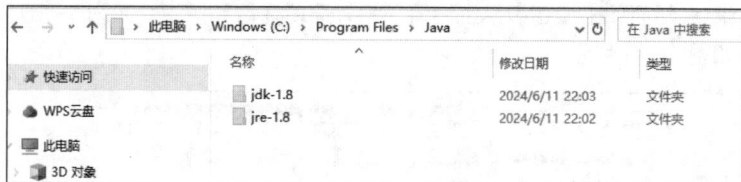

图 1-8　JDK 安装的目录

从这个目录结构可以看出，JDK 的安装包含 JRE 的安装。进入 JDK 的文件目录，其结构如图 1-9 所示。

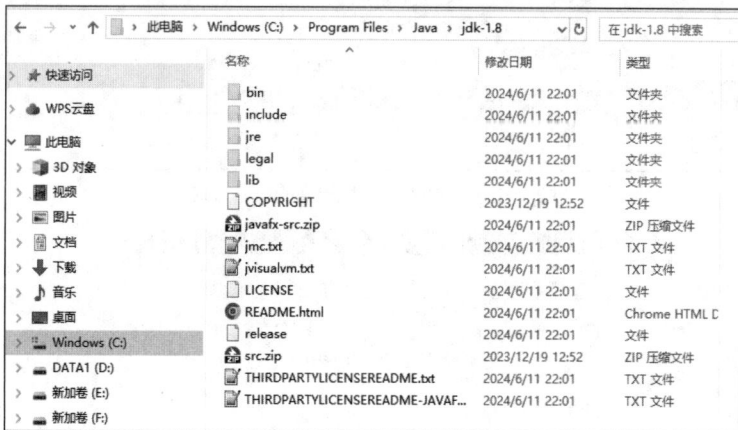

图 1-9　JDK 的文件目录

JDK 目录下有很多子目录和文件，它们都有其特定的功能，其中主要的子目录和文件功能如下。
* bin 目录：用于存放可执行程序，如 javac.exe（Java 编译器）、java.exe（Java 运行工具）、jar.exe（Java 打包工具）等。
* db 目录：小型的数据库管理系统，自 JDK 1.6 之后引入，是一个纯 Java 实现、开源的数据库管理系统，可直接使用，小巧轻便，支持 JDBC 4.0 规范。
* include 目录：JDK 是使用 C 和 C++实现的，该目录存放的是 C 类语言的头文件。
* jre 目录：JRE 的根目录，包含 JVM、运行时的类包、Java 应用启动器和 bin 目录，但不包含开发环境中的开发工具。

- lib 目录：用于存放开发工具使用的归档包文件。
- src.zip 文件：用于存放 JDK 核心类的源代码文件，通过该文件可以查看 Java 基础类的源代码。

2. 配置环境变量

环境变量是包含系统及当前登录用户环境信息的字符串，一些程序使用此变量确定在何处搜索文件。和 JDK 相关的环境变量有 3 个，分别是 JAVA_HOME、Path 和 CLASSPATH。其中 JAVA_HOME 是 JDK 的安装目录，用来定义 Path 和 CLASSPATH 的相关位置；Path 环境变量告诉操作系统到何处找 JDK 工具；CLASSPATH 环境变量告诉 JDK 工具到何处找类文件（.class 文件）。

在未配置这些环境变量的时候，如果不是在 JDK 的 bin 目录下运行 javac 命令，会提示该命令不是内部或外部命令，也不是可运行的程序或批处理文件。配置 JDK 的相关环境变量就是为了避免每次运行 JDK 都要到具体文件路径下才可以执行的问题。

下面以 Windows 10 系统为例，介绍 JDK 环境变量的配置。Windows 系统其他版本的配置方式都是类似的，读者可以查阅资料。

① 打开文件资源管理器，右击"此电脑"选项，在弹出的快捷菜单中选择"属性"，或在控制面板中选择"系统"，然后单击"高级系统设置"→"环境变量"按钮，如图 1-10 所示。打开环境变量配置界面，如图 1-11 所示。

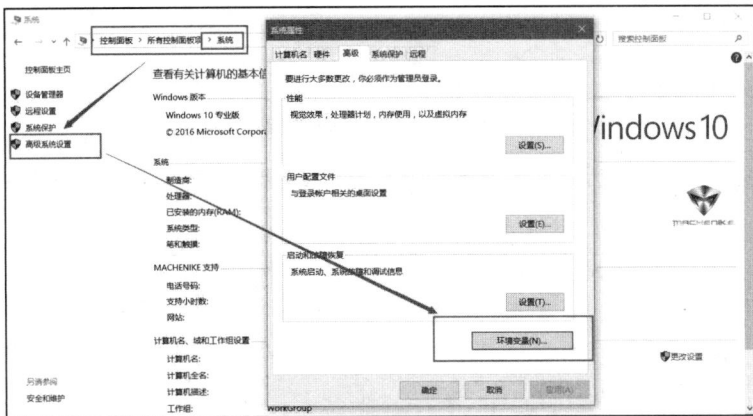

图 1-10　环境变量配置界面的进入方式

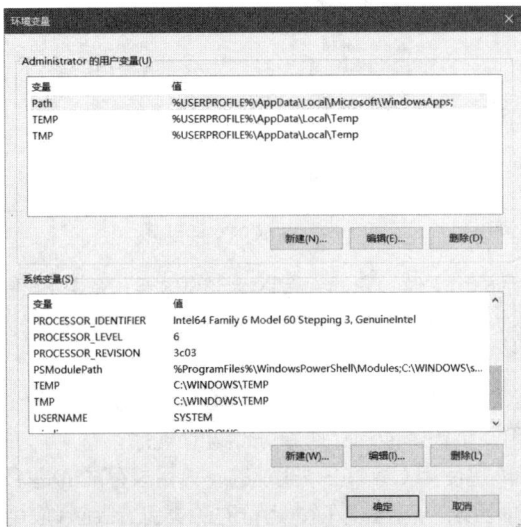

图 1-11　环境变量配置界面

环境变量分为两类，一类是用户的环境变量，另一类是系统环境变量。用户的环境变量配置是跟随用户的，例如在 A 用户的账户里配置的 JDK 环境变量，B 用户是不能使用的。系统环境变量配置是跟随系统的，同一系统中所有的用户都能使用。下面以配置系统环境变量为例进行介绍。

② 在系统环境目录下创建 JAVA_HOME 环境变量，该变量的值是 JDK 的安装目录。首先单击"新建"按钮，然后在"变量名"文本框中输入"JAVA_HOME"，在"变量值"文本框中输入 JDK 的安装路径，单击"确定"按钮，如图 1-12 所示。

CLASSPATH 环境变量的配置方法同 JAVA_HOME 环境变量，如图 1-13 所示。其值是".;%JAVA_HOME%\lib\dt.jar;%JAVA_HOME%\lib\tools.jar;"，其中"."表示在所有的目录下查找，"%JAVA_HOME%"用来获取环境变量 JAVA_HOME 的值。

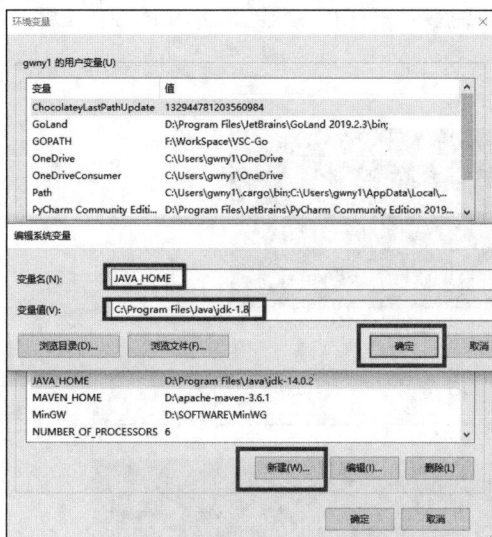

图 1-12　配置 JAVA_HOME 环境变量

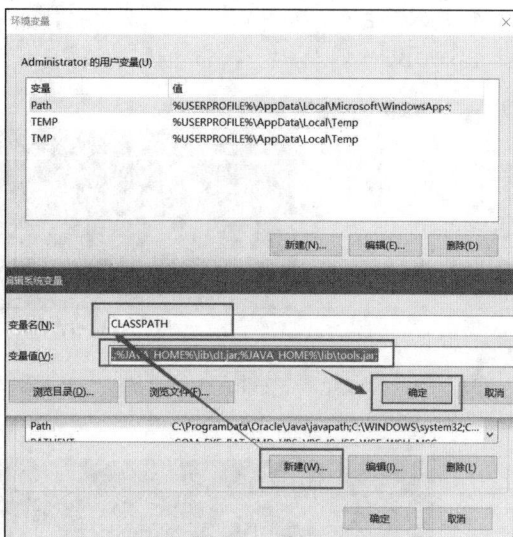

图 1-13　配置 CLASSPATH 环境变量

与 JAVA_HOME 和 CLASSPATH 不同，在计算机中 Path 环境变量是存在的，所以只需要为其添加内容即可，如图 1-14 所示。

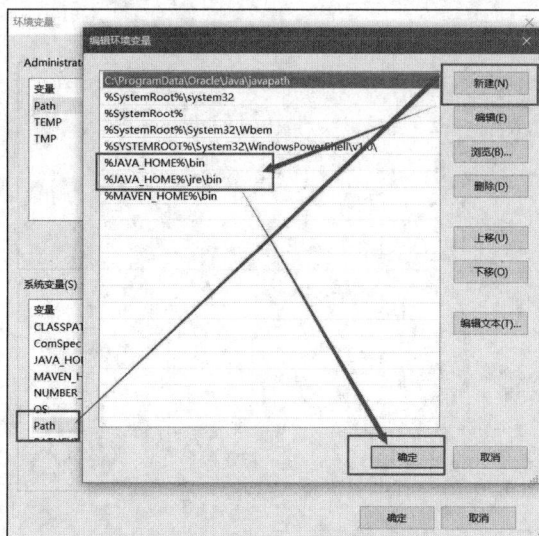

图 1-14　配置 Path 环境变量

此处只需要配置 JDK 的 bin 目录和 JRE 的 bin 目录即可。

③ 配置完毕之后，按【WIN+R】组合键打开"运行"对话框，输入"cmd"，单击"确定"按钮，打开 Windows 的命令提示符窗口，如图 1-15 所示。

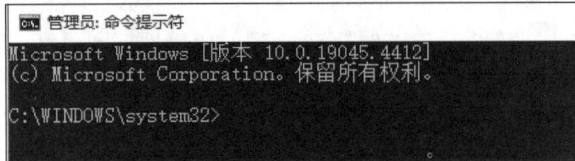

图 1-15　Windows 命令提示符窗口

④ 输入"java –version"，按【Enter】键，命令提示符窗口中会显示 Java 的版本信息，如图 1-16 所示。

图 1-16　Java 的版本信息

⑤ 输入"javac"，按【Enter】键，窗口会显示 Java 的 javac 工具，如图 1-17 所示。

图 1-17　Java 的 javac 工具

如果读者调用这些命令时的显示与图 1-17 相同，那么说明环境变量已经配置成功，这个时候就可以使用 Java 的开发环境了。

1.3 Java 开发工具的使用

JDK 安装配置完成之后就可以进行 Java 的开发了，此时，你只需要使用文本编辑器就可以开发 Java 代码了。让我们来体验一下吧！

使用文本编辑器编写一个 Java 程序，代码如下：

```java
public class HelloJava {

public static void main(String[] args) {
    System.out.println("Hello world, Hello Java!");
}
}
```

Java 开发工具的
使用

按【WIN+R】组合键，输入"cmd"，打开命令提示符窗口；先使用 javac 编译.java 文件，然后使用 java 运行程序。需要注意的是，文件的名称必须和类名一致。这里的文件名称是 HelloJava.java。javac 用于编译文件，所以使用"javac HelloJava.java"；java 运行的是类，所以使用"java HelloJava"，运行效果如图 1-18 所示。

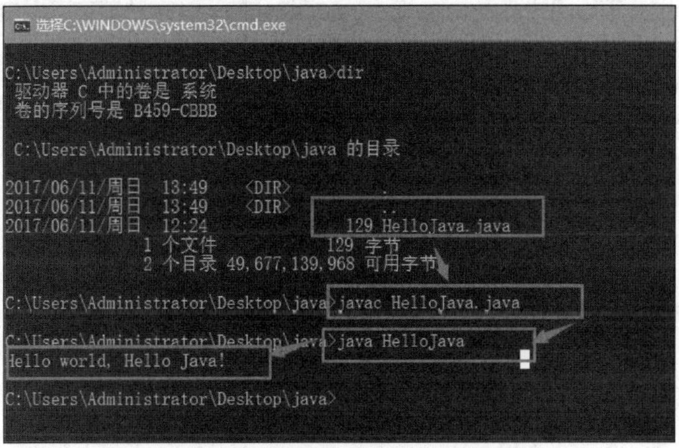

图 1-18　使用文本编辑器编译 Java 代码并运行

有些读者在使用自动补齐功能执行 java 命令的时候，如果类名后多了.class，系统会抛出异常，如图 1-19 所示。

图 1-19　异常信息

至此，我们完成了简单的 Java 程序开发。考虑到大项目的包会很多，引用的包（JAR 包）也会很多，单纯使用记事本会增加工作的难度，而开发工具可以自动执行一些操作，能够极大地提升开发效率。在 Java 的开发工具中，值得一提的是 Eclipse、NetBeans、IntelliJ IDEA 和 MyEclipse。

1.3.1　比较流行的 Java 开发工具简介

Java 的开发工具有很多，常用的有 Eclipse、NetBeans、IntelliJ IDEA 和 MyEclipse。其中 Eclipse 和 NetBeans 是免费的，IntelliJ IDEA 和 MyEclipse 是收费的。

1. Eclipse

Eclipse 是一款主要用 Java 编写的免费 Java IDE（Integrated Development Environment，集成开发环境）。Eclipse 允许用户创建各种可用于手机、网络、桌面和企业领域的跨平台 Java 应用程序。

Eclipse 的主要功能包括 Windows 生成器、集成 Maven、Mylyn、XML（Extensible Markup Language，可扩展标记语言）编辑器、Git 客户端、CVS（Concurrent Versions System，并发版本系统）客户端、PyDev，并且 Eclipse 还有一个基本工作区，里面的可扩展插件系统可满足用户自定义 IDE 的需求。通过插件，用户可以用其他编程语言开发应用程序，包括 C、C ++、JavaScript、Perl、PHP（Hypertext Preprocessor，超文本预处理器）、Prolog、Python、R、Ruby（包括 Ruby on Rails 框架）等。

Eclipse 在 Eclipse 公共协议下可用，并且适用于 Windows、macOS 和 Linux 系统。

2. NetBeans

NetBeans 是一款用 Java 编写的开源 IDE，是最受欢迎的 Java IDE 编辑器之一。

NetBeans 支持所有 Java 应用类型（包括 Java SE、JavaFX、Java ME、Web 应用、EJB 和移动 App）的标准开箱即用式开发。NetBeans 模块化的设计意味着它可以由第三方插件来扩展其功能，如 NetBeans 的 PDF 插件。

NetBeans 既可用于 Java 开发，也支持其他语言，特别是 PHP、C/C ++ 和 HTML5（HyperText Markup Language 5，超文本标记语言第 5 版）。

NetBeans 是基于 Ant 的项目系统，支持 Maven、重构、版本控制（包括 CVS、Subversion、Git、Mercurial 和 ClearCase），并且是在由通用开发与发布许可证（Common Development and Distribution License，CDDL）v1.0 和 GNU 通用公共许可证（General Pubic License，GPL）v2.0 构成的双重协议下发布的。

NetBeans 可在多个平台上运行，包括 Windows、macOS、Linux、Solaris 和其他支持兼容 JVM 的平台。

3. IntelliJ IDEA

IntelliJ IDEA 是一款免费的 Java IDE，主要用于 Android 应用开发、Scala、Groovy、Java SE 和 JavaEE 编程。它设计精巧，并提供了 JUnit 测试、TestNG、调试、代码检查、智能代码补全、多元重构、Maven 和 Ant 构建工具、可视化 GUI（Graphical User Interface，图形用户界面）设计器以及 XML 和 Java 代码编辑器等实用功能。

当然有一些功能在社区版中是没有的。如果用户需要更多功能，可以购买许可证来解锁所有功能。

4. MyEclipse

MyEclipse 是一个出色的 Eclipse 插件集合，专门用于 Java、J2EE 开发。MyEclipse 的功能非常强大，支持面也十分广，尤其是对多种开源产品的支持都不错。MyEclipse 支持 Java Servlet、AJAX（Asynchronous JavaScript And XML，异步 JavaScript 和 XML）、JSP（Java Server Page，Java 服务器页面）、JSF（Java Server Faces，Java 服务器界面）、Struts、Spring、Hibernate、EJB 3（Enterprise JavaBean 3，企业级 JavaBean 第 3 版）、JDBC（Java Database Conneetivity，Java 数据库连接）数据库连接工具等多项功能。可以说，MyEclipse 是目前几乎所有主流开源产品的专属 Eclipse 开发工具。

目前 MyEclipse 提供 Windows、macOS 和 Linux 3 种操作系统的安装包，可在这 3 种操作系统上安装。

5. 其他工具

Java 的魅力是支持多种工具，例如构建工具 Ant、包管理工具 Maven 和项目运行容器 Tomcat 等。这些工具可以帮助 Java 开发者快速创建项目及进行项目的持续集成等。其中 Maven 是项目包管理的重要工具，它可以减少包导入导致的项目占用空间巨大和 Java 包冲突等问题；Tomcat 则是 Java Web 项目发布时需要使用的服务器，可以让 Web 项目在其上运行并提供服务。

1.3.2 Eclipse 的安装及使用

因为 Eclipse 是免费的，所以一般开发者多使用 Eclipse 来开发 Java 项目。Eclipse 的安装非常简单，进入 Eclipse 官网，找到对应的下载目录即可。目前 Eclipse 有很多版本，本书以 Neon 版本为例进行说明。用户只需下载"eclipse-inst-win64.exe"安装包，并按照提示安装即可，步骤如下。

① 双击安装包，选择"Eclipse IDE for Java Developers"选项，如图 1-20 所示；进入安装配置界面，单击"INSTALL"按钮安装即可，如图 1-21 所示；安装时会跳出协议界面，单击"确定"按钮继续安装。

图 1-20 安装选择界面

图 1-21 安装配置界面

② 安装完成之后会在桌面上生成一个快捷图标。双击快捷图标运行软件，软件打开后界面如图 1-22 所示。

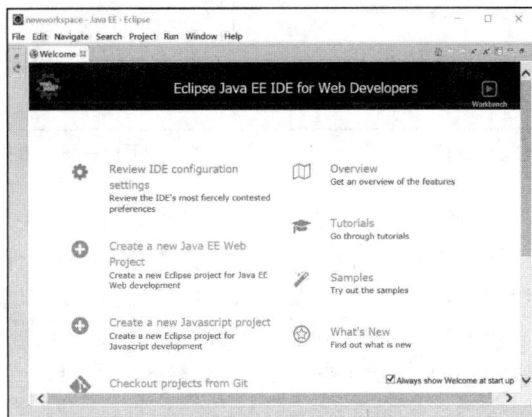

图 1-22 Eclipse 的界面

至此，Eclipse 就安装完成了。下面将介绍如何使用 Eclipse 创建 Java 项目和编写 Java 类，开发一个 Java 程序。

//// 1.4 项目实战

项目 1-1 使用 Eclipse 编写 Hello World 程序 ══════

我们学习一门新的语言，编写的第一个程序基本上都是 Hello World。本项目就是使用 Java 语言编写 Hello World 程序，开发工具使用 Eclipse。Eclipse 的使用较为简单，首先创建项目，然后创建类，执行一个入口类就可以查看运行结果了。如果编辑中出现简单的错误，编辑器会进行提示，在错误代码下显示一条红色的波浪线。具体步骤如下。

项目实战

① 创建项目。选择"File"→"new"→"Project"→"Java Project"，或者按【Alt+Shift+N】组合键后选择"Project"→"Java Project"；然后输入项目名称"firstprogram"，再依次单击"Finish"→"Yes"即可，如图 1-23、图 1-24 所示。

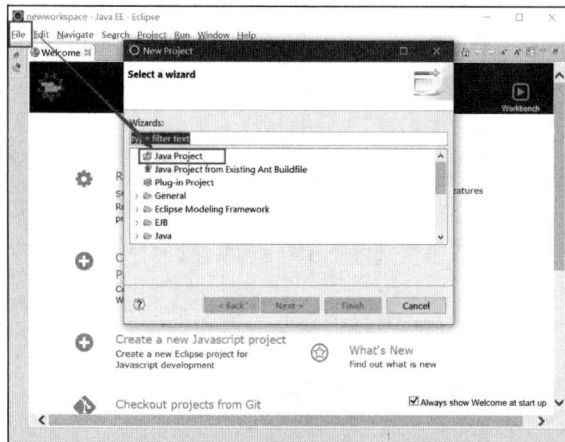

图 1-23　选择"Java Project"

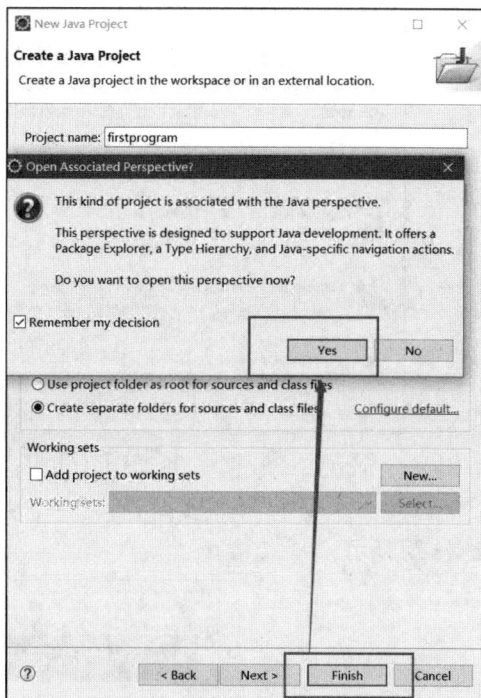

图 1-24　单击"Finish"→"Yes"

② 项目创建完成之后，就进入了 Java 项目的编辑界面，如图 1-25 所示。Eclipse 界面左侧选项卡显示的是项目文件结构，其中 firstprogram 是创建的项目名称，src 文件夹用于存储项目的源代码，JRE System Library 是项目的依赖库；右侧的 Outline 选项卡显示的是类的属性和方法；下方是一些常用的选项卡，其中 Problems 用于显示项目编译和运行过程中产生的错误，Javadoc 用于显示帮助文档，Declaration 用于显示类、方法和变量的声明，Console 用于输出程序的输出结果。

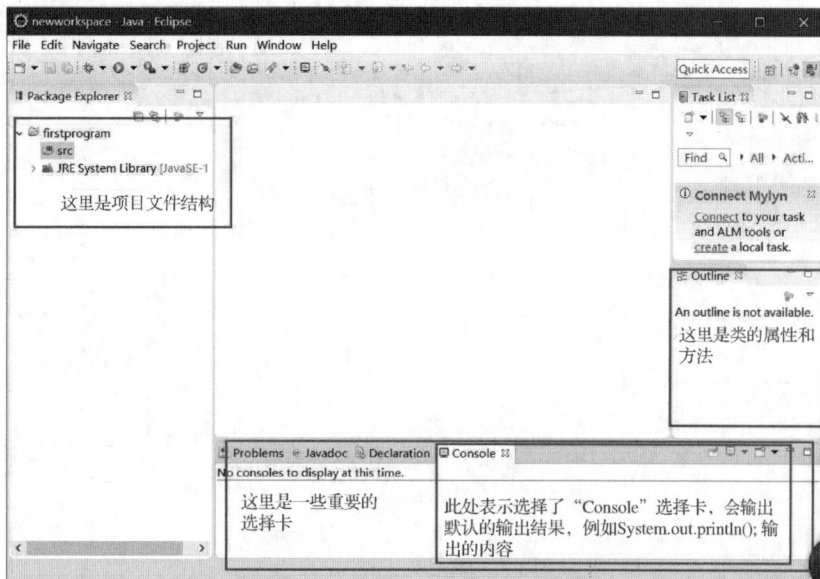

图 1-25　Java 项目的编辑界面

③ 创建类。在项目文件结构中使用默认的包（包的概念在第 5 单元中介绍）新建一个类，方法为：右击 src 文件夹，在弹出的快捷菜单中选择"New"→"Class"，如图 1-26 所示；在弹出的"New Java Class"对话框的"Package"文本框中输入包名称"firstprogram"，在"Name"文本框中输入类名称"HelloJava"，勾选"public static void main(String[] args)"，默认创建一个主方法，其他选项保持默认值不变，如图 1-27 所示。

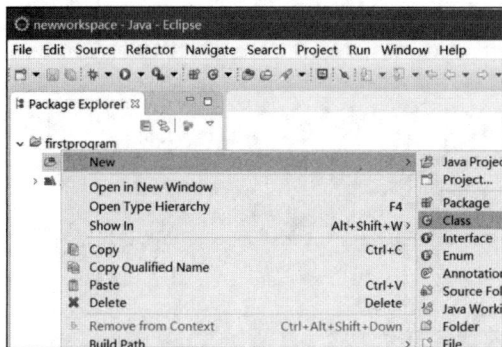

图 1-26　选择"New"→"Class"

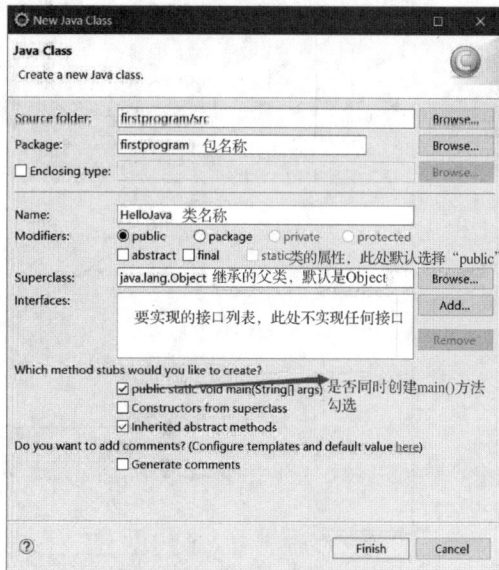

图 1-27　设置相关选项

④ 单击"Finish"按钮后，就可成功地创建 Java 类了。创建完成之后，编辑器会自动打开所创建类的视图，如图 1-28 所示。Eclipse 左侧界面的 src 文件夹下面会出现名为 firstprogram 的包，下级目录会有名为 HelloJava.java 的类文件；中间为类的编辑界面，可以编写类的处理逻辑。任务栏有调试和运行按钮。

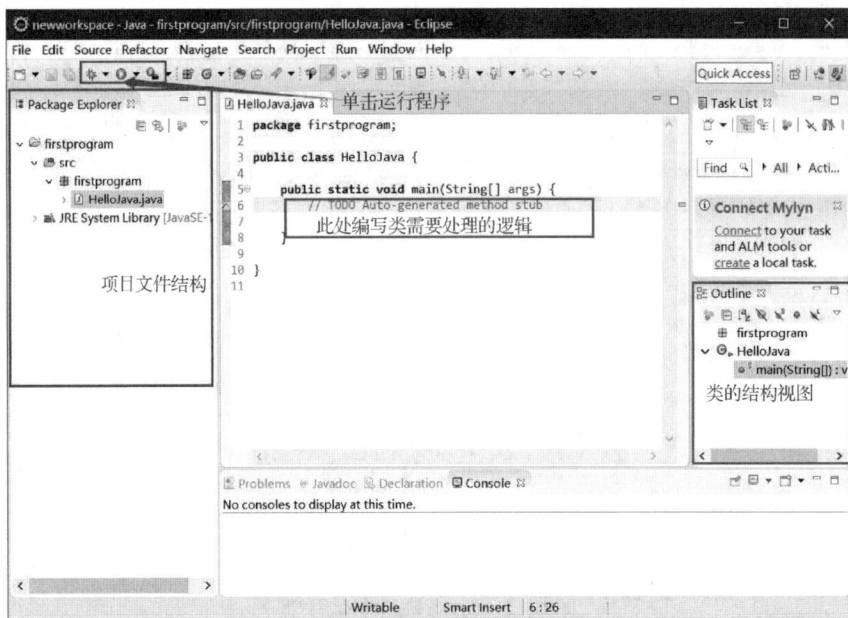

图 1-28　所创建 Java 类的视图

⑤ 此时，Java 类已经创建完成。为了形成对比，此处使用与在文本编辑器中编写的 Java 类相似的执行逻辑：在 main()方法中通过 System.out.println()输出"Hello Eclipse, Hello Java!"；在类文件中右击，选择"Run as"，会在控制台中输出"Hello Eclipse, Hello Java!"，如图 1-29 所示。

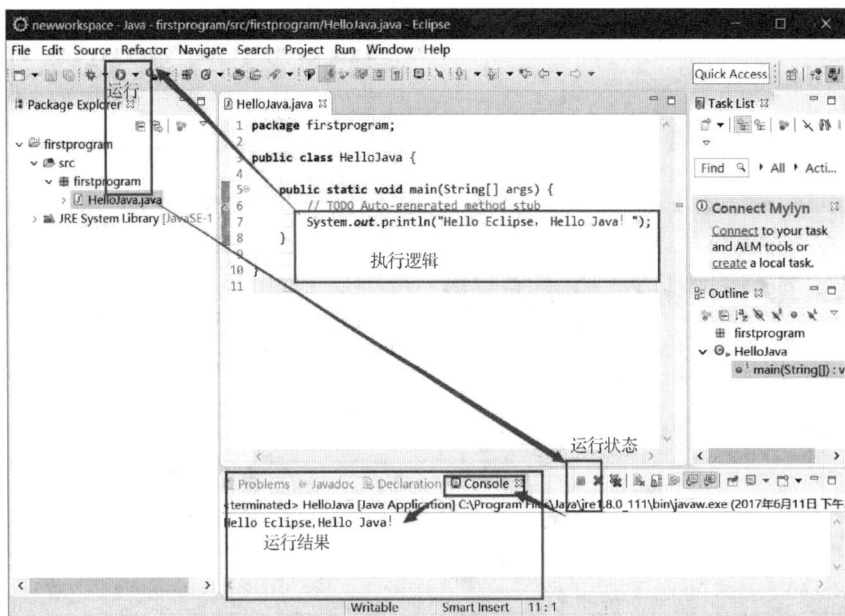

图 1-29　运行程序

执行逻辑就是 main()方法中的代码片段，此处仅向控制台输出"Hello Eclipse, Hello Java!"字样。单击类似播放按钮的按钮运行程序，程序的运行状态被一个正方形的图标标识。如果图标是灰色的，表示程序已经执行结束了；如果图标是红色的，表示程序正在执行。此外，所有的系统输出都会在控制台显示，包括程序想要输出的内容。

　　编辑器的好处是可以实时提示一些基本错误，如引用的类没有导入或者数据类型不匹配等，而且可以使用自动类导入的方式导入项目需要导入的所有类。Java 对于未使用到的类是不进行加载的，所以在导入包和类的时候，切记使用类导入的方式，而非"包名.*"的导入方式。导入包的关键字是"import"，这和其字面意思一致，比较好理解。

> **提示**　Java 中使用 package 关键字定义包。在第一个 Eclipse 类中，package firstprogram 指明了当前类所在包是 firstprogram 包，使用 "import 包名.类名" 的方式导入所需要的类，例如：
>
> ```
> package firstprogram;              // 定义包
>
> import java.util.LinkedHashMap;  // 导入引入的类
> ```

　　Java 提供了丰富的 API，这些 API 可以帮助开发者快速开发项目。这些 API 按照功能被放在了不同的包中，具体如下。

- java.util 包：包含大量的工具类，例如 Arrays、List 和 Map 等。
- java.net 包：包含与网络编程相关的类和接口。
- java.io 包：包含所有与输入/输出操作相关的类和接口。
- java.awt 包：包含与图像界面相关的类和接口。
- java.lang 包：包含与语言相关的类和接口。
- java.sql 包：包含与数据库相关的类和接口。
- java.rmi 包：包含与远程调用相关的类和接口。

Java 还提供了与时间和安全相关的类和接口，有兴趣的读者可以查阅相关资料进行学习。

1.5　单元小结

　　本单元是 Java 的基本介绍单元，1.1 节主要讲解了 Java 的发展历程和语言特点，并指出了 Java 热度不减的原因；1.2 节讲解了 JDK、JRE 和 JVM 的关系、JDK 的安装及系统环境变量的配置，这是开发 Java 项目必不可少的环节；1.3 节介绍了 Java 常用的开发工具，这些开发工具各有优点，其中 Eclipse 较为常用，Eclipse 有免安装版本，可以直接解压后使用；1.4 节的项目实战主要介绍了 Eclipse 工具的使用，带领读者了解了使用 Eclipse 创建 Java 项目和 Java 类并运行的方法，读者可以根据自己的兴趣使用 Eclipse 创建并编写一个 Java 项目。

　　Java 最大的优势之一就是尽力让开发者只关注业务逻辑，这极大地减少了 C 类程序中让开发者头疼的空间管理和指针问题，而且 Java 丰富的类库让开发者更容易入手，加上 Java 强大的扩展能力，使其成为开发领域中最活跃的编程语言之一。

1.6　课后习题

1. 下列描述错误的是（　　）。
   - A．Java 要求开发者管理内存
   - B．Java 中没有指针机制
   - C．Java 有多线程机制
   - D．Java 是面向对象的语言
2. 在 Java 编程中，Java 编译器会将 Java 程序编译成（　　）文件。
3. Java 的类是（　　）和（　　）的集合。
4. Java 语言的特点有哪些？
5. 简述 Java 的应用领域。

第2单元
基本数据类型及运算符

02

情景引入

　　程序主要用于处理信息，而信息又以多种形式展现。Java是一种类型安全的语言，即首先声明要处理信息的类型，然后将这个类型告诉JVM。程序处理的所有内容都有特定的类型。例如在超市的订单系统中，如果想表示每天的出货量，就需要用到整型数据；如果需要计算每天的销售额，就需要用到浮点型数据。在Java中，数据类型分为两种，一种是基本数据类型，另一种是复合数据类型。本单元就基本数据类型和运算符进行详细的介绍。通过对本单元的学习，读者可以掌握Java中的基本数据类型，并对一组数据进行运算。

学习目标

知识目标

（1）掌握Java的基本数据类型。

（2）了解基本数据类型的拆箱、装箱。

（3）掌握Java中的运算符。

能力目标

（1）能够根据实际编程场景声明不同数据类型的变量。

（2）能够使用Java的基本数据类型和运算符实现一些简单的程序逻辑。

素质目标

（1）通过完成各类数据类型操作任务，培养严谨的数据处理与逻辑思维能力。

（2）通过探究运算符优先级，培养深入钻研知识、归纳总结规律的能力。

思维导图

```
                                                            ┌─ 整型
                                            ┌─ 基本数据类型分类 ─┤─ 浮点型
                                            │                ├─ 字符型
                                            │                └─ 布尔型
                                            │
                                            │                ┌─ 变量
                    ┌─ 基本数据类型 ──┼─ 基本数据类型的拆装箱 ─┤─ 声明变量
                    │                       │                └─ 变量赋值
                    │                       │
                    │                       └─ 拓展：parseInt()方法和valueOf()方法的使用
                    │
                    │                       ┌─ 加减运算
                    │                       ├─ 正负值运算
                    │                 ┌─ 算术运算符 ──┼─ 乘除运算
                    │                 │             ├─ 取余运算
                    │                 │             └─ 自增自减运算
基本数据类型及运算符 ─┤                 │
                    │                 ├─ 关系运算符和逻辑运算符 ─┬─ 关系运算符
                    ├─ 运算符 ─────────┤                       └─ 逻辑运算符
                    │                 │
                    │                 ├─ 赋值运算符与条件运算符 ─┬─ 赋值运算符
                    │                 │                       └─ 条件运算符
                    │                 │
                    │                 ├─ 位运算符 ─┬─ <<、>>、>>>
                    │                 │           └─ ^、~、|、&
                    │                 │
                    │                 └─ 运算符的优先级
                    │
                    └─ 项目实战 ── 设计IP地址转换程序
```

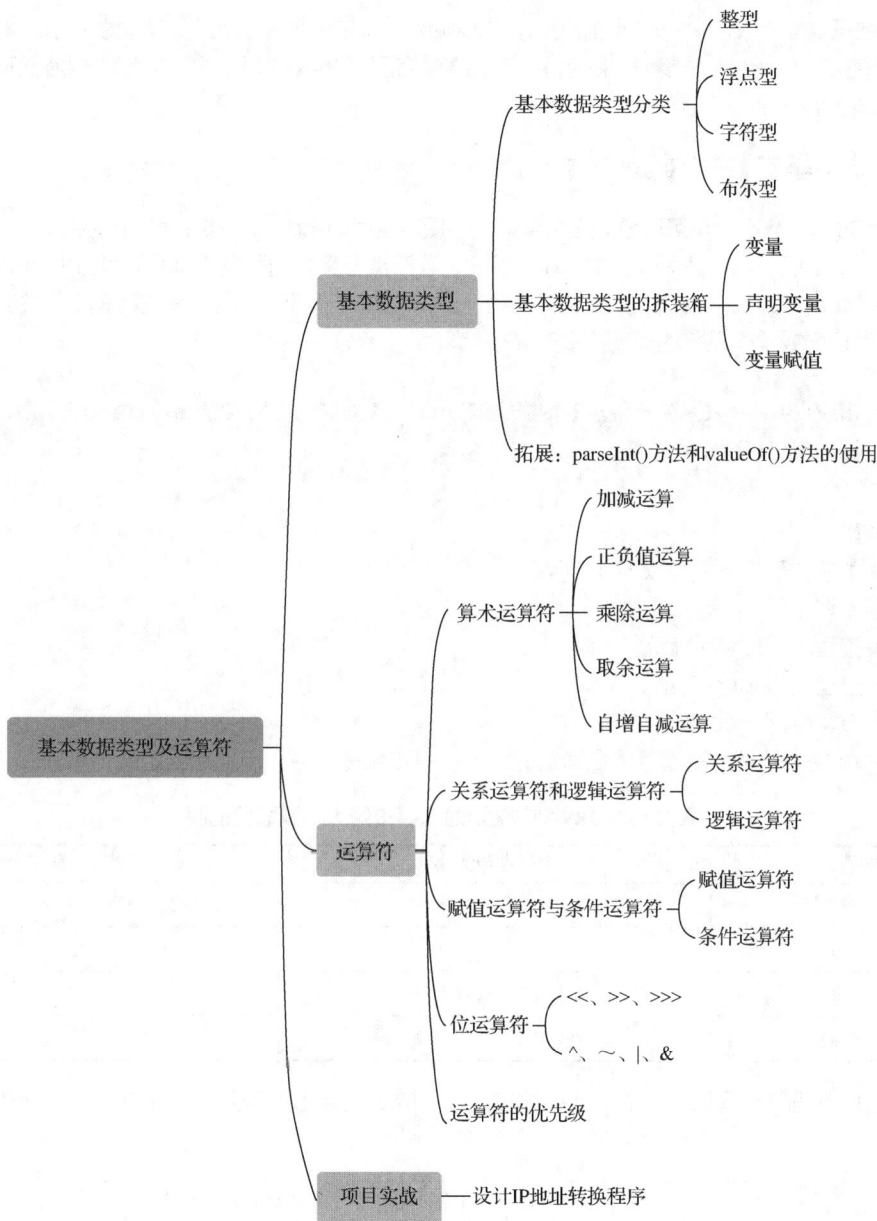

2.1 基本数据类型

计算机只能识别基本数据 0 和 1。在基本数据之上衍生出来的各种复杂程序都是建立在使用 0 和 1 与计算机进行交互的基础上的。程序一般都会将其开发语言通过一定的处理最终让计算机理解，Java 程序亦如此。

数据类型不同，其表示的数据范围、精度和所占的存储空间都不相同。为了区分，我们将 Java

基本数据类型

的数据类型分为两类：基本数据类型和复合数据类型，具体如下。

- 基本数据类型：整型、浮点型、布尔型和字符型。
- 复合数据类型：数据类型、类和接口。

基本数据类型有 8 种，分别为布尔型（boolean）、字节型（byte）、字符型（char）、短整型（short）、基本型（int）、长整型（long）、单精度浮点型（float）和双精度浮点型（double），其中以 boolean、int、char 和 double 较为常用。

2.1.1 基本数据类型分类

Java 的基本数据类型可以分为三大类，分别是字符型（char）、布尔型（boolean）和数值类型（byte、short、int、long、float 和 double），数值类型又分为整型（byte、short、int 和 long）和浮点型（float 和 double）。Java 中不存在无符号的数值类型，其取值范围也是固定的，不会随着机器硬件环境或操作系统的改变而改变。

> **注意** Java 中还存在另外一种基本数据类型 void，其对应的包装类是 java.lang.Void，但无法对其进行直接的操作。

1. 整型

Java 中的整型可以分为以下 4 种类型。

- 基本型：用 int 表示。
- 短整型：用 short 表示。
- 长整型：用 long 表示。
- 字节型：用 byte 表示。

在 Java 中，整型的取值范围是固定的，所以其占用的内存大小也是固定的，如表 2-1 所示。

表 2-1　Java 中整型的内存占用大小及取值范围

数据类型	内存占用大小	取值范围
byte	8 位（1 个字节）	$-128\sim127$
short	16 位（2 个字节）	$-32768\sim32767$
int	32 位（4 个字节）	$-2^{31}\sim2^{31}-1$
long	64 位（8 个字节）	$-2^{63}\sim2^{63}-1$

Java 的数据类型是以补码的形式存放在内存中的。以 short 为例，它有 16 位，能存储的最小数是：

1	0	0	0	0	0	0	0	0	0	0	0	0	0	0	0

这个数是-2^{16}，换算成十进制数就是-32768。

它能存储的最大数是：

0	1	1	1	1	1	1	1	1	1	1	1	1	1	1	1

这个数是 $2^{16}-1$，换算成十进制数就是 32767。其他数据类型的取值及其与十进制数之间的转换方式与此相似，读者可以按照这个方式进行换算。在 Java 中，高位是符号位，1 表示负数，0 表示整数。

> **注意** 与 C 和 C++不同，Java 中没有无符号型整数，而且明确规定了各种整型类型所占据的内存字节数，这样就保证了平台无关性。

2. 浮点型

Java 使用浮点型来表示实数。浮点型也有两种：单精度浮点型和双精度浮点型，分别使用 float 和 double 来表示。浮点型的相关说明如表 2-2 所示。

表 2-2 浮点型的相关说明

数据类型	内存占用大小	有效数字	取值范围
float	32 位（4 个字节）	7 个十进制位	约±3.4×10^{38}
double	64 位（8 个字节）	15～16 个十进制位	约±1.8×10^{308}

Java 中的浮点型是按照 IEEE（Institute of Electrical and Electronics Engineers，电气与电子工程师协会）754 标准存放的。值得注意的是，程序开发中需要将整数当作一种类型，将实数当作另一种类型，因为整数和实数在计算机内存中的表示方法截然不同：整数是精确存储的，而实数只是存储近似值。

3. 字符型

Java 中的字符型用 char 来表示。和 C/C++不同的是，它使用 2 个字节（16 位）来存储一个字符，而且存放的并非 ASCII 值而是 Unicode 值。Unicode 是一种在计算机上使用的字符编码，其为每种语言定义了统一且唯一的二进制编码，以满足跨语言、跨平台进行文本转换处理的需求。Unicode 值和 ASCII 值是兼容的，所有的 ASCII 字符都可通过在高字节位添加 0，成为 Unicode 值。例如，a 的 ASCII 值是 0x61，在 Unicode 中，其编码是 0x0061。

4. 布尔型

布尔型使用 boolean 来表示，它的值只有 true 和 false。布尔型是用来处理逻辑的，又被称为逻辑类型，true 和 false 分别表示条件成立和条件不成立。

2.1.2 基本数据类型的拆装箱

因为基本数据类型的使用场景受限，所以 Java 对基本数据类型进行了封装，使其成为复合数据类型。这样，基本数据类型就可以依靠快速拆装箱的操作转换身份，同时享有复合数据类型的特性和基本数据类型的便捷性。

在学习基本数据类型的拆装箱之前，需要知道 Java 中的变量、声明变量和变量赋值操作。

1. 变量

基本数据类型的数据可以作为变量（Variable）存储在计算机内存中。变量是有名称和数据类型的内存空间，用于存储值。如同一个图书馆，为了便于图书的检索和存放，会使用图书编号来管理图书，变量也具有这种理念。唯一不同的是，Java 是类型安全的，所以不仅需要指定变量的名称，还要指定变量的数据类型，就好比图书编号加上图书的上架类别。

2. 声明变量

变量的存在就是为了告诉程序我是谁和我的数据类型是什么。所以，你需要发表一个声明，告诉程序你要声明一个变量，这个变量叫什么，将要存储什么类型的数据，如下所示：

```
< 类型 > < 名称 >;
```

需要注意的是，每个变量名称只能声明一次，否则 Java 编译器会报错，这就好像你无法让一个人既是张三又是李四一样。类型可以使用 Java 的 8 种基本数据类型的名字来表示。变量一旦声明了，Java 就会为它分配一段内存空间来存储它的值，但是仅声明变量并不能让 Java 向变量对应的内存空间存放初始值。仅声明的变量被称为未初始化的变量，这种变量需要对其进行赋值操作之后才能使用。

3. 变量赋值

变量的赋值使用 "=" 表示，该符号用于告诉 JVM 将后面的值交给前面的变量进行保存。需要注意的是，变量在进行赋值操作会执行类型安全检查。如果你定义的变量是 char 类型的，但赋予该变量一个 boolean 类型的值，Java 编译器就会抛出异常。

赋值语句如下：

```
< variable > = < expression >;
```

赋值语句可以与声明语句同时使用，即你可在声明一个变量的时候就为这个变量赋值：

```
< type> < variable > = < expression >;
```

例如，你可以声明一个 int 类型的变量，其名称是 height，其值是 180：

```
int height = 180;
```

当使用赋值语句的时候，Java 会将数值 180 存放到之前声明的名为 height 的变量所指向的空间中，作为 height 的值。

与变量相对的是常量。常量的值在程序运行过程中不能被改变。这一点是不同于变量的，变量的值是可以根据需要进行改变的。

有时需要用特殊的常量表示一定的意义，比如使用 0 表示女性、1 表示男性等。但是这些数据因为无法表示其真实的意义，给程序的维护带来了很大的不便，因为你不知道其他开发者定义的 0 和 1 到底是指性别还是指身高、学历等，所以这些数据也被称为 "神仙数"，意思是只有神仙才能看得懂其含义。为此，Java 提供了符号常量，即使用标识符来表示常量。因为常量的标识符一般是有意义的字符串，所以非常便于理解。例如：

```
final int MALE = 1;
final int FEMALE = 0;
```

这样通过符号常量就可以知道其值所代表的意义，而且更便于后期的维护。不同于变量首单词小写、其后单词首字母大写的 "驼峰模式"，常量的单词都使用大写。如果有多个单词，一般使用 "_" 进行分隔。另外，常量需要在声明时进行赋值。有关常量和变量的具体应用请参看任务 2-1。

任务 2-1　常量和变量

文件 ConstantAndVariablesDemo.java

```java
public class ConstantAndVariablesDemo {
    public static void main(String[] args) {
        final int MALE = 1;        // 定义常量 MALE 表示男性，常量需要在声明时赋值
        int age;                   // 声明 age，其类型是 int
        int height = 180;          // 声明 height，其类型是 int，并赋值为 180
        // age 未定义，所以此处会抛出错误
        // System.out.println("MALE = " + MALE + "; age = " + age + " ; height =
" + height);
        age = 20;                  // 给 age 赋值
        // 输出
        System.out.println("MALE = " + MALE + "; age = " + age + " ; height =
" + height);
        height = 177;              // 变量重新赋值
        System.out.println("MALE = " + MALE + "; age = " + age + " ; height =
" + height);
        //        MALE = 0;        // 常量无法重新赋值
    }
}
```

运行结果如图 2-1 所示。

```
<terminated> ConstantAndVariablesDemo [Java Application] C:
MALE = 1; age = 20 ; height = 180
MALE = 1; age = 20 ; height = 177
```

图 2-1 运行结果

变量和常量都是在程序的运行中被经常使用的，使用具有其对应含义的名称会更加友好。例如，年龄使用 age、身高使用 height 等具有明确含义的名称可以让其他开发者理解变量对应的实际意义，这样便于代码的维护。

Java 是面向对象的编程语言，而基本数据类型并不具备对象的性质。为了让基本数据类型也拥有对象的性质，Java 的开发组定义了一系列基本数据类型的包装类，用于包装这些基本数据类型，便于基本数据类型与对象之间的快速转换。基本数据类型的拆装箱（把基本数据类型转换为包装类的过程就是装箱，把包装类转换为基本数据类型的过程就是拆箱）如任务 2-2 所示。

任务 2-2 基本数据类型的拆装箱

文件 AssemblyAndDisDemo.java

```java
public class AssemblyAndDisDemo {

    public static void main(String[] args) {
        int age = 39;              // 定义基本数据类型变量
        Integer ageNor = 38;       // 定义包装类变量
        // 输出
        System.out.println("age = " + age + ", ageNor = " + ageNor);

        int temp = age;            // 将基本数据类型变量赋给一个临时变量
        age = ageNor;              // 将包装类变量赋给基本数据类型变量
        ageNor = temp;             // 将基本数据类型变量赋给一个包装类变量
        // 输出
        System.out.println("age = " + age + ", ageNor = " + ageNor);
    }

}
```

运行结果如图 2-2 所示。

通过任务 2-2 可以发现，基本数据类型和包装类可以自由地相互转换，这个特性使得 Java 中的基本数据类型有了对象的性质。对象可以赋予基本数据

```
<terminated> AssemblyAndDisDemo [Java Applica
age = 39, ageNor = 38
age = 38, ageNor = 39
```

图 2-2 运行结果

类型很多属性和方法，其中较简单的就是获取每种基本数据类型的最大值、最小值及其他的一些操作方法。获取基本数据类型取值范围的方法如任务 2-3 所示。

任务 2-3 获取基本数据类型的取值范围

文件 BasicValueDemo.java

```java
public class BasicValueDemo{

  public static void main(String[] args) {
      // 整型
      System.out.println("byte 类型的最大值: " + Byte.MAX_VALUE + "; 最小值: " +
Byte.MIN_VALUE);
      System.out.println("short 类型的最大值: " + Short.MAX_VALUE + "; 最小值: " +
Short.MIN_VALUE);
      System.out.println("int 类型的最大值: " + Integer.MAX_VALUE + "; 最小值: " +
```

```
Integer.MIN_VALUE);
        System.out.println("long 类型的最大值: " + Long.MAX_VALUE + "; 最小值: " +
Long.MIN_VALUE);

        // 浮点型
        System.out.println("float 类型的最大值: " + Float.MAX_VALUE + "; 最小值: " +
Float.MIN_VALUE);
        System.out.println("double 类型的最大值: " + Double.MAX_VALUE + "; 最小值: " +
Double.MIN_VALUE);

        // 布尔型
        System.out.println("boolean 类型的 true: " + Boolean.TRUE + "; false: " +
Boolean.FALSE);

        // 字符型
        System.out.println("char 类型的最大值: " + (int)(Character.MAX_VALUE) + "; ");
最小值: " + (int)(Character.
    MIN_VALUE));

    }
}
```

运行结果如图 2-3 所示。

```
<terminated> Basic ValueDemo [Java Application] C:\Program Files\Java\jdk1.8.0_111\bi
byte类型的最大值: 127; 最小值: -128
short类型的最大值: 32767; 最小值: -32768
int类型的最大值: 2147483647; 最小值: -2147483648
long类型的最大值: 9223372036854775807; 最小值: -9223372036854775808
float类型的最大值: 3.4028235E38; 最小值: 1.4E-45
double类型的最大值: 1.7976931348623157E308; 最小值: 4.9E-324
boolean类型的true: true; false: false
char类型的最大值: 65535 ; 最小值: 0
```

图 2-3 运行结果

　　包装类的名称一般是将对应基本数据类型的名称改为首字母大写。但 int 类型和 char 类型较为特殊，其对应的包装类分别是 Integer 和 Character。通过包装类的基本方法可以获取其对应的基本数据类型的阈值。除去这些，包装类还提供了一些类型转换的方法，例如 parse()方法和 valueOf()方法。其具体转换方法的应用请参看任务 2-4。

任务 2-4　包装类的转换方法

文件 AssemblyParseDemo.java

```java
public class AssemblyParseDemo {
    public static void main(String[] args) {

        // 定义 String 类型的变量，一个是整型的 100，一个是浮点型的 99.88
        String intValue = "100";
        String doubleValue = "99.88";

        byte b = Byte.parseByte(intValue);    // 将字符串转换成 byte 类型的数据
        short s = Short.parseShort(intValue); // 将字符串转换成 short 类型的数据
        int i = Integer.parseInt(intValue);   // 将字符串转换成 int 类型的数据
        System.out.println("b = " + b + "; s = " + s + "; i = " + i); // 输出

        float f = Float.parseFloat(doubleValue); // 将字符串转换成 float 类型的数据
        double d = Double.parseDouble(doubleValue); // 将字符串转换成 double 类型的数据
```

```
            System.out.println("f = " + f + "; d = " + d); // 输出

    }

}
```

运行结果如图 2-4 所示。

字符串将在第 4 单元讲解，此处读者仅需要了解。字符串类型使用 String 来标识，其值使用双引号标识，如任务中使用的：

```
<terminated> AssemblyParseDemo [Java Application] C:\Progr
b = 100; s = 100; i = 100
f = 99.88; d = 99.88
```

图 2-4　运行结果

```
String intValue = "100";
```

几乎每个包装类都有 parse()方法，可以将字符串类型的数据转换成基本数据类型的数据。因在网络传输中都是使用字符串来传输数据的，包装类在处理这种情况时格外有效。包装类还有一些其他的属性和方法，有兴趣的读者可以查阅相关文档进行学习。

2.1.3　拓展：parseInt()方法和 valueOf()方法的使用

Integer 的 parseInt()和 valueOf()方法都可以将字符串转换成 Integer 类型的值。在对字符串的处理方面，valueOf()一般会调用 parseInt()方法，但是何时使用 parseInt()，何时使用 valueOf()呢？

此时需要深入查看 API，通过查看 API 不难发现：

```
public static Integer valueOf(String s) throws NumberFormatException {
    return Integer.valueOf(parseInt(s, 10));
}
```

其实 valueOf()方法最终还是需要使用 parseInt()方法的，这里还用到了 valueOf()方法。进入这个方法，可以看到如下内容：

```
public static Integer valueOf(int i) {
        if (i >= IntegerCache.low && i <= IntegerCache.high)
            return IntegerCache.cache[i + (-IntegerCache.low)];
        return new Integer(i);
}
```

此处发现了 IntegerCache。从代码中可以看出，IntegerCache 是一个已经预先初始化的数字常量池：

```
static final int low = -128;
static final int high;
…
 int h = 127;
…
for(int k = 0; k < cache.length; k++)
    cache[k] = new Integer(j++);
```

可以看出，Integer 类型也有常量池。这个常量池的范围是-128～127，在这个范围内的整型包装类对象是默认从缓冲池中获取的。所以，在可以确定转换后的数字值大部分会落在这个缓冲池覆盖的范围内时，使用 valueOf()方法明显比 parseInt()方法更加合适。因为此时返回的是内存中已经缓存的对象，无须额外的资源开销。

2.2　运算符

Java 中的运算符共 36 种，依照运算类型可以分为六大类，包含算术运算符、关系运算符、逻辑运算符、条件运算符、位运算符和赋值运算符。这 6 种运算的说明如表 2-3 所示。

运算符

表 2-3　Java 中的运算符

类型	运算符
算术运算符	+、-、*、/、%、++、--
关系运算符	>、<、==、>=、<=、!=
逻辑运算符	!、&&、||
条件运算符	?:
位运算符	<<、>>、>>>、^、~、|、&
赋值运算符	=、+=、-=、*=、/=、&=、|=、^=、%=、<<=、>>=、>>>=

任何一个运算符都要对一个或多个数据进行运算操作，所以运算符又称操作符，而参与运算的数据被称为操作数。完整的运算符和操作数可组成表达式。任何一个表达式都会计算出一个具有确定类型的值。表达式本身也可以作为操作数参与运算，所以操作数可以是变量、常量或者表达式。

Java 语言的运算符不仅具有不同的优先级，还要受运算符结合性的制约。运算符的结合性分为两种，即左结合性（自左向右）和右结合性（自右向左）。比如，算术运算符的结合性是自左向右的，即先左后右，如 a+b-c 的运算顺序是先进行 a+b 的运算，然后用 a+b 的结果与 c 做减法操作。这种自左向右的结合方式就称为"左结合性"；同理，从右向左的结合方式被称为"右结合性"。最典型的右结合性运算符之一就是赋值运算符，例如 a=b=2，就是先对 b 做赋值运算，然后将 b 值赋给 a，相当于 a=(b=2)。

Java 中也可以根据操作数的个数将这些运算符分成单目运算符、双目运算符和三目运算符。

2.2.1　算术运算符

算术运算就是我们日常生活中所说的加减乘除等运算，在计算机中还有取余运算和自增自减运算。在基本数据类型中，boolean 类型无法进行算术运算。我们在 2.1 节中介绍了基本数据类型中除了 boolean 外的其他几种类型。需要注意的是，精度小于 int 类型精度的数据在做加减乘除运算时，会使用 int 类型进行计算，同时将表达式中精度最高的操作数的数据类型作为结果的类型。例如，两个 char 类型数据的和是一个 int 类型数据，而 int 类型数据和 float 类型数据的结果是 float 类型数据，这是 Java 的安全机制，防止数据在进行运算的时候因类型范围问题导致数据精度丢失。

1. 加减运算

在基本数据类型中，"+"和"-"与普通数学中的用法一致。因为符号左右都需要一个操作数，所以加减运算也称双目运算，其一般语法格式是：

```
<expr1> + <expr2>
<expr1> - <expr2>
```

加减运算的具体应用请参看任务 2-5。

任务 2-5　加减运算

文件 AddAndMinus.java

```
public class AddAndMinus {
    public static void main(String[] args) {
        char ch1 = 'c';
        char ch2 = 'd';
        short s1 = 10;
        short s2 = 12;
        int i1 = 100;
        int i2 = 20;
        // char ch3 = ch1 + ch2;    // 编译器报异常
        int i3 = ch1 + ch2;
        // short s3 = s1 + s2;      // 编译器报异常
```

```
        int i4 = s1 + s2;
        // char ch4 = i1 + i2; // 编译器报异常
        int i5 = i1 + i2;
        System.out.println("i3 = " + i3);
        System.out.println("i4 = " + i4);
        System.out.println("i5 = " + i5);

        // int 类型数据与 float 类型数据的和是 float 类型的数据
        float f1 = 3.0F;
        System.out.println("i1 + f1 = " + (i1 + f1));
    }

}
```

运行结果如图 2-5 所示。

从任务 2-5 中不难发现，char 类型数据和 short 类型数据在做运算的时候其结果是 int 类型的数据。这并非由于 Java 中的精度安全机制，而是由于 JVM 中存储长度小于 int 类型的数据时是使用 int 类型的，这样就避免了过多的数据类型而增加额外的开销，同时简化了数据操作。

```
<terminated> AddAndMinus [Java Application] C:\Program Files\
i3 = 199
i4 = 22
i5 = 120
i1 + f1 = 103.0
```

图 2-5　运行结果

2. 正负值运算

需要注意的是，"+"和"-"并非在所有的情况下都是加减运算符，它们有时候也是正负值的标识。这个标识和数学中的使用方式一致，即标识常量或数字的正负性，例如-1、+a、-b 等。正负值运算只有右侧有值，所以以是单目运算，这一点有别于加减运算。正负值运算另一个要关注的点是：这两个运算符只是标识，并不能改变操作数本身。例如，对于 a=1，如果我们执行-a 操作，a 还是等于 1，而非-1。

正负值运算的一般语法格式是：

```
+ <expr1>
- <expr1>
```

3. 乘除运算

Java 中的乘法运算符是"*"，除法运算符是"/"。同加减运算一样，其运算符左右必须有值。乘除运算也是双目运算，其用法也与数学中的用法一致。乘除运算的具体应用请参看任务 2-6。

任务 2-6　乘除运算

文件 MultipAndDivide.java

```java
public class MultipAndDivide {

    public static void main(String[] args) {
        System.out.println("5 / 3 = " + (5 / 3));
        System.out.println("5 * 3 = " + (5 * 3));
        System.out.println("5 / 3.0 = " + (5 / 3.0));
        System.out.println("5 * 3.0 = " + (5 * 3.0));
        System.out.println("5.0 / 3 = " + (5.0 / 3));
        System.out.println("5.0 * 3 * 3 = " + (5.0 * 3 *3));
    }
}
```

运行结果如图 2-6 所示。

从结果中不难看出，凡是长度小于 int 类型的数据，经过加减乘除运算操作后，其结果都是 int 类型；否则，其结果同表达式中精度最高的数据类型一致。整型与浮点型数据进行算术运算后，数值都是浮点型。

```
<terminated> MultipAndDivide [Java Application] C:\Program Files
5 / 3 = 1
5 * 3 = 15
5 / 3.0 = 1.6666666666666667
5 * 3.0 = 15.0
5.0 / 3 = 1.6666666666666667
5.0 * 3 * 3 = 45.0
```

图 2-6　运行结果

4. 取余运算

取余运算的运算符是"%"。取余运算也是双目运算，和数学中的取余运算一致，其表达式为：

```
<expr1> % <expr2>
```

取余运算实际上相当于：

```
<expr1> -（expr1 / expr2）* expr2
```

取余运算的结果根据数据类型的不同会略有不同。需要注意的是，在浮点型数据的取余运算中，系统会强制对(expr1 / expr2)的值进行取整操作，计算的时候需要注意。取余运算的具体应用请参看任务 2-7。

任务 2-7　取余运算

文件 RemainderDemo.java

```java
public class RemainderDemo {

    public static void main(String[] args) {
        System.out.println("5 % 3 = " + (5 % 3));
        System.out.println("5 % -3 = " + (5 % -3));
        System.out.println("-5 % 3 = " + (-5 % 3));
        System.out.println("-5 % -3 = " + (-5 % -3));
        System.out.println("5 % 3.0 = " + (5 % 3.0));
        System.out.println("5.0 % 3 = " + (5.0 % 3));
        System.out.println("5.0 % 3.1 = " + (5.0 % 3.1));
        System.out.println("-5.1 % 3.1 = " + (-5.1 % 3.1));
        System.out.println("-5.2 % -3.1 = " + (-5.2 % -3.1));
    }
}
```

运行结果如图 2-7 所示。

从任务 2-7 中可以看出，取余运算的余数的正负与被除数的正负相同，其类型与除数与被除数中精度较大的数据类型相同。同时，进行浮点型数值的取余运算时，将被除数与除数进行整除后，用被除数减去除数与整除值的乘积得到余数。所以，5.2 % 3.1 的运算过程和结果就是：5.2-3.1*1=2.1。这与 C 语言中的 fmod()函数的计算方法是一致的。

```
<terminated> RemainderDemo[Java Application] C:\Program Files\
5 % 3 = 2
5 % -3 = 2
-5 % 3 = -2
-5 % -3 = -2
5 % 3.0 = 2.0
5.0 % 3 = 2.0
5.0 % 3.1 = 1.9
-5.1 % 3.1 = -1.9999999999999996
-5.2 % -3.1 = -2.1
```

图 2-7　运行结果

5. 自增自减运算

自增和自减运算的运算符分别是"++"和"--"。和正负号一样，自增自减运算符也是单目运算符。它们唯一的区别是：自增自减运算符会改变变量的值，该运算符只对变量有效，对常量无效。自增自减运算符可以在变量的前面，称为前缀；也可以在变量的后面，称为后缀。前缀和后缀在计算方式上会有所不同。自增自减运算的具体应用请参看任务 2-8。

任务 2-8　自增自减运算

文件 AutoIncrAndDecrDemo.java

```java
public class AutoIncrAndDecrDemo {

    public static void main(String[] args) {
        int a = 1;
        int b = 1;
        int c = ++a; // 前自增
        int d = --b; // 前自减
        System.out.println("a = " + a + ", b = " + b + ", c = " + c + ",d = " + d);

        c = a++;        // 后自增
```

```
            d = b--;        // 后自减
            System.out.println("a = " + a + ", b = " + b + ", c = " + c + ",d = " + d);

        }
}
```

运行结果如图 2-8 所示。

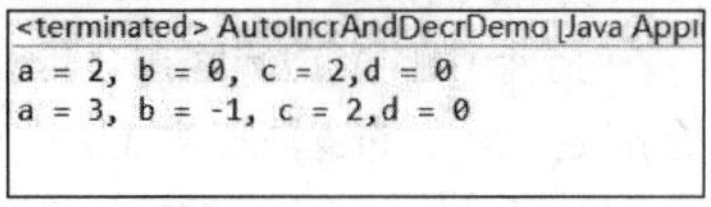

在 Java 语言中，前缀式自增自减是先对变量进行自增自减运算，然后使用变量；后缀式自增自减则是先使用变量，然后对变量进行自增自减运算。因此，对于 c = ++a，当 a = 2 时，a 会先自

图 2-8　运行结果

增到 3，然后 c 被赋值为 3；如果 b = 1，执行 d =--b 时，b 会先自减到 0，然后 d 和 b 都被赋值为 0；执行 c = a++时，a 的值为 2，所以 c 被赋值为 2，之后 a 变为 3；执行 d = b--时，如果 b = 0，d 会先被赋值为 b 的当前值 0，然后 b 自减到-1。自增自减的应用场景非常多，但因为前缀式和后缀式的计算方式不同，导致获取到的值也不同，使用时需要注意是使用前缀式还是后缀式自增自减。

2.2.2　关系运算符和逻辑运算符

关系运算符决定操作数之间的逻辑关系，例如是否相等、大于或小于等。使用关系运算符连接两个操作数时，所形成的表达式的值都是布尔型的，其结果是 true 或者 false，反映了两个运算对象之间是否满足某种关系。逻辑运算符则用来判断一个命题是"成立"还是"不成立"，其结果也是布尔型的，只能为 true 或者 false。

1.　关系运算符

关系运算因为是对两个操作数的关系进行判断，所以是双目运算。在 Java 中，关系运算符有相等运算符 "= ="、不相等运算符 "!=" 和大小关系运算符 ">" "<" ">=" "<="。关系运算的操作数可以是一个数值，也可以是一个表达式。需要注意的是，关系运算符左右的数据必须是相同或者相容类型的数据或者表达式。其中，相等与不相等运算符可以使用布尔型数据或表达式作为操作数，但大小关系运算符的操作数只能是整型或者浮点型数据或表达式。

相等运算符的一般语法格式是：

```
<expr1> == <expr2>
```

表达式也能作为其比较对象，操作数也可以是布尔型的。例如如下语句：

```
5 == 3
(a * 3) == (b - 2)
(a == 3) == true
true == true
```

如果表达式两侧的值是相等的，则返回 true，否则返回 false。例如，对于表达式 5= =3，可以直观地得出 5 和 3 不相等，所以该表达式返回 false；对于表达式 3+3=6，可以直观地得出 3+3 和 6 是相等的，所以返回 true。相等运算符虽然也能对浮点型数据进行判断，但浮点型数据是近似值而非确切值，所以一般不使用相等运算符来判断浮点型数据。

不相等表达式的运算符是 "!="，其一般语法格是：

```
<expr1> != <expr2>
```

不相等运算符的两侧可以是相等或者相容类型的数据，支持布尔型数据的判断。例如如下语句：

```
5 != 3
true != false
(3 + a) != (b - 6)
(5 == 3 ) != true
```

不相等表达式与相等表达式得到的结果相反。如果表达式相等，则返回 false，否则返回 true。

Java 中的大小关系运算符有 4 个，即 ">"（大于）、"<"（小于）、">="（大于或等于）和 "<="（小于或等于），其一般语法格式是：

```
<expr1> <大小关系运算符> <expr2>
```

大小关系运算符与现代代数中对应符号的规则完全相同。参与大小关系运算的操作数可以是整型和浮点型。如果类型不相同，会首先进行自动类型转换，然后进行关系判断。

2. 逻辑运算符

Java中的逻辑运算有3种：与运算、或运算和非运算（也叫取反运算）。它们之间可以任意组合成更加复杂的逻辑表达式。逻辑运算极大地提高了计算机的逻辑判断能力。

通常，我们将参与逻辑运算的数据对象称为逻辑量，将用逻辑运算符连接起来的式子称为逻辑表达式。逻辑表达式的值又称逻辑值，参与逻辑运算的操作数必须是布尔型的数据或者表达式。逻辑运算除了逻辑非运算外都是双目运算，逻辑非运算是单目运算。

（1）逻辑与运算

逻辑与运算的运算符是"&&"，其语法格式是：

```
<expr1> && <expr2>
```

expr1和expr2可以是关系表达式，也可以是逻辑表达式。逻辑与表达式的语义是：只有当表达式expr1和expr2都是true的时候，整个表达式才是true，否则表达式为false。逻辑与运算的对应关系如表2-4所示，该表也称"真值表"。

表2-4　逻辑与运算的真值表

expr1	expr2	expr1 && expr2
true	true	true
false	true	false
true	false	false
false	false	false

与数学稍有不同的是，计算机每次只能执行一个判断。也就是说，判断一个数是否在[1, 100]区间内，不能使用0<=a<=100这样的数学写法，而必须拆分成2个单独的表达式，然后用逻辑与运算来进行判断，语句如下：

```
a >= 0 && a < = 100;
```

当该表达式成立的时候，则表示a在[1, 100]区间内。同理，判断一个字母是否是大写的时候，也需要进行拆分，语句如下：

```
(ch >= 'A')&& (ch <= 'Z')
```

（2）逻辑或运算

逻辑或运算的运算符是"||"，其表达式的一般形式是：

```
<expr1> || <expr2>
```

逻辑或表达式的语义是：只有在expr1和expr2都是false的时候，整个表达式才是false，否则表达式为true。同逻辑与运算一样，逻辑或运算也有真值表，其逻辑关系如表2-5所示。

表2-5　逻辑或运算的真值表

expr1	expr2	expr1 || expr2
true	true	true
false	true	true
true	false	true
false	false	false

判断一个数是否不在区间[1, 100]内，使用逻辑或运算如下：

```
a < 1 || a > 100;
```

逻辑与运算的优先级是要高于逻辑或运算的，所以表达式会先对逻辑与运算进行运算，而后进行逻辑或运算；而关系运算的优先级又高于逻辑与运算和逻辑或运算，因此在书写表达式的时候要注意表达式的运算顺序。

（3）逻辑非运算

逻辑非运算的运算符是"!"，它是单目运算，其语法格式一般为：

```
!<expr1>
```

其中 expr1 可以是 boolean 类型的表达式或者数据，其语义是：如果 expr1 为 true，则表达式的值为 false，否则表达式为 true，所以逻辑非运算又称为逻辑反运算。逻辑非运算是单目运算，单目运算比双目运算的优先级高，具有右结合性。例如，想要判断 x 是否小于或等于 y，则其表达式为：

```
!(x > y)
```

因为关系运算是双目运算，此处必须用括号"（）"将表达式括起来，否则编译器会报错。

可以从逻辑与运算和逻辑或运算的真值表达式的值对应关系中看出一些规律。例如，在逻辑与运算中，只要前面表达式的值是 false，那么后面的表达式就不需要执行了，因为表达式的值一定是 false；同理，在逻辑或运算中，如果前面表达式的值是 true，那么后面的表达式也就不需要进行判断了，表达式的值一定是 true。逻辑与运算和逻辑或运算的具体应用请参看任务 2-9。

任务 2-9 逻辑与运算和逻辑或运算

文件 And_OrDemo.java

```java
public class And_OrDemo {
    public static void main(String[] args) {
        int a = 3;
        int b = 5;

        // 因为 a + b = 8 , 所以无须执行 a++ 表达式
        boolean bool1 = a + b < 7 && a++ < 9;
        System.out.println("a = " + a + ", b = " + b + ", bool1 = " + bool1);

        // 因为 a + b < 9 成立，所以执行 b++ 表达式
        bool1 = a + b < 9 && b++ > 7;
        System.out.println("a = " + a + ", b = " + b + ", bool1 = " + bool1);

        // 因为 a < 4 成立，所以不执行 a-- 表达式
        bool1 = a < 4 || a-- > 3;
        System.out.println("a = " + a + ", b = " + b + ", bool1 = " + bool1);

        // 因为 a > 5 不成立，所以执行 a++ 表达式
        bool1 = a > 5 || a++ > 1;
        System.out.println("a = " + a + ", b = " + b + ", bool1 = " + bool1);

    }
}
```

运行结果如图 2-9 所示。

通过代码可以看出，在逻辑与运算中，如果前面表达式的值是 false，则后面的表达式就无须继续处理了，可直接返回 false；同理，在逻辑或运算中，如果前面的表达式返回 true，则后面的表达式无须处理，直接返

```
<terminated> And_OrDemo [Java Application] C:\Program Files\
a = 3, b = 5, bool1 = false
a = 3, b = 6, bool1 = false
a = 3, b = 6, bool1 = true
a = 4, b = 6, bool1 = true
```

图 2-9 运行结果

回 true。这是 Java 中对逻辑表达式的优化，避免了无效的运算，这种特征也被称为"短路"。也就是说，如果通过前面的表达式已经可以判断结果了，后面的表达式就没有继续计算的必要了，直接短路返回即可。所以，Java 中的逻辑与运算和逻辑或运算又称为"短路与"运算和"短路或"运算。

在实际的代码书写中，也可以通过这样的技巧去提升系统处理速度，例如，在逻辑与运算中，将最可能是 false 的表达式放在前面，可以减少处理后面关系表达式的次数，从而提升性能；同理，

将最有可能为 true 的表达式放在逻辑或运算的前面，可以减少处理后面关系表达式的次数，从而提升处理效率。

关系表达式和逻辑表达式的值都是 true 或 false，是 boolean 类型，所以它们一般被用在控制执行流程中，例如 if()语句、while()语句等，作为控制条件。控制执行流程将在第 3 单元进行讲解。为了打好基础，要理解和掌握关系运算和逻辑运算。

2.2.3　赋值运算符与条件运算符

1. 赋值运算符

Java 中的赋值运算符有两种：对于简单的赋值运算，使用简单赋值运算符 "="；对于复杂的赋值运算，将 "=" 与其他运算符复合在一起形成复合赋值运算符，如 "+=" 和 "%=" 等。

（1）简单赋值运算符

简单赋值运算符是 "="，其赋值语法格式如下：

```
a = b + 1;
```

其中，"=" 不是数学中的相等的意思。在 Java 中，该运算符的语义是将表达式右侧的值或表达式计算出来的值赋给左侧的变量。需要注意的是，左侧不能是表达式或者常量。对于数学中的相等关系，关系运算中使用双等于来进行处理，即 "= ="。

在 Java 中，所谓的赋值，其物理意义就是将赋值运算右侧操作数的值存放到左侧操作数所标识的存储单元中。也就是说，a=a+1 就是将 a 的值加 1 后再重新赋给 a。

赋值运算具有右结合性，也就是说：

```
a = b = c = 1;
```

可以理解成：

```
a = ( b = ( c = 1));
```

在 Java 中，赋值语句右侧的执行顺序是从左向右的，例如：

```
a = ++b + b--;
```

如果此时将 b 赋为 2，那么 a 的值就是 6，因为表达式会先计算++b，得到 b=3，然后做 b+b--操作；因为 b--是先取值而后进行自减运算，所以就相当于 3+3。运算结束后，a=6，而 b 仍是 2。

（2）复合赋值运算符

在程序设计中，类似下面的表达式是常见的：

```
a = a + b;
```

此类运算的特点是参与运算的量既是运算分量也是存储对象。为了避免对同一存储对象的地址反复计算，Java 引入了复合赋值运算符，凡是双目运算都可以与赋值运算组合成复合赋值运算。复合赋值运算符有 11 种，它们的存在提升了编译的效率：

```
+=、-=、*+、/=、%=、<<=、>>=、>>>=、&=、^=、|=
```

其对应的运算语义如下：

```
x += 6;         等效于  x = x + 6;
z *= x + y      等效于 z = z * ( x + y )
m += n -= q + 1 等效于  m = m + (n = n - (q + 1))
x /= 6          等效于 x = x / 6
x %= 6          等效于 x = x % 6
x <<= 1         等效于 x = x << 1
x >>= 1         等效于 x = x >> 1
x >>>= 1        等效于 x = x >>> 1
x &= y          等效于 x = x & y
x ^= y          等效于 x = x ^ y
x |= y          等效于 x = x | y
```

所有赋值运算符的优先级均相同，并且都具有右结合性，它们的优先级低于 Java 中其他所有运算符的优先级。

2. 条件运算符

条件运算符又称三目运算符，其一般语法格式如下：

```
<expr1> ? <expr2> : <expr3>
```

三目运算符存在的意义是它能产生比 if-else 更加优化的代码，可以认为它是 if-else 语句的一种更简便的替代形式。三目运算符的语义是：如果表达式 expr1 是 true，则返回 expr2，否则返回 expr3。

三目运算符同逻辑运算符一样也能控制子表达式的求值顺序。三目运算符的另一个优势是：其子表达式也可以是一个三目运算表达式：

```
x % 3 == 0 ? "3的倍数": x % 2 == 0 ? "偶数": "基数"
```

三目运算符在取多个数的最大值和最小值时非常有效，如下：

```
int a = 10;
int b = 12;
int c = 20;

int max = a < b ? b < c ? c : b : a < c ? c : a;
```

对于嵌套的三目运算表达式，建议使用圆括号包裹起来，以便于阅读和理解。

2.2.4 位运算符

位运算符可以操作整数的二进制码，它们允许开发者直接对整数的二进制码进行各种运算。这些位运算符能够提供一种高效、低层次的数据处理方法，在优化算法、网络通信、图形处理等领域具有重要意义。在实际的开发过程中，由于高级语言的抽象性，很少需要使用位运算符，但是理解这些位运算符仍然是每个开发者需要掌握的重要技能。使用位运算符需要掌握一些基础的二进制知识，如原码、补码等概念，本书不做扩展，读者可自行回顾。在 Java 中，数值的二进制码采用补码形式，int 类型占 32 位。

1. <<、>>、>>>

<<是左移运算符，左移操作是将一个数的二进制码整体向左移动指定的位数，左边移除的位被丢弃，并在右边空出的位上补 0。左移操作相当于将原数乘以 2 的 n 次方，其中 n 是移动的位数。例如，2 的二进制码为 00000000000000000000000000000010，2<<3 的结果为 00000000000000000000000000010000；转化为十进制为 16，相当于 2 乘以 2 的 3 次方。相对于算术运算，直接对数值进行移位操作的执行效率会更高。

>>是右移运算符，右移操作是将一个数的二进制码整体向右移动指定的位数，右边移除的位被丢弃，左边空出的位根据原有数值的符号位来补充。即针对正数的位移，左边空出的位会补 0；针对负数的位移，左边空出的位会补 1。右移操作相当于将原数除以 2 的 n 次方，其中 n 是移动的位数。例如，8 的二进制码为 00000000000000000000000000001000，8>>2 的结果为 00000000000000000000000000000010；转换为十进制为 2，相当于 8 除以 2 的 2 次方。负数的右移需要考虑符号位，例如-8 的二进制码为 11111111111111111111111111111000，-8>>2 的结果为 11111111111111111111111111111110；转换成十进制为-2，相当于-8 除以 2 的 2 次方。

>>>是无符号右移运算符。无符号右移操作和右移操作类似，区别在于无符号右移不考虑符号位，右边移除的位被丢弃，左边空出的位始终补 0。对于正数，无符号右移操作的结果和右移操作一致，对于负数则不同。例如，-8 的二进制码是 11111111111111111111111111111000，右移 2 位则为 00111111111111111111111111111000，转换成十进制为 1073741822。

2. ^、~、|、&

^是异或运算符，用于对两个整数的二进制码按位进行比较。如果同一位置的两个比特值相等，则将该位置为 0；如果同一位置的两个比特值不相等，则将该位置为 1。例如，有两个整数 3 和 5，它们的二进制

码分别为 00000000000000000000000000000011 和 00000000000000000000000000000101，则 3^5 的结果为 00000000000000000000000000000110，转换成十进制为6。异或操作广泛应用于数据加密、压缩编码、错误检测等领域。

~是按位取反运算符，用于对一个整数的二进制码的所有位数进行取反操作，即将所有的 0 变为 1，将所有的 1 变成 0。例如，整数 5 的二进制码是 00000000000000000000000000000101，~5 的结果为 11111111111111111111111111111010，转换成十进制为-6。

|是按位或运算符，用于对两个整数的二进制码按位进行比较。如果同一位置的两个比特值有一个为 1，则结果位就为 1，否则为 0。例如，有两个整数 3 和 5，它们的二进制码分别为 00000000000000000000000000000011 和 00000000000000000000000000000101，则 3|5 的结果为 00000000000000000000000000000111，转换成十进制为 7。

&是按位与运算符，用于对两个整数的二进制码按位进行比较。如果同一位置的两个比特值都为 1，则结果位就为 1，否则为 0。例如，有两个整数 3 和 5，它们的二进制码分别为 00000000000000000000000000000011 和 00000000000000000000000000000101，则 3&5 的结果为 00000000000000000000000000000001，转换成十进制为 1。

2.2.5　运算符的优先级

Java 中的运算符非常多，当其混在一起进行运算的时候，求值顺序就成了关键。当一个表达式包含多个运算符的时候，表达式的求值顺序由 3 个因素决定，分别是运算符的优先级、运算符的结合性和是否控制求值顺序。

这里的第 3 个因素是指 Java 中的 3 个运算符：逻辑与运算符&&、逻辑或运算符||和条件运算符?: 。它们可以对整个表达式的求值顺序施加控制，以保证某个子表达式能够在另一个子表达式的求值过程完成之前进行求值，或者使某个表达式被完全跳过不求值。

除了这 3 个特殊的运算符，Java 中求值顺序的基本原则是：两个相邻运算符的计算顺序由它们的优先级决定；如果它们的优先级相同，那么结合性就决定了它们的求值顺序；如果使用了圆括号 "()"，那么它具有最高优先级。

注意："()（小括号）"". （点号）""[]（中括号）""{}（大括号）"",（英文逗号）"",（中文逗号）"在 Java 中都是分隔符，不是运算符，其中 "()" 可以改变表达式的求值顺序。若有多个括号，则先根据自左向右的顺序处理括号内的表达式，然后根据结合性进行求值。

Java 对于运算符的优先级和结合性有明确的规定，其规定如表 2-6 所示。

表 2-6　Java 中运算符的优先级和结合性

运算符	优先级	结合性
++、--、!、~	1	从右向左
*、/、%	2	从左向右
+、-	3	从左向右
>>>、>>、<<	4	从左向右
>、>=、<、<=	5	从左向右
==、!=	6	从左向右
&	7	从左向右
^	8	从左向右
|	9	从左向右
&&	10	从左向右
||	11	从左向右
?:	12	从右向左
=、+=、-=、*=、/=、%=、 >>=、>>>=、<<=、&=、^=、|=	13	从右向左

在程序中有一个很容易混淆的表达式是：

```
a +++ b;
```

因为这个式子可以理解成：

```
(a++) +b;
```

或者：

```
a + (++b);
```

计算机的特性使其拒绝歧义，所以 Java 专门规定了它的处理方法。Java 在从左到右扫描运算符时，会尽可能多地扫描字符，以匹配成一个合法的运算符，因此"a +++ b"会被处理成"(a++)+ b"。

对于任何一个双目运算，Java 明确规定：左侧操作数先求值，右侧操作数后求值。双目运算的求值顺序请参看任务 2-10。

任务 2-10 双目运算的求值顺序

文件 InTurnDemo.java

```java
public class InTurnDemo {

    public static void main(String[] args) {
        int a = 10 ;
        // 相当于 a = a + (a = 3)，所以 a = 10 + 3
        a += a = 3;
        System.out.println("a = " + a);

        int b = 2;
        // 相当于 b = 3*3
        b = (b = 3) * b;
        System.out.println("b = " + b);

    }
}
```

运行结果如图 2-10 所示。

```
<terminated> InTurnDemo [Java Application] C:\Program
a = 13
b = 9
```

图 2-10 运行结果

任务 2-10 中体现了双目运算的求值先后顺序，即先对右侧操作数进行求值，然后自左向右执行求值操作。所以对于 a 来说，第一个 a 的值是 10 不变，第二个 a 因为进行了赋值操作，所以 a=3，最终计算结果是 a = 13；对于 b 来说，因为 b 先被赋值，所以 b 就是 3，最终计算得出 b 的值是 9。

2.3 项目实战

项目 2-1 设计 IP 地址转换程序

在程序开发中可能会碰到要求将 IP 地址转换成 long 类型的整数，或者将 long 类型的整数转换成 IP 地址的情况。本项目将通过一个例子演示如何通过位运算符进行数据的转换。

① 首先将 IP 地址转换成 long 类型的整数，转换原理是对各个位置进行加权求和。一般情况下，IP 地址是使用"."分隔的字符串，我们可以通过 String 类的 split() 方法将字符串按指定字符分隔成字符串数组（第 4 单元将会详细介绍字符串以及字符串的内置方法）。通过 long 类的 parseLong() 方法可以将字符串转换成 long 类型，然

项目实战

后对各个部分进行加权求和，具体如下：

```
public static long ip2Long(String strIp) {
        // 首先对 IP 地址进行分隔，使用字符串的 split()方法将其分隔成一个字符串数组
        String[]ip = strIp.split("\\.");
        // 左移 IP 地址的各个部分进行并加权求和，得出一个 long 类型的值
        return (Long.parseLong(ip[0]) << 24) + (Long.parseLong(ip[1]) << 16) +
(Long.parseLong(ip[2]) << 8) + Long.parseLong(ip[3]);
}
```

② 其次将整数转换成 IP 地址。将数字转换成 IP 地址稍微复杂，需要使用到运算符&和>>>，其中&运算符是与的意思。例如，1&1 的结果是 1，其他情况下结果都是 0。这样是为了将 long 类型数据的高位过滤，获取其低位的值。代码如下：

```
public static String long2IP(long longIp) {
        // 使用 StringBuilder 对象，该对象在第 4 单元进行讲解
        StringBuilder sb = new StringBuilder("");
        // 直接右移 24 位
        sb.append(String.valueOf((longIp >>> 24)));
        sb.append(".");
        // 将高 8 位置 0，然后右移 16 位
        sb.append(String.valueOf((longIp & 0x00FFFFFF) >>> 16));
        sb.append(".");
        // 将高 16 位置 0，然后右移 8 位
        sb.append(String.valueOf((longIp & 0x0000FFFF) >>> 8));
        sb.append(".");
        // 将高 24 位置 0
        sb.append(String.valueOf((longIp & 0x000000FF)));
        return sb.toString();
```

任务中将以 0x 开头的数字和 long 类型的 IP 地址进行与运算。0x 开头的数字是十六进制的；longIp & 0x00FFFFFF 的目的是将高 8 位置 0，其余位置 F，FF 表示一个 8 位全部由 1 组成的数字。与 long 类型 IP 地址进行与运算，不改变 long 类型 IP 地址的值。

③ 最后在 main()方法中调用 ip2Long()和 long2IP()方法即可：

```
public static void main(String[] args) {
        System.out.println(ip2Long("219.239.110.138"));
        System.out.println(long2IP(31212011111L));
}
```

细心的读者会发现很多目前还未掌握的内容，例如 public static String long2IP(long longIp) { ... }和 StringBuilder sb = new StringBuilder("");这样陌生的代码形式，这些内容会在第 5 单元进行详细讲解。此处读者只需要知道，因为使用了 static 进行处理，所以使用 static 关键字修饰的方法或变量可以在入口函数中被直接调用。

最终完整的实现代码如下：

```
public class IPConvert {

  public static long ip2Long(String strIp) {
        // 首先对 IP 地址进行分隔，使用字符串的 split()方法将其分隔成一个字符串数组
        String[]ip = strIp.split("\\.");
        // 左移 IP 地址的各个部分进行加权求和，得出一个 long 类型的值
        return (Long.parseLong(ip[0]) << 24) + (Long.parseLong(ip[1]) << 16) +
(Long.parseLong(ip[2]) << 8) + Long.parseLong(ip[3]);
  }

  public static String long2IP(long longIp) {
        // 使用 StringBuilder 对象，该对象在第 4 单元进行讲解
        StringBuilder sb = new StringBuilder("");
```

```
        // 直接右移 24 位
        sb.append(String.valueOf((longIp >>> 24)));
        sb.append(".");
        // 将高 8 位置 0，然后右移 16 位
        sb.append(String.valueOf((longIp & 0x00FFFFFF) >>> 16));
        sb.append(".");
        // 将高 16 位置 0，然后右移 8 位
        sb.append(String.valueOf((longIp & 0x0000FFFF) >>> 8));
        sb.append(".");
        // 将高 24 位置 0
        sb.append(String.valueOf((longIp & 0x000000FF)));
        return sb.toString();
    }

    public static void main(String[] args) {
        System.out.println(ip2Long("219.239.110.138"));
        System.out.println(long2IP(3121201111L));
    }
}
```

运行结果如图 2-11 所示，程序将 IP 地址 219.239.110.138 转换成了 long 类型的整数 3689901706，将 long 类型的整数 3121201111 转换成了 IP 地址 186.9.191.215。

```
<terminated> IPUtil [Java Application] C:\Program Files\Ja
3689901706
186.9.191.215
```

图 2-11　运行结果

2.4　单元小结

本单元主要讲解了基本数据类型和运算符的相关知识。2.1 节着重讲解了 8 种基本数据类型，包含整型的 byte、short、int 和 long，浮点型的 float 和 double，字符型的 char，以及布尔型的 true 和 false。2.2 节讲解了 Java 中的常用运算符，包含算术运算符、逻辑运算符、关系运算符等，并讲解了 Java 中各种运算符的执行顺序和结合性，并对表达式的计算顺序做了具体的说明。2.3 节项目实战演示了如何在程序中使用 Java 基本数据类型以及运算符。

基本数据类型是 Java 的重中之重，也是学好 Java 的基础。本单元的内容需要读者认真对待，不能仅局限于了解，应该要掌握。

2.5　课后习题

1. 在 Java 中，byte 数据类型的取值范围是（　　　）。
   A. −128～127　　　B. −228～128　　　C. −255～256　　　D. −255～255
2. 执行下面的代码段之后，i 和 j 的值是（　　　）和（　　　）。
```
int i=1;
int j;
j=i++;
```
3. 在 Java 中，浮点型变量有 float 和 double 两种类型。对于 float 类型变量，内存分配（　　　）个字节；对于 double 类型变量，内存分配（　　　）个字节。
4. 在有些情况下，位运算可以提高计算的效率，2*8 转换成位运算可以写为（　　　）。
5. Java 的基本数据类型有哪些？

第3单元
控制执行流程

03

情景引入

在实际的开发过程中，我们通常需要根据具体的情况执行相应的操作，这需要通过选择结构语句实现。例如在银行的信贷系统中，若需要根据一个人的信息判断他是否可以贷款，就需要判断他的条件是否满足预期。另外，程序中也经常需要重复执行某个操作。例如，要用程序计算一个整数序列的和，可以通过循环结构语句实现。本单元主要介绍在Java中如何实现程序流程的控制。通过对本单元的学习，读者可以通过选择结构语句和循环结构语句丰富程序的功能，简化代码的结构。

学习目标

知识目标

（1）掌握if-else语句、switch关键字的用法。

（2）掌握循环结构语句。

能力目标

（1）可以使用if-else语句、switch关键字编写选择结构语句。

（2）可以通过while、for等关键字编写循环结构语句。

素质目标

（1）通过设计不同的选择和循环结构，培养算法设计与程序流程控制能力。

（2）通过调试循环和条件语句代码，培养耐心细致的编程习惯与问题排查能力。

思维导图

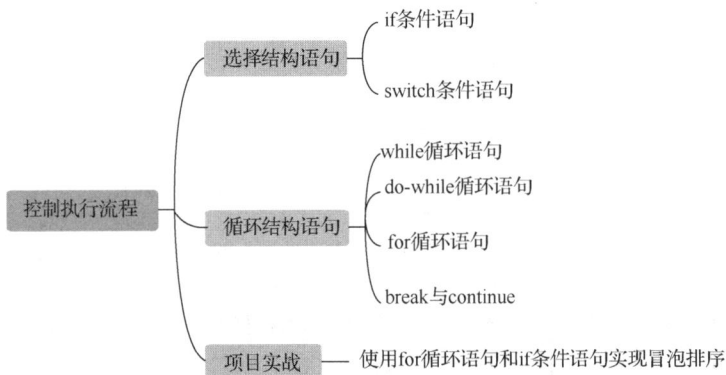

3.1 选择结构语句

选择结构语句类似于"如果……就……否则……"。可以简单地理解为，如果条件成立，就这样做，否则就那样做。但程序无法自行决定执行什么操作，你必须要告诉它在何种情况下要做何种操作。

3.1.1 if 条件语句

if 条件语句是选择结构语句中最基础的语句之一，也是控制执行流程最基本的形式之一。其中 else 语句是可选语句，在一些情况下可以省略。其使用方式如下：

```
if (boolean-expression) {
        statement; // 执行语句内容
}
```

或

```
if (boolean-expression) {
        statement; // 执行语句内容
} else {
        statement; // 执行语句内容
}
```

第一种使用方式用于进行很简单的判断。例如，如果 boolean-expression 的值为 true，就让小鹏回家吃饭，不需要其他条件。但有些情况比较复杂，例如，今天是周一，小明值日，否则小红值日。在这种有备选方案的情况下，就需要使用有分支的 if 条件语句，如第二种使用方式。具体使用方式请参看任务 3-1。

任务 3-1 if-else 初探

文件 IfElseDemo.java

```java
public class IfElseDemo {
    public static void main(String[] args) {
        int three = 3;        // 赋给 three 的值为 3
        int four = 4;         // 赋给 four 的值为 4
        // 第一种使用方式逻辑简单，不需要 else 语句
        if (3 == three) {  // 如果 3 = 3，则输出值
                System.out.println("3 = 3 是正确的！");
        }
        // 第二种使用方式需要 else 语句
        if (5 == four) {    // 如果 5 = 4
                System.out.println("5 = 4 是正确的!");
        } else {            // 如果 5 != 4
                System.out.println("5 = 4 是不正确的!");
        }
    }
}
```

运行结果如图 3-1 所示。

任务 3-1 中简单演示了 if-else 条件语句的使用。以上代码非常容易理解，因为只有单个分支的 if-else 语句。但有时候情况可能很复杂，例如要进行考试成

```
<terminated> IfElseDemo [Java Application] C:\Program Files
3 = 3 是正确的！
5 = 4 是不正确的！
```

图 3-1 运行结果

绩评级，90 分以上是 A 级，80～90 分是 B 级，70～80 分是 C 级，60～70 分是 D 级，60 分以

下是 E 级。此时，使用单个分支的 if-else 条件语句是无法处理这种情况的，需要使用多个分支的 if-else 条件语句，具体使用方式请参看任务 3-2。

任务 3-2　if-else 嵌套语句

文件 IfElseMoreDemo.java

```java
public class IfElseMoreDemo {

    public static void main(String[] args) {
        int score = 83; // 设定学生的分数

        // 自动输出学生的分数和评级
        if (90 <= score) {
            System.out.println("学生分数是" + score + " ，评级是 A 。");
        } else if (80 <= score) {
            System.out.println("学生分数是" + score + " ，评级是 B 。");
        } else if (70 <= score) {
            System.out.println("学生分数是" + score + " ，评级是 C 。");
        } else if (60 <= score) {
            System.out.println("学生分数是" + score + " ，评级是 D 。");
        } else {
            System.out.println("学生分数是" + score + " ，评级是 E 。");
        }
    }
}
```

运行结果如图 3-2 所示。

任务 3-2 中对学生的分数与评级标准进行比较并给出了学生的最终评级。细心的读者可能发现了，任务中只判断了学生的分数是不是

```
<terminated> IfElseMoreDemo [Java Application] C:\Program Files
学生分数是83 ，评级是B 。
```

图 3-2　运行结果

大于评级标准的最低分，但是没有指明分数的上限。其实这里采用的是一种简便的写法，因为只要 "90 <= score" 成立，那么后续的判断分支都不会执行了。所以，当执行到 "80 <= score" 分支的时候，程序已经很明确地知道 score 比 90 小，所以分数上限也就没有必要指定了。

if-else 条件语句内还可以嵌套再 if-else 条件语句，因为有时条件比较复杂，这么使用也是有可能的，其语法格式如下：

```java
if (boolean-expression) {
    if (boolean-expression) {
        statement; // 执行语句内容
    } else {
        statement; // 执行语句内容
    }
} else {
    statement;        // 执行语句内容
}
```

但是当嵌套层数过多时会不便于阅读，建议嵌套不要超过 3 层。实际上，嵌套很多层的情况是可以避免的。如果嵌套超过 3 层，说明代码逻辑可能没有理顺，此时需要好好思考其逻辑并进行优化。

3.1.2　switch 条件语句

if-else 条件语句比较常用，也很实用，但是对于一些分支很多的逻辑，if-else 条件语句处理起来就不那么得心应手了。switch 条件语句是实现这种多路选择的好工具。switch 条件语句在 JDK 1.7 之前只能使用 int 类型的值或者可以向上转型成 int 类型的值，在有些情况下还是无法使用。在 JDK

1.7 及以后的版本中，switch 条件语句可以使用字符串作为选择因子，因此它有了更大的使用舞台。

我们来看看 switch 条件语句的语法格式：

```
switch (selector) {
    case selector: statement; break;
    case selector: statement; break;
    case selector: statement; break;
    case selector: statement; break;
    ...
    default: statement;
}
```

switch 条件语句在将阿拉伯数字转换成中文大写数字的时候比 if-else 语句干净利落，下面我们通过任务 3-3 来学习具体的转换方式。

任务 3-3　使用 switch 条件语句将阿拉伯数字转换成中文大写数字

文件 SwtichDemo.java

```java
public class SwitchDemo {

    public static void main(String[] args) {
        int number = 5;    // 阿拉伯数字
        String cNum = "";  // 中文大写数字
        switch (number) {  // 进行多路选择，从匹配对应的中文大写数字
        case 0: cNum = "零"; break;
        case 1: cNum = "壹"; break;
        case 2: cNum = "贰"; break;
        case 3: cNum = "叁"; break;
        case 4: cNum = "肆"; break;
        case 5: cNum = "伍"; break;
        case 6: cNum = "陆"; break;
        case 7: cNum = "柒"; break;
        case 8: cNum = "捌"; break;
        case 9: cNum = "玖"; break;
        case 10: cNum = "拾"; break;
        default: cNum = null; // 如果没有匹配到，将返回 null
        }
        System.out.println("阿拉伯数字是" + number + ", 对应的中文大写数字是" + cNum);
    }
}
```

运行结果如图 3-3 所示。

```
<terminated> SwitchDemo [Java Application] C:\Program Files\Java\jre1.
阿拉伯数字是5，对应的中文大写数字是伍
```

图 3-3　运行结果

从任务 3-3 中可以看出，switch 条件语句在进行多路选择时比 if-else 语句干净利落，代码行数也少很多。switch 条件语句中每个 case 后会默认跟一个 break，这是结束标记，表示如果匹配到了，则跳出匹配；如果没有匹配到，则继续向下执行，直到碰到 break 结束。如果所有匹配项都没有匹配上，则执行 default 后的内容。

如果从当前月份的第一天开始计算到元旦总共还有多少天，就可以省略 break，如任务 3-4 所示。

任务 3-4　计算当前月份的第一天距元旦的天数

文件 CountDays.java

```java
public class CountDays {

    public static void main(String[] args) {
        int month = 3; // 当前月份为 3 月
        int days = 0 ; // 初始化总天数
        switch (month) {
        case 1: days += 31;
        case 2: days += 28;
        case 3: days += 31;
        case 4: days += 30;
        case 5: days += 31;
        case 6: days += 30;
        case 7: days += 31;
        case 8: days += 31;
        case 9: days += 30;
        case 10: days += 31;
        case 11: days += 30;
        case 12: days += 31; break;
        default: days = 0 ;
        }
        System.out.println("当前月份是" + month + "月，距离元旦还有" + days + "天。");
    }
}
```

运行结果如图 3-4 所示。

<terminated> CountDays [Java Application] C:\Program Files
当前月份是3月，距离元旦还有306天。

图 3-4　运行结果

从运行结果来看，如果当前月份是 3 月的话，那么从匹配到 3 开始，以后所有的 case 分支都会执行，而 365 与 59 的差值刚好是 306。由此可见，break 并非是必需的，但是切记，省略 break 对于一些情景来说是合理的，但如果处理不慎可能会得到意外的结果。例如，在任务 3-3 中，省略 break 之后，如果阿拉伯数字是 3，那么输出结果就是"拾"，这种输出结果是我们不想要的。对于 switch 语句来说，添加和省略 break 都需要谨慎对待。

3.2　循环结构语句

除了选择结构语句外，还有循环结构语句。这种语句只要条件满足就会无限循环执行。循环结构语句有 while、do-while 和 for 循环语句。同选择结构语句类似，循环结构语句以表达式的真假来决定是否要进行下一次循环。这些循环结构语句也被称为迭代语句。

循环结构语句

3.2.1　while 循环语句

在 while 循环语句中，当条件成立的时候，会循环执行循环体内的语句。其语法格式如下：

```java
while (boolean-expression) {
    statement; // 循环体
}
```

每次执行循环体前，while 语句先判断表达式是否为真，只有为真才会执行一次循环体；执行完之后会继续判断表达式是否为真，以此往复，直到表达式为假才跳出循环。

下面通过任务 3-5 来熟悉 while 循环语句的使用方法。

任务 3-5　循环输出 1～10

文件 WhileDemo.java

```java
public class WhileDemo {

    public static void main(String[] args) {
        int i = 0 ;                          // 初始化起始量
        while (i < 11) {                     // 如果 i 的值小于 11，则执行循环体
            i++;                             // 每次进入循环都执行自增操作

            if (0 == (i % 2)) {     // 如果当前 i 的值是偶数，则输出两个*
                System.out.println("**");
            } else {                         // 如果当前 i 的值是奇数，则输出两个 #
                if (5 == i) {    // 如果当前 i 的值是 5，则输出一串美元符号
                    System.out.println("$$$$$$$$$$$$$$$$$");
                }
                if (!(5 == i)) { // 如果当前 i 的值不是 5，则输出两个 #
                    System.out.println("##");
                }
            }
        }
    }
}
```

运行结果如图 3-5 所示。

上述代码中使用了 while 语句和 if-else 语句的嵌套逻辑。任务先初始化了一个标记量 i，其值为 0，第一次判断其值是否小于 11，如果是，则 i 加 1；然后判断当前 i 值是否是偶数，如果是，则输出 "**"；否则判断 i 值是否是 5，如果不是，则输出 "##"；否则输出一串美元符号。一次逻辑判断结束后，会再次判断 i 的值是否小于 11，如果是，则继续循环。当 i=10 时，程序依然会执行循环体，执行后 i=11，继续执行奇偶判断及 i 值是否是 5 的判断。当循环体执行结束进行下一次循环判断的时候，判断 i 值是

```
<terminated> WhileDemo [Java Application] C:\Program Files
##
**
##
**
$$$$$$$$$$$$$$$$$
##
**
##
**
##
```

图 3-5　运行结果

否小于 11，若为假，跳出循环，程序结束。

在使用循环时，如果任务中使用一个标记量来判断是否执行循环，那么一定要注意该标记量的值的变化是否符合预期。在任务 3-5 中，若移除了标记量的自增操作，则程序会一直运行，轻则消耗系统的资源，重则形成死循环。

3.2.2　do-while 循环语句

while 循环语句需要先判断条件是否满足，只有条件满足了才会执行循环体内的逻辑。do-while 循环语句则与之不同，它会先执行循环体内的逻辑，然后判断条件是否满足。do-while 循环语句的语法格式如下：

```
do {
    statement;
} while (boolean-expression);
```

对于那些无论条件是否满足逻辑至少需要执行一次的任务，do-while 循环语句是最干净的处理方式之一。

下面通过任务 3-6 来说明 while 循环语句和 do-while 循环语句的不同。

任务 3-6　while 循环语句和 do-while 循环语句

文件 DoWhileDemo.java

```java
public class DoWhileDemo {

    public static void main(String[] args) {
        int i = 0;

        while (i < 2) {// 当 i 小于 2 的时候，执行循环体
            System.out.println("i=" + i + ", 执行 while 操作。");
            i++;       // 自增 1
        }
        System.out.println("while 循环结束, i=" + i);
        do {            // 当 i 小于 4 的时候，继续执行循环体
            System.out.println("i=" + i + ", 执行 do-while 操作。");
            i++;       // 自增 1
        } while (i < 2);
        System.out.println("do-while 循环结束, i=" + i);
    }

}
```

运行结果如图 3-6 所示。

while 循环语句会先判断 i<2 的条件是否满足，如果不满足则跳出循环；但是 do-while 循环语句则会先执行循环体，然后判断是否需要执行下一次循环。循环的理念不同，其使用方法也会不同，可以根据其特性在不同的场景下选择合适的循环语句。

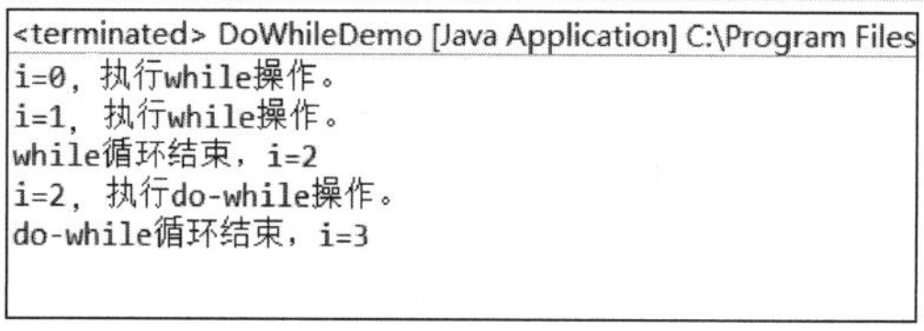

```
<terminated> DoWhileDemo [Java Application] C:\Program Files
i=0, 执行while操作。
i=1, 执行while操作。
while循环结束, i=2
i=2, 执行do-while操作。
do-while循环结束, i=3
```

图 3-6　运行结果

3.2.3　for 循环语句

for 循环语句是常用的循环语句。for 循环语句在循环之前要进行初始化，随后对条件进行判断。如果本次条件成立，在循环结束的时候 for 循环语句会以某种形式进行步进。这个步进与任务 3-6 中 i 变量的步进类似。

for 循环语句的语法格式如下：

```java
for(init; boolean-expression; step) {
    statement;
}
```

for 循环语句在使用的时候首先需要初始化表达式（init），然后设定循环控制表达式（boolean-expression）。如果表达式为真，则执行循环体，然后进行步进；再判断循环控制表达式是否为真，是否继续循环。for 循环语句的使用方法如任务 3-7 所示。

任务 3-7　for 循环语句的使用

文件 ForDemo.java

```java
public class ForDemo {

    public static void main(String[] args) {
        // for 语句的任务
        int count = 0 ;
```

```
        for (int i = 0 ; i < 10 ; i++) {
            // 初始值是 0，循环条件是 i<10，每次步进 1
            System.out.println("第" + i + "次循环，循环的值是" + count++);
        }
    }
}
```

运行结果如图 3-7 所示。

```
<terminated> ForDemo [Java Application] C:\Program Files
第0次循环，循环的值是 0
第1次循环，循环的值是 1
第2次循环，循环的值是 2
第3次循环，循环的值是 3
第4次循环，循环的值是 4
第5次循环，循环的值是 5
第6次循环，循环的值是 6
第7次循环，循环的值是 7
第8次循环，循环的值是 8
第9次循环，循环的值是 9
```

图 3-7　运行结果

for 循环语句可以同时有多个 init 表达式，前提是它们的类型相同，定义时通过"，"进行分隔。这些分隔的语句会独立运行，互不干扰。多变量 for 循环语句的使用方式如任务 3-8 所示。

任务 3-8　多变量 for 循环语句

文件 ForDemo2.java

```java
public class ForDemo2 {

    public static void main(String[] args) {
        // 定义多个变量的 for 语句
        for (int i = 0 , j = 1; i < 5 ; i++, j *= 2) {
            System.out.println("第" + i + "次循环，j= " + j);
        }
    }
}
```

运行结果如图 3-8 所示。

```
<terminated> ForDemo2 [Java Application] C:\Program Files\Java\jre1
第0次循环，j= 1
第1次循环，j= 2
第2次循环，j= 4
第3次循环，j= 8
第4次循环，j= 16
```

图 3-8　运行结果

任务 3-8 中定义了 i 和 j 两个变量，i 的初始值是 0，j 的初始值是 1，循环条件是 i<5；步进是 i 每次自增 1，j 每次乘 2。通过输出结果可以看出，i 和 j 独立运行，互不影响。对于一些特殊的场景，for 循环语句的这种可以定义多个变量的方式是独有的，而且，无论是在初始化还是在步进部分，这些语句都是顺序执行的。

3.2.4　break 与 continue

在一些循环中，可能在一些特殊情况下需要结束循环或者进行下一次循环，这时候就需要使用 break 和 contiune。前面在 switch 多路选择结构中我们已经用到了 break（break 是打断的意思）。在循环中，当循环到一个特定的情况下时，需要终止循环，这时就可使用 break。如果要求当某个自增量的值是 3 的倍数时不执行循环体，而是跳过本次循环，继续下一次循环，则可使用 continue，如任务 3-9 所示。

任务 3-9　break 和 continue

文件 ContinueBreakDemo.java

```java
public class ContinueBreakDemo {

    public static void main(String[] args) {
        for (int i = 0 ; i < 10; i++) {
            if (2 == i) {
                System.out.println("程序运行跳出标志！跳出循环！");
                break;
            }
            System.out.println("第" + i + "次循环。");
        }
        int count = 0 ;
        while (5 > count) {            // 在 5 以内循环
            count++;                   // 自增 1
            if (count % 3 == 0) { // 如果 count 的值是 3 的倍数，进行下一次循环
                continue;
            }
            System.out.println("第" + count + "次循环！");

        }
    }
}
```

运行结果如图 3-9 所示。

从任务中可以看出，break 用于直接跳出循环体，执行后续的代码逻辑；而 continue 则用于跳出本次循环，执行下一次循环。读者需要仔细辨别两者，对其进行恰当使用，不当的使用会让程序产生异常。

JDK 1.5 中引入了增强型 for 循环语句（即 foreach 语句），它是普通 for 循环语句的加强版，其语法格式如下：

```
<terminated> ContinueBreakDemo [Java Application] C:\Program Files
第0次循环。
第1次循环。
程序运行跳出标志！跳出循环！
第1次循环！
第2次循环！
第4次循环！
第5次循环！
```

图 3-9　运行结果

```java
int[] arr = new int[10];
for (int i : arr) {
System.out.println("i=" + i);
}
```

foreach 语句在遍历数组和集合类型时非常方便，其语法也很简单，在不需要指定遍历顺序和规则时颇为常用。

3.3　项目实战

项目 3-1　使用 for 循环语句和 if 条件语句实现冒泡排序

项目实战

本项目通过实现冒泡排序算法演示在实际的程序开发中如何使用 for 循环语句和 if 条件语句。排序是指让混乱的序列变成有序的序列。排序算法有很多种，冒泡排序的思想就是在每一次循环结束之后，使序列最右边的数值为整个序列的最大值。实现步骤及代码如下。

① 使用 Random 类生成一个初始化的数组。类和数组的概念将会在第 5 单元和第 6 单元中详

细介绍，这里读者只要明白这一步的操作是随机生成一个混乱的序列即可。代码如下：

```java
public static void main(String[] args) {
    int[] arr = new int[10];                    // 定义一个有 10 个数字的数组
    Random rm = new Random();                   // 初始化随机数的对象
    System.out.print("[");
    for (int i = 0 ; i < 10 ; i++) {
        arr[i] = rm.nextInt(100);               // 从 0～100 范围内随机生成一个数字
        System.out.print(arr[i] + ", "); // 输出数组第 i 个数字的值
    }
    System.out.print("]\n");
}
```

其中，Random 类的 nextInt(100)方法用于从 0～100 范围内随机生成一个数字。

② 实现冒泡排序。在每一轮比较中，算法都将最大的数字排列到最右边。所以在每次循环时我们可以这么想：每次排序结束后，最右边的数字已经排序完成，那么只需要考虑左边未排序的部分即可。冒泡排序的代码如下：

```java
int temp = 0 ;                          // 临时变量
int len = arr.length ;
// 从右向左遍历，默认每次最右边的数字都是排序后的数字
for (int j = len - 1; j > 0 ; j--) {
    // 从左向右遍历，将未排序数组中的最大数字排列到剩余数组的最右边
    for (int i = 0 ; i < j - 1 ; i++) {
        if (arr[i] > arr[i+1]) { // 如果左边的值比右边的值大，则交换两者的位置
            temp = arr[i];
            arr[i] = arr[i+1];
            arr[i+1] = temp;
        }
    }
    // 每次循环结束，都有一个最大的数字被排列到右侧，按从大到小的顺序从右向左排序
}
```

最终，完整的代码实现如下。

文件 SortNum.java

```java
public class SortNum {

    public static void main(String[] args) {
        int[] arr = new int[10];                    // 定义一个有 10 个数字的数组
        Random rm = new Random();                   // 初始化随机数的对象
        System.out.print("[");
        for (int i = 0 ; i < 10 ; i++) {
            arr[i] = rm.nextInt(100);               // 从 0～100 范围内随机生成一个数字
            System.out.print(arr[i] + ", "); // 输出数组第 i 个数字的值
        }
        System.out.print("]\n");
        int temp = 0 ;                              // 临时变量
        int len = arr.length ;
        // 从右向左遍历，默认每次最右边的数字都是排序后的数字
        for (int j = len - 1; j > 0 ; j--) {
            // 从左向右遍历，将未排序数组中的最大数字排列到剩余数组的最右边
            for (int i = 0 ; i < j - 1 ; i++) {
                if (arr[i] > arr[i+1]) { // 如果左边的值比右边的值大，则交
换两者的位置
                    temp = arr[i];
                    arr[i] = arr[i+1];
                    arr[i+1] = temp;
```

```
                        }
                    }
                // 每次循环结束，都有一个最大的数字被排列到右侧，按从大到小的顺序从右向左排序
                }
            // 输出排序后的数组
            System.out.print("[");
            for (int i : arr) {
                System.out.print(i + ", ");
            }
            System.out.print("]");

        }
    }
```

运行结果如图 3-10 所示，初始的序列是混乱无序的，最终输出的结果是从小到大排列的序列。

```
<terminated> SortNum [Java Application] C:\Program Files
[17, 87, 0, 84, 59, 82, 94, 25, 12, 95, ]
[0, 12, 17, 25, 59, 82, 84, 87, 94, 95, ]
```

图 3-10　运行结果

3.4　单元小结

本单元主要讲解了 Java 中的控制执行流程，3.1 节介绍了选择结构语句，包括 if 条件语句和 switch 条件语句，分别适用于单路选择语句和多路选择语句。3.2 节介绍了循环结构语句，着重讲解了 while 循环语句先判断后循环的执行逻辑和 do-while 循环语句先循环后判断的执行逻辑；同时讲解了 for 循环语句（用于迭代的遍历语句），也引出了 foreach 语句（用于遍历数组和集合中的每一个元素）。3.3 节通过一个小项目演示了如何使用 if 循环语句和 for 循环语句。

控制执行流程是程序开发的重要组成部分。熟练掌握 Java 的控制执行流程，有助于写出更简洁、高效的代码。

3.5　课后习题

1.（　　）不属于 Java 语言的流程控制语句。

　　A．赋值语句　　　　B．跳转语句　　　C．循环结构语句　　D．选择结构语句

2．执行以下代码的输出结果是（　　）。

```
int i=1;
switch(i){
case 0: System.out.print("Zero");
case 1: System.out.print("One");
case 2: System.out.print("Two");
Default: System.out.print("Default");
}
```

　　A．ZeroOneTwoDefault　　　　　　B．Default
　　C．One　　　　　　　　　　　　　D．OneTwoDefault

3．如果需要循环体至少执行一次，使用（　　）语句比较合适。

　　A．while　　　　　B．do-while　　　　C．for　　　　　D．以上都可以

4．思考 if-else 条件语句和 switch 条件语句的使用场景。

5．思考 while 循环语句和 for 循环语句的使用场景。

第4单元
字符串

04

情景引入

在实际的开发过程中，通常都需要表达文本信息，例如输出程序的日志、给用户输出提示信息等，这些可以通过字符串实现。如果将编程比作建楼房，那么字符串就相当于砖。没有基本数据类型，楼房还是可以盖起来，只是会稍微费力；但是如果没有字符串，楼房或许就真的无法建造了。字符串是重要的数据类型，在目前的许多开发语言中，它的身影随处可见。在目前流行的跨语言、跨平台的开发中，字符串扮演了重要的角色，就其重要性而言，对其再怎么称赞也不为过。Java中的字符串通过String类表示。通过对本单元的学习，读者可以掌握String类以及其内置的相关方法的使用。

学习目标

知识目标
（1）熟悉String类及其相关操作。
（2）熟悉通过StringBuilder和StringBuffer进行字符串拼接的方法。
（3）了解System类中一些常见的API。

能力目标
（1）能熟练使用String类的API进行字符串的处理。
（2）能使用StringBuilder和StringBuffer进行字符串的拼接。

素质目标
（1）通过字符串的各种操作实践，培养文本信息处理与分析能力。
（2）通过比较字符串不同创建方式和操作方法的性能，培养优化代码性能的意识与能力。

思维导图

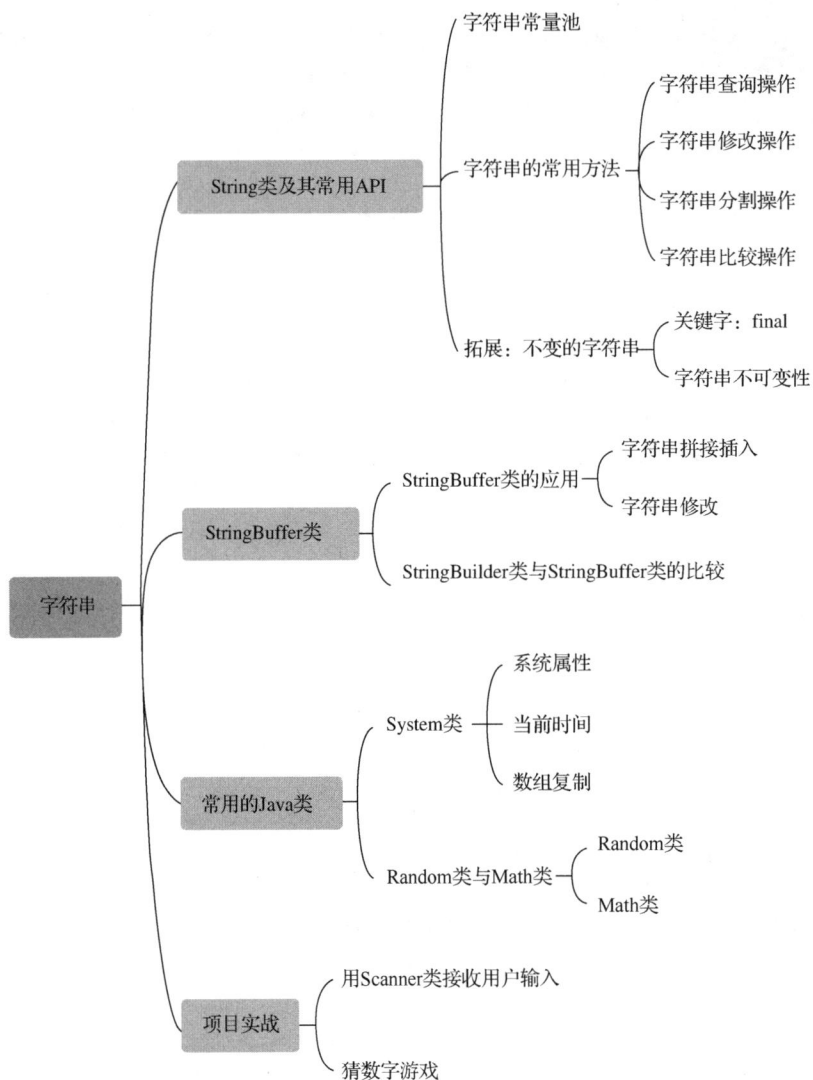

4.1 String 类及其常用 API

字符串由一连串的字符组成，在 Java 中使用双引号""表示。它既可以是一个字符，也可以是一个或多个字符序列。Java 的核心类库中定义了 String 类，用于进行字符串的常用操作；同时定义了 StringBuffer 类和 StringBuilder 类，用于进行字符串的复杂操作。

想要使用字符串，需要先对其进行初始化。字符串的初始化可以使用字面量（字符串常量），也可以使用构造函数。

String 类及其常用
API

1. 使用字面量进行初始化

使用字面量进行初始化的语句如下：

```
String str = "adc";
```

字面量是指固定的值，此处的"adc"就是字面量。因为字符串常量池的存在，此处可以通过简化初始化的方式直接将字面量赋给一个字符串对象。字符串常量池在 4.1.1 小节中将着重介绍。

2. 使用构造函数进行初始化

使用构造函数进行初始化的语句如下：

```
String str_1 = new String();            // 无参构造方法
String str_2 = new String("adc");       // 使用字符串作为参数的构造方法
String str_3 = new String(new char[3]); // 使用字符数组作为参数的构造方法
```

Java 中的 String 类中定义了以上 3 种基本的初始化构造函数。从第 3 种构造函数中不难发现，其实字符串就是一组字符。字符串初始化的实现方式如任务 4-1 所示。

任务 4-1　字符串的初始化

文件 StringDemo.java

```
public class StringDemo {
    public static void main(String[] args) {
        String str = "abc";                   // 字面量初始化
        String str_1 = null;                  // 直接将 null 赋给字符串
        String str_2 = "";                    // 用一个空字符串初始化
        String str_3 = new String();          // 使用无参构造函数进行初始化
        String str_4 = new String("abcd");    // 使用一个字符串作为参数进行
初始化

        String str_5 = new String(new char[]{'b','c','d'}); // 使用字符数组进行初始化

        // 输出已经初始化的字符串
        System.out.println(str);
        System.out.println(str_1);
        System.out.println(str_2);
        System.out.println(str_3);
        System.out.println(str_4);
        System.out.println(str_5);

    }
}
```

运行结果如图 4-1 所示。

```
<terminated> StringDemo [Java Application] C:\Program Files\Java\jre1.8.0_111\bin\javaw.exe (2017年2月22日 下午11:29:37)
abc
null


abcd
bcd
```

图 4-1　运行结果

由运行结果可知，字符串的无参构造方法将一个空字符串赋给了字符串对象，而空字符串并不等于 null，在开发的过程中千万不要将两者混淆了。

4.1.1　字符串常量池

常量是指在程序运行过程中不会改变的量，一般从字面形式就可以进行判断，因此也被称为字面量。如果将池的概念简单地理解为池塘，则字符串常量池就是拥有很多字符串常量的池塘，包含诸如"a""BGK""123"等字符串常量。

第 1 单元中我们介绍了 JVM 的概念，JVM 是 Java 能实现一次编写、跨平台运行的关键。JVM

51

在执行字节码时，把字节码解释成具体平台上的机器指令来执行，这种执行方式让它有了极大的自由，进而提升了系统性能。字符串常量池就是用来减少字符串对象创建、分配过程中对时间和空间的消耗的。字符串常量池是在 JVM 中单独开辟的一块特殊内存，用于存放程序在运行中使用的字符串常量。每当程序需要创建字符串常量的时候，JVM 会先在字符串常量池中寻找。如果找到了，则会返回池中的实例引用；如果找不到，则会实例化一个字符串并将其放入字符串常量池中。

> **注意** 因为 JVM 的这块特殊内存里存放着众多的字符串常量，因此我们形象地称之为字符串常量池。内存是 CPU 能直接寻址的存储空间，是暂时存储程序以及数据的地方，而字符串常量池只是一个概念，请勿将两者混淆。

字符串常量池这一概念太过抽象，下面结合任务 4-2 进行理解。

任务 4-2 字符串不同创建方式的耗时比较

文件 PoolTest.java

```java
public class PoolTest {
    public static void main(String[] args) {
        int times = 100000000; // 定义循环次数

        long start = System.currentTimeMillis();        // 获取系统当前时间
        for (int i = 0 ; i < times ; i++) {             // 使用循环语句重复执行
            String str = new String("abc");             // 使用构造方式进行创建
        }
        long end = System.currentTimeMillis();          // 获取系统当前时间
        System.out.println("使用构造函数构造一千万次耗时" + (end - start) + "毫秒");

        long start_1 = System.currentTimeMillis();      // 获取系统当前时间
        for (int i = 0 ; i < times ; i++) {
            String str = "abc";                         // 字面量直接赋值
        }
        long end_1 = System.currentTimeMillis();        // 获取系统当前时间
        System.out.println("使用字符串常量池方式获取一千万次耗时" + (end_1 -
start_1) + "毫秒");

        long start_2 = System.currentTimeMillis();      // 获取系统当前时间
        for (int i = 0 ; i < times ; i++) {
            String str = null;                          // 定义 str 为 null
        }
        long end_2 = System.currentTimeMillis();        // 获取系统当前时间
        System.out.println("创建空对象一千万次耗时" + (end_2 - start_2) + "毫秒");

        long start_3 = System.currentTimeMillis();      // 获取系统当前时间
        for (int i = 0 ; i < times ; i++) {
            String str ;                                // 只声明变量，不进行初始化
        }
        long end_3 = System.currentTimeMillis();        // 获取系统当前时间
        System.out.println("定义字符串变量一千万次耗时" + (end_3 - start_3) + "
毫秒");
    }
}
```

运行结果如图 4-2 所示。

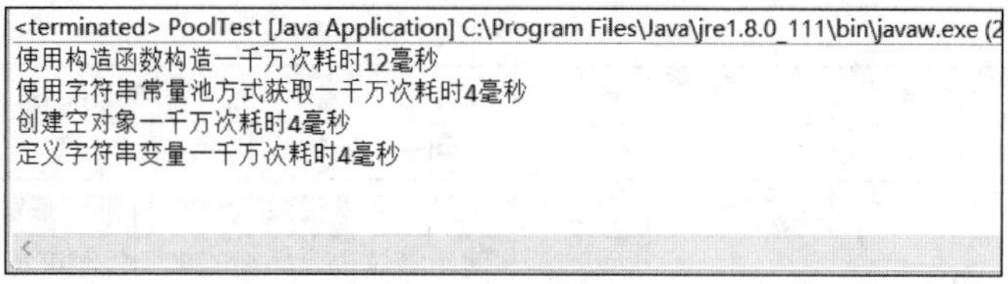

图 4-2　运行结果

　　从运行结果可以看出，使用构造函数创建字符串耗时较长，而使用字符串常量池的方式创建字符串则耗时较短。

4.1.2　字符串的常用方法

　　字符串操作是计算机程序设计中最常见的行为之一，其操作都是通过 String 类实现的。String 类的常用方法如表 4-1 所示。

表 4-1　String 类的常用方法

方法声明	功能描述
int compareTo(String anotherString)	按字典顺序比较两个字符串
int compareTolgnoreCase(String str)	按字典顺序比较两个字符串，忽略大小写
String concat(String str)	将指定字符串连接到某字符串的结尾
boolean contains(CharSequence cs)	当且仅当某字符串包含指定的 char 值序列时，返回 true
boolean endsWith(String suffix)	判断某字符串是否以指定的后缀结束
boolean equals(Object anObject)	将某字符串与指定的对象比较
boolean equalsIgnoreCase(String anotherString)	将某字符串与另一个字符串比较，忽略大小写
int indexOf(int ch)	返回指定字符在某字符串中第一次出现处的索引
int indexOf(int ch, int fromIndex)	返回指定字符在某字符串中第一次出现处的索引，从指定的索引开始搜索
int indexOf(String str)	返回指定子字符串在某字符串中第一次出现处的索引
int indexOf(String str, int fromIndex)	返回指定子字符串在某字符串中第一次出现处的索引，从指定的索引开始搜索
String intern()	返回字符串对象的规范表示形式（在将特定字符插入字符串常量池时使用）
boolean isEmpty()	当且仅当 length()为 0 时返回 true
int lastIndexOf(int ch)	返回指定字符在某字符串中最后一次出现处的索引
int lastIndexOf(int ch, int fromIndex)	返回指定字符在某字符串中最后一次出现处的索引，从指定的索引处开始进行反向搜索
int lastIndexOf(String str)	返回指定子字符串在某字符串中最右边出现处的索引
int length()	返回某字符串的长度
int replace(char oldChar, char newChar)	返回一个新的字符串，它是通过 newChar 替换某字符串中出现的所有 oldChar 得到的
String replaceAll(String regex, String replacement)	使用给定的 replacement 替换某字符串中所有匹配给定正则表达式 regex 的子字符串
String replaceFirst(String regex, String replacement)	使用给定的 replacement 替换某字符串中匹配给定正则表达式 regex 的第一个子字符串
String split(String regex)	根据给定的正则表达式拆分某字符串，并返回拆分后的字符串数组
boolean startsWith(String prefix)	判断某字符串是否以指定的前缀开始

续表

方法声明	功能描述
String substring(int beginIndex, int endIndex)	返回一个新字符串，它是某字符串的一个子字符串
char[] toCharArray()	将某字符串转换为一个新的字符数组
String toLowerCase()	使用默认语言环境的规则将某字符串中的所有字符都转换为小写
String toUpperCase()	使用默认语言环境的规则将某字符串中的所有字符都转换为大写
String trim()	返回字符串的副本，忽略前导空白和尾部空白
String valueOf(Object obj)	返回 Obj 参数的字符串表示形式

String 类的常用方法有很多，但可以总体归为 4 类：字符串查询操作方法、字符串修改操作方法、字符串分割操作方法以及字符串比较操作方法。

在学习这些功能性的方法之前，先通过任务 4-3 了解字符串的通用功能性方法，例如返回字符串长度和判断字符串是否为空的方法。

任务 4-3　字符串非空判断与长度返回

文件 StringNorMethodDemo.java

```java
public class StringNorMethodDemo {

    @SuppressWarnings("null")
    public static void main(String[] args) throws InterruptedException {

        String str = "";                     // 定义一个空字符串
        System.out.println("字符串的长度是: " + str.length());
        System.out.println("字符串是否为空: " + str.isEmpty());

        str = "Hello Java, hello String!"; // 赋值为一个非空的字符串
        System.out.println("字符串的长度是: " + str.length());
        System.out.println("字符串是否为空: " + str.isEmpty());

        Thread.sleep(1000);                  // 线程休眠 1s

        str = null;                          // 将字符串定义为 null
        System.out.println("字符串的长度是: " + str.length());
        System.out.println("字符串是否为空: " + str.isEmpty());
    }
}
```

运行结果如图 4-3 所示。

```
<terminated> StringNorMethodDemo [Java Application] C:\Program Files\Java\jre1.8.0_111\bin\javaw.exe
字符串的长度是: 0
字符串是否为空: true
字符串的长度是: 25
字符串是否为空: false
Exception in thread "main" java.lang.NullPointerException
        at com.lw.stringdemo.StringNorMethodDemo.main(StringNorMethodDemo.java:19)
<
```

图 4-3　运行结果

在任务中不难发现，isEmpty()对于值为 null 的字符串是没有返回结果的，length()亦如此。isEmpty()仅当 length()返回值为 0 时返回 true，否则返回 false。length()用于对字符个数进行统

计，每个空格和标点也被当作一个字符，且索引从 0 开始计算。

> **注意** @SuppressWarnings 用于取消编辑器中的警告，此处用于取消当 str 对象为 null 时，在调用 length()方法时的空指针警告。Thread.sleep(1000)表示当前线程休眠 1s，参数单位是 ms。这个知识点我们会在第 10 单元讲解，此处不赘述，可将其理解为程序运行至此，停止 1s 之后再继续运行。

1. 字符串查询操作

在互联网快速发展的今天，网购已经成为人们生活中不可或缺的一部分。在将商品准确送达客户的过程中，详细地址起着重要的作用。快递员通过街道、小区名称可以到达客户所在的大致位置，然后根据建筑的标号和门牌号快速定位客户并将商品送达。在字符串查询操作中，同样可以根据地址（字符所在的索引）查找字符，同时还能查找特定字符对应的地址。

字符串查询操作主要有按索引位置查询和按值查询两种，前者通过字符的索引位置获取对应位置的值，后者通过值来获取其对应的索引位置。查询的顺序可以从前向后，也可以从后向前，还可以指定开始查询的索引位置。字符串查询操作的具体应用如任务 4-4 所示。

任务 4-4　字符串查询操作

文件 StringSearchDemo.java

```java
public class StringSearchDemo {

    public static void main(String[] args) {

        String str = "Hello Java, Hello Java String"; // 定义一个字符串

        System.out.println("第一个 J 所在的索引位置是: " + str.indexOf("J"));
        System.out.println("从索引位置 2 开始，第一个 Hello 的索引位置是: " + str.indexOf("Hello", 1));
        System.out.println("最后一个 J 所在的索引位置是: " + str.lastIndexOf("J"));
        System.out.println("最后一个 Java 所在的索引位置是: " + str.lastIndexOf("Java"));
        System.out.println("从索引位置 12 开始，最后一个 Java 所在的索引位置是: " + str.lastIndexOf("Java", 12));
        System.out.println("字符串是否以 Hell 开头: " + str.startsWith("Hell"));
        System.out.println("字符串是否以 Hall 开头: " + str.startsWith("Hall"));
        System.out.println("字符串是否以 ing 结尾: " + str.endsWith("ing"));
        System.out.println("字符串是否以 int 结尾: " + str.endsWith("int"));
    }
}
```

运行结果如图 4-4 所示。

```
<terminated> StringSearchDemo [Java Application] C:\Program Files\Java\jre1.8.0_111\bin\javaw.exe
第一个J所在的索引位置是: 6
从索引位置2开始，第一个Hello的索引位置是: 12
最后一个J所在的索引位置是: 18
最后一个Java所在的索引位置是: 18
从索引位置12开始，最后一个Java所在的索引位置是: 6
字符串是否以Hell开头: true
字符串是否以Hall开头: false
字符串是否以ing结尾: true
字符串是否以int结尾: false
```

图 4-4　运行结果

此任务仅介绍了一些简单方法的使用。在实际应用中，多个方法可以嵌套使用。例如在任务 4-4 中，要从索引位置 12 开始查询最后一个 Java 所在的索引位置，可以多个查询方法一起使用。

观察字符串"Hello Java, Hello Java String"，想要反向查询在字符串中出现的第一个 Java，只要定位在最后一个"Hello"之前就可以。同理，因为"，"在第一个 Java 之后，利用"，"所在的位置来查询也能达到同样的目的，代码如下：

```
str.lastIndexOf("Java", str.lastIndexOf("H"))
str.lastIndexOf("Java", str.indexOf(","))
```

注意 善于利用基本的查询索引方法实现复杂的查询操作是很重要的，多动手实现一些复杂的查询可以快速掌握这些技巧。

字符串除了查询操作之外，还能进行修改操作。执行修改操作后会返回修改后的字符串，实际开发中对字符串的修改操作相当普遍。

2. 字符串修改操作

字符串的修改操作在 String 类中只有一些简单的截取、分割和连接操作方法，较为复杂的字符串修改操作方法在 StringBuffer 类和 StringBuilder 类中。一般在不需要考虑性能的情况下，String 类提供的方法已经足够使用，如任务 4-5 所示。

任务 4-5 字符串修改操作

文件 StringModifyDemo.java

```java
public class StringModifyDemo {

    public static void main(String[] args) {

        String str = "   7731-5524-jhdF-FfF0 ";

        System.out.println("将 F 替换成 X -" + str.replace("F", "X") + "-");
        System.out.println("将所有的 F 替换成 X -" + str.replaceAll("F", "X") + "-");
        System.out.println("将第一个 F 替换成 b -" + str.replaceFirst("F", "b") + "-");
        System.out.println("将字符串全部转换成大写 -" + str.toUpperCase() + "-");
        System.out.println("将字符串全部转换成小写 -" + str.toLowerCase() + "-");
        System.out.println("去除字符串前后的空格 -" + str.trim() + "-");
        System.out.println("拼接 BVNS 字符串 -" + str.concat("BVNS") + "-");
    }
}
```

运行结果如图 4-5 所示。

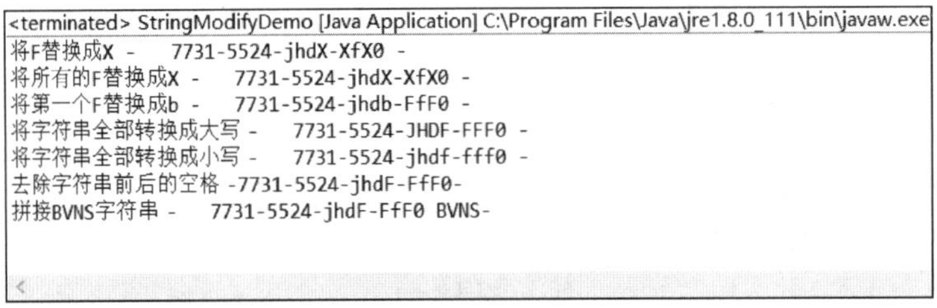

图 4-5 运行结果

字符串的替换操作方法有 replace()、replaceAll()和 repalceFirst()。replace()类似于 repalceAll()，两者唯一的区别是 replaceAll()支持正则表达式的替换，但是 repalce()只支持字符或者字符串替换，这两个方法都可用于全局替换。如果只想替换其中一个字符或字符串，repalceFirst()

是个不错的选择。在实际开发过程中，结合其他几种字符串操作方法可以实现复杂的处理逻辑。

在字符串中，两个字符串相加，例如：

```
String str = "Hello";
System.out.println(str + " David!");
System.out.println(str.concat(" David!"));
```

运行结果如图 4-6 所示。

```
<terminated> StringAPIDemo [Java Application] C:\Program Files\Java\jre1.8.0_111\bin\javaw.exe
Hello David!
Hello David!
```

图 4-6 运行结果

从运行结果可以看出，"+"可以实现与 concat() 相同的功能，便于简单的字符串拼接操作。如果只是少量地使用简单字符串拼接操作，直接使用"+"来实现更易于阅读与维护。

3. 字符串分割操作

之前提到，字符串其实就是一组字符的集合，那么，字符串理应可以分割成一个个字符序列或一组组字符序列。事实也正是如此，字符串操作类 String 提供了这些功能，如任务 4-6 所示。

任务 4-6 字符串分割操作

文件 StringSplitDemo.java

```
public class StringSplitDemo {

    public static void main(String[] args) {
        String str = "Hello David, welcome to China!";
        String[] strs = str.split(" "); // 以空格为分割符号分割字符串
        int count = 0 ;
        for (String s : strs) {
            System.out.println("分割后的第" + ++count + "个字符串是: " + s);
        }
        String ss = "Hi Tom!";
        count = 0 ;
        char[] cArr = ss.toCharArray(); // 将字符串转换成一个个字符
        for (char c : cArr) {
            System.out.println("分割后的第" + ++count + "个字符是: " + c + " ");
        }
        System.out.println("字符串中从索引0到索引6的子字符串是:"+str.substring(0,6));
        System.out.println("字符串中从第一个 o 到第一个 t 的子字符串是: " +
            str.substring(str.indexOf("o"), str.lastIndexOf("t")));
        System.out.println("将字符串中从第一个 o 到第一个 t 的子字符串中的所有 e 替换
为下画线: " +
            str.substring(str.indexOf("o"), str.lastIndexOf("t")).replace
("e", "_"));
    }
}
```

运行结果如图 4-7 所示。

此任务中通过查询操作与修改操作，将获取到的子字符串中的所有 e 替换成了下画线。在子字符串替换时直接调用了 replace() 方法，这是因为这个方法在调用后返回的也是一个字符串对象，因此这个对象仍可以继续调用字符串的操作方法。

在获取子字符串时，e 后面是一个空格，结合其父字符串可以发现，字符串的截取采用含头不含尾的截取方式，例如：

```
String str = "Hello";
str.substring(0, 1); // 返回 H, 不返回 He
```

```
<terminated> StringSplitDemo [Java Application] C:\Program Files\Java\jre1.8.0_111\bin\javaw.exe
分割后的第1个字符串是：Hello
分割后的第2个字符串是：David,
分割后的第3个字符串是：welcome
分割后的第4个字符串是：to
分割后的第5个字符串是：China!
分割后的第1个字符是：H
分割后的第2个字符是：i
分割后的第3个字符是：T
分割后的第4个字符是：T
分割后的第5个字符是：o
分割后的第6个字符是：m
分割后的第7个字符是：!
字符串中从索引0到索引6的子字符串是：Hello
字符串中从第一个o到第一个t的子字符串是：o David, welcome
将字符串中从第一个o到第一个t的子字符串中的所有e替换为下画线：o David, w_lcom_
```

图 4-7　运行结果

这是字符串比较特殊的一点。在截取字符串的时候用 indexOf()需要格外小心，这个索引位置在开始截取位置和结束截取位置时需要区别对待。

4. 字符串比较操作

字符串比较是字符串中最常见的操作之一，如任务 4-7 所示。

任务 4-7　字符串比较操作

文件 StringEqualsDemo.java

```java
public class StringEqualsDemo {

    public static void main(String[] args) {

        String str = "You are mine sunshine.";
        String ss = "sun";

        System.out.println("字符串 sun 的值与字符串对象 ss 是否相等: " +
"sun".equals(ss));
        System.out.println("字符串中是否含有 sun 字符串: " + str.contains(ss));
        System.out.println("字符串 sun 和字符串 sunshine 是否相等: " + "sunshine".
equals(ss));
        System.out.println("字符串 SUN 和字符串 sun 是否相等: " + "SUN".equals(ss));
        System.out.println("字符串 SUN 和字符串 sun 是否忽略大小写相等: " + "SUN".
equalsIgnoreCase(ss));
        System.out.println("比较字符串 SUN 和字符串 sun 的字典值是否相等: " + "SUN".
compareTo(ss));
        System.out.println("比较字符串 SUN 和字符串 sun 的字典值是否忽略大小写相等: " +
"SUN".compareToIgnoreCase(ss));
        System.out.println("比较字符串 sun 和字符串 sunshine 的字典值是否相等: " +
"sunshine".compareTo(ss));
    }
}
```

运行结果如图 4-8 所示。

```
<terminated> StringEqualsDemo [Java Application] C:\Program Files\Java\jre1.8.0_111\bin\javaw.exe
字符串sun的值与字符串对象ss是否相等：true
字符串中是否含有sun字符串：true
字符串sun和字符串sunshine是否相等：false
字符串SUN和字符串sun是否相等：false
字符串SUN和字符串sun是否忽略大小写相等：true
比较字符串SUN和字符串sun的字典值是否相等：-32
比较字符串SUN和字符串sun的字典值是否忽略大小写相等：0
比较字符串sun和字符串sunshine的字典值是否相等：5
```

图 4-8　运行结果

比较字符串的值使用 equals()，判断是否含有某字符串使用 contains()。值得一提的是，compareTo()方法在比较长度相同的字符串的时候，会返回第一个不相同字符的字典值的差值，该差值可能为正，也可能为负。如果两个字符串的长度不相同，那么该方法会返回两个字符串的长度差。另外，equals()和 compareTo()都有不区分大小写的比较方法，equalsIgnoreCase()和 compareToIgnoreCase()也是需要注意的。在 Java 中，字符是严格区分大小写的，我们从"字符串 SUN 和字符串 sun 是否相等: false"和"字符串 SUN 和字符串 sun 是否忽略大小写相等: true"的输出结果中就能得出这个结论。所以在实际开发中，如果不需要考虑大小写的情况，可以使用以 IgnoreCase 结尾的方法比较字符串，或者将字符串全部转换成大写或小写之后再进行比较。

4.1.3 拓展：不变的字符串

String 类是 Java 中最常用的类之一，也是 final 关键字限定的类。在 Java 中，字符使用 Unicode 编码，每个字符占两位，每个汉字也占两位。

1. 关键字：final

final 在 Java 中是保留的关键字，可以声明成员变量、方法、类以及本地变量。一旦使用 final 声明引用，将不能再改变这个引用，编译器会检查代码。如果试图将变量再次初始化的话，编译器会报编译错误。final 关键字的作用如下。

（1）限定变量

凡是使用 final 声明的成员变量或者本地变量（在方法中或者代码块中的变量称为本地变量）都叫作 final 变量。final 变量经常和 static 关键字一起使用，作为常量，例如：

```
public static final String ZERO = "0";
```

（2）限定方法

final 也可以声明方法。某个方法前面加上 final 关键字，代表这个方法不可以被子类的方法重写。如果认为一个方法的功能已经足够完整了，子类中不需要改变的话，可以使用 final 声明此方法。final 方法比非 final 方法要快，因为在编译的时候已经静态绑定了，不需要在运行时再动态绑定，例如：

```
public final String getName(){
    return "Name";
}
```

（3）限定类

使用 final 来修饰的类叫作 final 类。final 类的功能通常是完整的，它们不能被继承。Java 中有许多类是 final 类，如 String 类、Interger 类以及其他包装类。例如：

```
public final class GlassCup {
    // 此处省略
}
```

final 关键字的优点如下。

* 提高性能，JVM 和 Java 应用均会缓存 final 限定的变量。
* final 变量在多线程环境下无须额外开销即可共享。
* 可对 final 类型的变量、方法和类进行优化。

2. 字符串不可变性

```
String str = "Hello";
System.out.println(str.substring(0, 1));
System.out.println(str);
```

运行以上的代码会输出什么呢？

```
str.replace("H", "h");
System.out.println(str);
```

运行以上的代码又会输出什么呢？

输出结果如图 4-9 所示。

```
<terminated> StringAPIDemo [Java Application] C:\Program Files\Java\jre1.8.0_111\bin\javaw.exe
H
Hello
Hello
```

图 4-9　输出结果

在用 "h" 替换 "H" 后，控制台仍然输出 "Hello" 是什么原因呢？原来，字符串的方法返回的是另外一个字符串，而字符串本身并没有改变，所以无论如何修改，只要不对对象重新赋值，那么对象就不会改变。也正是因为这一点，字符串在使用的时候无须额外的开销就能实现共享。

注意　所有的 Java 类都有 toString()方法，因为所有 Java 类的最终父类都是 Objects，而该类有 toString()方法。当对象是 null 时，直接调用 toString()会导致空指针异常。但是如果我们利用 Objects 类的 toString()方法，则不会抛出异常，代码如下：

```
String str = null;
System.out.println(Objects.toString(str));
System.out.println(str.toString());
```

Objects 类是 1.7 版本新定义的工具类，用于防止未知的空指针异常导致程序退出的情形出现。当对象是 null 的时候，toString()方法会返回 null 而不是抛出空指针异常。其运行结果如图 4-10 所示。

```
<terminated> StringAPIDemo [Java Application] C:\Program Files\Java\jre1.8.0_111\bin\javaw.exe
null
Exception in thread "main" java.lang.NullPointerException
        at com.lw.stringdemo.StringAPIDemo.main(StringAPIDemo.java:11)
```

图 4-10　运行结果

提示　有时候我们想查看官方的 API，但在编辑器中按【Ctrl+←】组合键却无法查看源文件的代码，这使我们比较苦恼。其实在安装 JDK 的时候，就已经提供了解释文档。为了方便深入理解这些类并查看这些方法的源代码，我们只需要配置 Eclipse 即可，步骤如下。
① 在编辑器中选择 "Window" → "Preferences" → "Java" → "Installed JRES"。
② 选择 JDK 版本，并单击右侧的 "Edits" 按钮，此时会出现 "Edit JRE" 窗口。
③ 找到 XXXX\rt.jar 目录并展开，选择 "Source attachment:（none）" 并单击右侧的 "Source Attachment" 按钮，在 JDK 的安装目录下找到 src.zip 文件，单击 "确定" 按钮即可。
现在，系统类库的源代码就可以随意查看了。

4.2　StringBuffer 类

字符串类 String 是 final 限定的类，因为其不变性，在多线程编程中共享时不会有额外的开销，这极大地提升了性能，但同时也带来了问题。String 类的对象不可变，如果需要改变它，会有什么样的问题出现呢？

不变的对象虽然有时候会极大地提升程序的性能，但也可能会耗尽系统资源，如下面的代码：

StringBuffer 类

```
String str = "abc" + "bcs";
```

这段代码看似简单，但实际上创建了 3 个字符串对象，分别是 "abc" "bcs" 和 "abcbcs"。如果这样的拼接数量不断增加，会使程序系统产生极大的性能消耗，这是需要极力避免的情况。Java 使用 StringBuffer 类和 StringBuider 类来应对这一情况。

4.2.1　StringBuffer 类的应用

StringBuffer 类在字符串的操作上避免了字符串拼接会产生多个对象的问题。它可以以一个字符串作为参数进行初始化。其常用初始化方式有以下 3 种：

```
StringBuffer strBuffer = new StringBuffer();           // 使用无参构造函数进行初始化
StringBuffer stringBuffer = new StringBuffer("123");   // 使用字符串对象进行初始化
StringBuffer stBuffer = new StringBuffer(strBuffer);   // 使用另一个 StringBuffer 对象进行初始化
```

1. 字符串拼接插入

StringBuffer 类主要使用 append()方法进行字符串的拼接操作，也可以使用 insert()方法有针对性地进行插入。在操作完成之后，可以使用 toString()方法返回字符串对象。字符串拼接插入的具体应用如任务 4-8 所示。

任务 4-8　StringBuffer 类的字符串拼接插入

文件 StringBufferAI.java

```java
public class StringBufferAI {
    public static void main(String[] args) {
        StringBuffer stringBuffer = new StringBuffer(); // 初始化 StringBuffer 对象
        // 拼接操作
        stringBuffer.append("ABC");                     // 追加字符串 "ABC"
        System.out.println(stringBuffer);               // 输出

        stringBuffer.append('你');                       // 追加字符 '你'
        stringBuffer.append(1);                         // 追加数字 1
        stringBuffer.append(true);                      // 追加布尔值 true
        stringBuffer.append(12.12d);                    // 追加 double 类型的 12.12
        System.out.println(stringBuffer);               // 输出

        // 插入操作
        stringBuffer.insert(2, '我');                    // 在索引位置 2 插入字符
        System.out.println(stringBuffer);               // 输出
        char[] chars = {'a', 'b', 'c', 'd'};
        stringBuffer.insert(3, chars, 0, 2);            // 在索引位置 3 插入字符数组中的前两个字符
        System.out.println(stringBuffer);               // 输出
        stringBuffer.insert(0, false);                  // 在索引位置 0 添加一个布尔值 false
        System.out.println(stringBuffer);               // 输出
    }
}
```

运行结果如图 4-11 所示。

从运行结果可知，StringBuffer 类的 append()方法可以追加任何类型的值，并将其转换成字符串添加到 StringBuffer 对象的末尾。StringBuffer 类将 boolean 类型变量的值当成字面量追加到对象末尾，而将其他类型的值直接当成字符进行追加。

```
<terminated> StringBuffer_AI [Java Application] C:\Program Files\Java\jre1.8.0_111
ABC
ABC你1true12.12
AB我C你1true12.12
AB我abC你1true12.12
falseAB我abC你1true12.12
```

图 4-11　运行结果

StringBuffer 类还有 insert()方法，用于在指定位置插入传入的值。insert()也会将 boolean 类

型的变量以字面量形式插入指定的索引位置，该索引位置及之后的值依次向后移动。insert()还可以接收一个字符序列作为参数，从指定的字符序列索引位置取出指定长度的字符序列，插入StringBuffer对象的指定索引位置，该索引位置及之后的字符依次向后移动。

在任务中，输出 StringBuffer 对象的时候并没有使用 toString()方法，这是因为系统的输入输出方法会把传入的参数转换成字符串后输出，这相当于对所有的输出目标都调用了 toString()方法。因此，在此处可以省去 toString()方法。

2. 字符串修改

相较于 String 类，StringBuffer 类添加了一些新的方法，它们不仅可以拼接字符串或者在特定的位置插入字符串，还可以删除指定索引上的字符，使用起来相当方便。StringBuffer 类的常用操作如任务 4-9 所示。

任务 4-9　StringBuffer 类的常用操作方法

文件 StringBufferSearch.java

```java
public class StringBufferSearch {
    public static void main(String[] args) {
        StringBuffer stringBuffer = new StringBuffer();
        stringBuffer.append("The StringBuffer Search Demo."); // 向stringBuffer
添加数据

        System.out.println(stringBuffer.charAt(5)); // 输出索引位置 5 上的字符
        System.out.println(stringBuffer.indexOf("Search")); // 输出 Search 字符串
的索引位置
        System.out.println(stringBuffer.indexOf("S", 10)); // 从索引位置10 开始寻
找下一个 S 所在的索引位置
        System.out.println(stringBuffer.delete(0,3)); // 删除索引位置0~3 上
的字符
        System.out.println(stringBuffer.deleteCharAt(4)); // 删除索引位置4 上的字符
        System.out.println(stringBuffer.lastIndexOf("e")); // 输出最后一个 e 的索引
        System.out.println(stringBuffer); // 输出此时 stringBuffer 对象的数据
        System.out.println(stringBuffer.replace(0, 2, "What")); // 把索引位
置 0~2 上的字符用 What 代替
        System.out.println(stringBuffer.reverse());        // 将 stringBuffer 内
的数据进行反转
        stringBuffer.setCharAt(0, 'O');        // 将索引位置 0 上的字符设置为 O
        System.out.println(stringBuffer);    // 输出 stringBuffer
        System.out.println(stringBuffer.substring(0, 5));
        System.out.println(stringBuffer); // 输出 stringBuffer
    }
}
```

运行结果如图 4-12 所示。

从任务 4-9 可知，StringBuffer 类中的 delete()方法能够很灵活地删除字符串中的数据，配合 insert()方法可以快速实现字符串的修改操作。从输出结果可以看出，StringBuffer 对象的修改是持久的。

很有意思的是，StringBuffer 类的 replace()方法与 String 类的 replace()方法有所不同。在 String 类中，replace()方法会替换符合条件的所有字符，

```
<terminated> StringBufferSearch [Java Application] C:\Program Files\Java\jre1.8.0
t
17
17
 StringBuffer Search Demo.
 StrngBuffer Search Demo.
21
 StrngBuffer Search Demo.
WhattrngBuffer Search Demo.
.omeD hcraeS reffuBgnrttahW
OomeD hcraeS reffuBgnrttahW
OomeD
OomeD hcraeS reffuBgnrttahW
```

图 4-12　运行结果

其参数是两个字符串：一个是要被匹配的字符串，一个是用来替换匹配项的字符串。在 StringBuffer 类中，replace() 则有 3 个参数，分别是起始索引位置、结束索引位置和用于替换索引区间的字符串项。当需要在固定位置替换预定格式的字符串序列时，使用该方法非常方便。

从图 4-12 的运行结果中不难看出，StringBuffer 类对字符串采用的也是"含头不含尾"的处理方式。在替换索引位置 0～2 上的字符时，只替换了索引位置 0 和索引位置 1 的字符。这种处理方式一定要牢记。

4.2.2　StringBuilder 类与 StringBuffer 类的比较

StringBuilder 类也是官方 API 中设计的用来操作字符串的方法类。StringBuilder 类中有哪些方法呢？下面我们通过一个任务来学习这个类。

任务 4-10　StringBuilder 类的常用方法

文件 StringBuilderDemo.java

```java
public class StringBuilderDemo {
    public static void main(String[] args) {
        StringBuilder strBuilder = new StringBuilder(); // 初始化一个
StringBuilder 对象
        strBuilder.append("This is simple Demo for StringBuilder!");
// 在末尾追加字符串
        System.out.println(strBuilder.append('!'));      // 末尾追加字符 "!"
        System.out.println(strBuilder.indexOf("is"));    // 输出 is 在 stringBuilder
中第一次出现的索引位置
        System.out.println(strBuilder.delete(3, 7));      // 删除索引位置 3～7 上的字符
        System.out.println(strBuilder.reverse());         // 将 stringBuilder 反转
        System.out.println(strBuilder.deleteCharAt(0));   // 删除索引位置 0 上的字符
        System.out.println(strBuilder);                   // 输出
    }
}
```

运行结果如图 4-13 所示。

从任务 4-10 的方法和输出结果中可以很明显地发现，StringBuilder 类和 StringBuffer 类几乎如出一辙。既然它们的功能相同，为何要设计两个类呢？

之前提到过，String 对象是不可变的，所以在

```
<terminated> StringBuilderDemo[Java Application] C:\Program Files\Java\jre1.8.0_111
This is simple Demo for StringBuilder!!
2
Thi simple Demo for StringBuilder!!
!!redliuBgnirtS rof omeD elpmis ihT
!redliuBgnirtS rof omeD elpmis ihT
!redliuBgnirtS rof omeD elpmis ihT
```

图 4-13　运行结果

多线程的环境中共享无须额外的消耗（多线程将在第 10 单元"并发编程"中详细讲解，可以理解为一个跑道就是一个线程，多个选手同时在多个跑道中比赛就相当于多线程场景）。看过源代码的读者可能已经注意到了，StringBuffer 类和 StringBuilder 类的直接父类都是 AbstractStringBuilder 类。它们唯一的区别就是，StringBuffer 类的每个方法都多了 synchronized 关键字。synchronized 关键字的作用相当于给跑道设置边界，以避免选手不小心跑到其他选手的跑道而导致比赛混乱的情况出现。至此读者应该明白两者的区别了，StringBuffer 类是线程安全的，而 StringBuilder 类不是。在编写程序的时候，如果判断不需要考虑多线程环境，那么可使用 StringBuilder 类，因为使用它时无须考虑多线程，这样程序速度自然会更快一些。

4.3　常用的 Java 类

Java 为了方便编程人员快速开发，针对常用功能提供了大量的 Java 类，每个类都包含一些通用的 API，其中常用的就是 System.out.println()，这个方法是

常用的 Java 类

System 类的方法。除了 System 类以外，还有用于数学计算的 Random 类、Math 类等。

4.3.1　System 类

System 的中文含义是系统，顾名思义，这个类是和系统相关的。它可以用来改变当前的系统环境变量，以实现某些功能。System 类中的方法都是静态方法，所以可以直接使用类名来调用它们，省去了初始化的步骤。

1. 系统属性

第 1 单元中介绍的配置系统环境变量就是在配置 Java 的编译和运行环境，当时配置了 JAVA_HOME 系统环境变量。如果想手动修改它，除了可以在系统内通过"环境变量"对话框进行配置外，还可以使用 System 类对其进行修改（前提是知道环境变量的 KEY 值），如任务 4-11 所示。

任务 4-11　系统环境变量

文件 PropertiesDemo.java

```
public class PropertiesDemo {

    public static void main(String[] args) {
        Properties props = System.getProperties();  // 获取当前系统属性
        System.out.println(props);                   // 输出当前系统属性
        System.out.println("************************************************
**********");

        Set<String> propNames = props.stringPropertyNames(); // 获取当前系统所
有属性的名称

        for (String str : propNames) {
            String propName = props.getProperty(str);        // 遍历系统属性名
称，根据这些名称获得属性值
            System.out.println(propName);                    // 输出系统属性值
        }
        System.out.println("************************************************
**********");
        System.setProperty("DEBUG_HOME", "debug"); // 设置环境变量 DEBUG_HOME
的值为 debug

        props = System.getProperties();                // 重新获取系统属性
        System.out.println(props.getProperty("DEBUG_HOME")); // 输出 DEBUG_
HOME 环境变量的值
        System.out.println("************************************************
**********");
        System.clearProperty("DEBUG_HOME"); // 删除 DEBUG_HOME 环境变量的值
        props = System.getProperties();                // 重新获取当前系统属性
        System.out.println(props.getProperty("DEBUG_HOME")); // 输出环境变量
DEBUG_HOME 的值
        System.out.println("************************************************
**********");
    }
}
```

运行结果如图 4-14 所示。

因内容较多，图 4-14 仅截取了部分内容。具体的输出结果会因为运行的系统不同而有所差别，有兴趣的读者可以自己运行后查看。

Java 可以通过 System 类的方法来获取当前系统的环境变量，如任务 4-11 中的 System.

getProperties()方法。System 类还可以根据环境变量的名称来获取环境变量的值。在需要的时候，可以通过 System 类来修改甚至添加系统环境变量的值，也能将其删除。如任务 4-11 中的 DEBUG_HOME 环境变量就可以通过 System 类来修改、添加甚至删除。如果该环境变量不存在，获取它时会返回 null。

```
<terminated> SystemDemo [Java Application] C:\Program Files\Java\jre1.8.0_111\bin\javaw.exe (2017年3月9日 下午10:31:33)
1.8.0_111
C:\Program Files\Java\jre1.8.0_111\lib\ext;C:\Windows\Sun\Java\lib\ext
C:\Program Files\Java\jre1.8.0_111\lib\resources.jar;C:\Program Files\Java\jre1.8.0_111\lib\rt.jar;C:
Oracle Corporation
\
http://bugreport.sun.com/bugreport/
little
UnicodeLittle
windows
amd64
**************************************************************
debug
**************************************************************
null
**************************************************************
```

图 4-14　运行结果

2. 当前时间

在编写代码时有时候需要考虑代码的性能，使用人工计时的方式不仅不可靠，还比较烦琐。为了能够精确地计算程序执行耗费的时间，System 类提供了相应的方法，如任务 4-12 所示。

任务 4-12　系统当前时间

文件 CurrentTime.java

```java
public class CurrentTime {

    public static void main(String[] args) {
        long start = System.currentTimeMillis(); // 获取系统当前时间，单位为毫秒
        for (int i = 0 ; i < 10000 ; i++) {
            String str = "" + i;
            String ss = str + " 数字";
        }
        long end = System.currentTimeMillis(); // 获取系统当前时间，单位为毫秒
        System.out.println("程序耗时: " + (end - start) + "毫秒! ");

        long startNano = System.nanoTime();     // 获取系统当前时间，单位为纳秒
        for(int i = 0 ; i < 10000 ; i++) {
            String str = "" + 10*i;
            String ss = str + "a";
        }
        long endNano = System.nanoTime();       // 获取系统当前时间，单位为纳秒
        System.out.println("程序耗时: " + (endNano - startNano) + "纳秒! ");

    }
}
```

运行结果如图 4-15 所示。

计算机的时间原点是 1970 年 1 月 1 日 0 时 0 分 0 秒，所以 System 类在获取时间的时候会用当前时间跟计算机时间原点进行比较，两者的

```
<terminated> CurrentTime [Java Application] C:\Program Files\Java\jre1.8.0_111\bin
程序耗时: 7毫秒!
程序耗时: 3685021纳秒!
```

图 4-15　运行结果

差可以看作当前时间关于计算机时间原点的时间偏移量。一般使用 currentTimeMillis()计算该偏移量，该方法返回的是当前时间关于计算机时间原点的毫秒时间偏移量，它是一个 long 类型的数值。

当需要更加精确的时间时，我们可以使用 ns 为单位来计算，相关方法为 nanoTime()。nanoTime()返回的是当前时间关于计算机时间原点的纳秒时间偏移量，它也是一个 long 类型的数值。

在进行简单的方法性能测试时，一般会选择 ms 作为单位来统计方法调用的耗时。System 类中获取当前时间的方法大大降低了这种测试的难度。在测试时，可以选择测试内容块来进行耗时统计，从而在开发阶段就识别出性能较差的代码块。

3. 数组复制

System 类还提供了一个常用的方法，即数组内容复制方法 arraycopy()，该方法可以将指定的数组内容复制到目标数组中，如任务 4-13 所示。

任务 4-13 数组复制

文件 ArrayCopyDemo.java

```java
public class ArrayCopyDemo {

    public static void main(String[] args) {
        String[] fromArr = {"abc", "bcd", "cde", "efg", "fgh"}; // 源数组
        String[] toArr1 = {"123", "456"};   // 目标数组 1
        String[] toArr2 = new String[9];    // 目标数组 2

        // 从源数组中的第 0 个元素向目标数组 2 中（从索引位置 1 开始）复制 3 个元素
        System.arraycopy(fromArr, 0, toArr2, 1, 3);
        for (String str : toArr2) {
            System.out.print(str + " "); // 输出数组 2 内的元素
        }
        System.out.println("\n ********************************* ");
        // 从源数组中的第 0 个元素向目标数组 1 中（从索引位置 1 开始）复制 3 个元素
        System.arraycopy(fromArr, 0, toArr1, 1, 3);
        for (String str : toArr1) {
            System.out.print(str + " "); // 输出数组 1 内的元素
        }
        System.out.println("\n ********************************* ");
    }
}
```

运行结果如图 4-16 所示。

```
<terminated> ArrayCopyDemo [Java Application] C:\Program Files\Java\jre1.8.0_111\bin\javaw.ex
null abc bcd cde null null null null null
 *********************************
Exception in thread "main" java.lang.ArrayIndexOutOfBoundsException
        at java.lang.System.arraycopy(Native Method)
        at com.lw.normalapi.ArrayCopyDemo.main(ArrayCopyDemo.java:17)
```

图 4-16 运行结果

arraycopy()方法的 5 个参数分别是源数组、复制起始位置、目标数组、存放起始位置、复制长度。在任务 4-13 中，第二次复制操作抛出了异常，原因是数组下标越界。这说明复制不是随心所欲的，必须保证目标数组从存放起始位置起有足够的容量存放将要复制的数据，同时还要保证源数组中从复制起始位置起有足够长度的数据可供复制。如果源数组和目标数组其中之一没有足够的数据或容量，都会抛出数组下标越界的异常。

System 类还有 gc()方法，用来调用垃圾回收器，但是这个方法并不是调用后立即执行的，有兴趣的读者可以查看官方的 API 文档学习。该类还有 exit()方法，用来终止当前的 JVM。若其参数是整型值 0，则表示系统正常退出。想要进一步了解的读者可以查阅相关的文档。

4.3.2 Random 类与 Math 类

除了 System 类外，Java 还提供了 Random 类和 Math 类。Random 类是随机数生成类，用于随机生成数字，这些数称为随机数；而 Math 类用于处理一些简单的数学运算，例如计算正弦值、余弦值等。

1. Random 类

使用 Random 类生成随机数的方法如任务 4-14 所示。

任务 4-14　使用 Random 类生成随机数

文件 RandomDemo.java

```
public class RandomDemo {
    public static void main(String[] args) {
        Random rm = new Random();                       // 初始化随机数对象
        System.out.println(rm.nextInt(100));            // 随机从 0～100 中选取一个随机数
        System.out.println(rm.nextInt(100));            // 随机从 0～100 中选取一个随机数
        System.out.println(rm.nextInt());               // 生成一个 int 类型的随机数
        System.out.println(rm.nextBoolean());           // 生成一个 boolean 类型的随机数
        System.out.println(rm.nextDouble());            // 生成一个 double 类型的随机数，取值范围为 0.0～1.0
        System.out.println(rm.nextBoolean());
        System.out.println(rm.nextFloat());             // 生成一个 float 类型的随机数，取值范围为 0.0～1.0
        System.out.println("************************************************");

        rm = new Random(47);                            // 初始化时设定随机种子
        System.out.println(rm.nextInt());               // int 类型随机数
        System.out.println(rm.nextInt());
        System.out.println(rm.nextInt(100));            // 0～100 的随机数
        System.out.println(rm.nextInt(100));
    }
}
```

运行结果如图 4-17、图 4-18 所示。

```
<terminated> RandomDemo [Java Application] C:\Program Files\Java\jre1.8.0_111\
9
917087903
false
0.9048183315275503
true
0.16061532
************************************************
-1172028779
1717241110
93
61
```

图 4-17　运行结果 1

```
<terminated> RandomDemo [Java Application] C:\Program Files\Java\jre1.8.0_111\bin\java
84
1055883525
false
0.29736451765915417
false
0.8699984
************************************************
-1172028779
1717241110
93
61
```

图 4-18　运行结果 2

Random 类是随机数生成类，它可以随机生成整型、浮点型甚至布尔型的随机数。Random 类的 nextInt()方法用于生成一个在 int 类型有效值以内的数值，nextInt(int range)则生成一个在 0～range 范围以内的整数。double 类型和 float 类型随机数的生成方式与 int 类型的一致。因为 boolean 类型只有两个值，所以 nextBoolean()方法只会生成 false 或者 true。

任务 4-14 中有个特殊的操作，代码的后半部分重新初始化了 rm 对象，这次初始化使用了有参构造函数的方式。在 Random 类中，这个参数称为随机种子。一旦某个对象使用了随机种子，那么该对象生成的随机数就会固定不变。无论使用多少次，相同的方法只会返回相同的值。对比以上运行结果图即可发现。

2. Math 类

Math 类可简化一些常见的数学计算，例如计算平方根、正弦值、余弦值等。此外，Math 类还提供了角度和弧度转换、求取两数之间的较大数或较小数等的方法。

Math 类的具体应用如任务 4-15 所示。

任务 4-15 Math 类

文件 MathDemo.java

```java
public class MathDemo {

    public static void main(String[] args) {
        System.out.println(Math.PI);                    // 输出 PI 的数值
        System.out.println(Math.abs(-9));               // 返回绝对值
        System.out.println(Math.acos(0.4));             // 返回一个值的反余弦值，返回的
角度范围在 0.0～PI 之间
        System.out.println(Math.asin(0.4));             // 返回一个值的反正弦值，返回的
角度范围在 -PI/2～PI/2 之间
        System.out.println(Math.sin(0.4));              // 返回角的三角正弦值
        System.out.println(Math.sqrt(16));              // 返回正确舍入的 double 类型
的正平方根
        System.out.println(Math.tan(4));                // 返回角的三角正切值
        System.out.println(Math.pow(3, 3));             // 返回第一个参数的第二个参数次
幂的值
        System.out.println(Math.exp(19));               // 返回 e 的 19 次幂的值
        System.out.println(Math.max(15.23, 15.22));     // 返回两个数中的较大数

        System.out.println(Math.toDegrees(1));          // 将用弧度表示的角转换为近似相
等的用角度表示的角
        System.out.println(Math.toRadians(90));         // 将用角度表示的角转换为近似相
等的用弧度表示的角
    }
}
```

运行结果如图 4-19 所示。

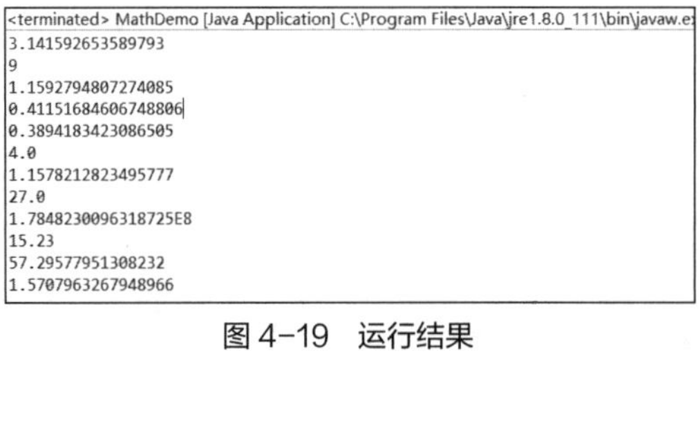

图 4-19 运行结果

Math 类的方法比较多，其中大小值比较、求平方根以及幂运算等方法会经常用到，求正弦值、余切值等方法只会在特殊场景下使用。想要深入了解的读者可以查阅相关文档或 API，此处不赘述。

4.4 项目实战

项目实战

项目 4-1 用 Scanner 类接收用户输入

在实际的开发过程中，程序可能需要与用户进行交互，接收用户的输入，并根据用户的输入反馈对应的信息。Java 使用 Scanner 类检测用户的输入并获取数据。本项目演示如何使用 Scanner 类接收用户的输入，具体如下。

文件 ScannerDemo.java

```java
public class ScannerDemo {
    public static void main(String[] args) {
        Scanner scan = new Scanner(System.in);                // 初始化 Scanner 对象

        String line = scan.nextLine(); // 获取一行输入，以回车符作为结束标记
        System.out.println("您输入的一行内容是: " + line); // 输出

        int number = scan.nextInt();    // 获取下一个输入的整型数据
        System.out.println("您输入的数字是: " + number);

        int count = 0 ;
        while (scan.hasNext()) {          // 如果还有后续输入，继续执行
            if (count++ == 3) {           // 循环 3 次后跳出循环
                scan.close();             // 关闭 scan 对象
                System.exit(0);           // 退出系统
            } else {
                String str = scan.next();
                System.out.println("您输入的第" + count + "个字符串是: " + str);
                                          // 输出
            }
        }
    }
}
```

运行结果如图 4-20 所示，由图可知 Scanner 类成功接收并输出了用户的输入。

上述代码的基本逻辑是使用 Scanner 类的 nextLine() 读取下一行的输入，以回车符作为结束标记；使用 nextInt() 获取输入的下一个整型数据，在源代码中，会先将输入的内容转换成 int 类型然后返回；hasNext() 用于判断输入输出流是否还有后续输入，如果有则可以使用 next() 来获取输入。

```
<terminated> ScannerDemo [Java Application] C:\Program Files\Java\jre1.8.0
nihao
您输入的一行内容是: nihao
1000
您输入的数字是: 1000
第一次
您输入的第1个字符串是: 第一次
第二次
您输入的第2个字符串是: 第二次
第三次
您输入的第3个字符串是: 第三次
第四次
```

图 4-20 运行结果

在程序中，输入超过 3 次会使用 scan.close() 来关闭 Scanner 文本扫描器，同时使用 System 类的 exit(0) 方法正常退出系统。因为此处的 scan 对象虽然关闭了，但是循环还没有退出。如果此处不使用退出系统的方式结束程序的运行，则下一次判断标准输入设备是否有后续输入时会抛出连接关闭的异常。

项目 4-2　猜数字游戏

在现实生活中，我们经常会遇到猜数字的游戏。例如，中国移动曾推出了 1 元抢流量包活动，移动用户可以使用 1 元钱购买流量包；购买后可通过猜数字游戏与多人共享，每个移动号码可以猜一次；如果猜中了，则所有人都会获得流量奖励，购买者获得 70% 的总流量，其余的流量由参加猜数字游戏的用户分得。

在活动中，移动用户通过分享链接进入猜流量页面，输入一个移动号码即有一次猜流量资格。如果猜中了，系统会提示用户已猜中；如果未猜中，则提示用户猜测值是大了还是小了，用户可以根据之前的提示缩小范围继续猜测。

我们可以将移动的活动简化成一个动手任务——猜数字游戏，游戏流程如下。

① 系统生成一个 0～100 之间的随机数。

② 玩家输入自己猜测的数字，如果猜中了，则提示玩家赢了，游戏结束；否则提示玩家猜测的数字大了或者小了，让玩家继续猜。玩家有 10 次猜测机会。

下面我们将通过一个程序模拟这个游戏。

文件 GuessNumber.java

```java
public class GuessNumber {

    public static void main(String[] args) {
        Scanner scan = new Scanner(System.in);  // 创建一个 Scanner 对象，用于从
键盘读取数据

        Random rm = new Random();            // 初始化随机数生成类对象
        int number = rm.nextInt(101);        // 随机生成一个[0,100]以内的整数
        int times = 10;                      // 设置玩家最多有 10 次机会进行猜数
        int guessNum = 0;                    // 玩家猜测的数值

        System.out.println("请输入一个 0～100 的数字: ");
        while (times > 0) {                  // 循环判断
            guessNum = scan.nextInt();  // 获取从键盘输入的值，以回车符作为结束标记
            if (guessNum == number) {
                System.out.println("恭喜您，猜对了。实际数字是: " + number);
                System.exit(0);     // 游戏结束，退出系统
            }
            if (guessNum > number) {
                System.out.println("对不起，猜大了。");
            }
            if (guessNum < number) {
                System.out.println("对不起，猜小了。");
            }
            times-- ;                        // 机会减 1
        }

        System.out.println("对不起，您的机会已经用完。该数字是: " + number);
// 提示玩家机会用尽
        scan.close();                        // 断开读取连接
        System.exit(0);                      // 游戏结束，退出系统
    }
}
```

在上述程序中，首先通过初始化一个 Random 对象来获取一个随机数；然后使用标准输入流来初始化一个 Scanner 对象，用于从控制台接收输入；最后，将输入的数值与随机产生的数字进行比

较，并给玩家返回该次猜测的结果。如果玩家猜对了，会提示玩家赢了，并退出系统；否则，当 10 次机会用完时，会提示玩家游戏结束，告知其正确的数值并退出系统。猜测失败的运行结果如图 4-21 所示，猜测成功的运行结果如图 4-22 所示。

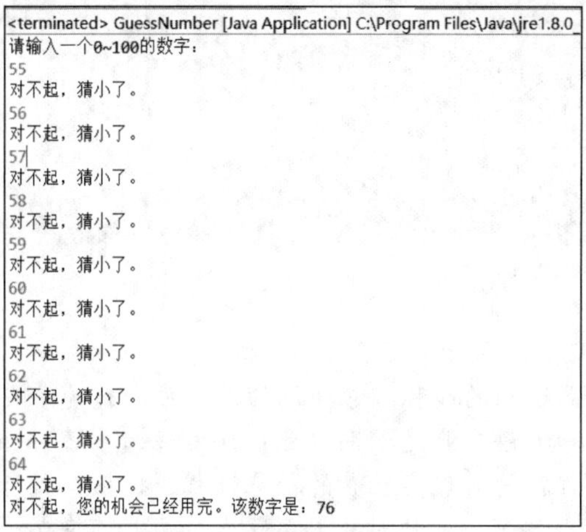

```
<terminated> GuessNumber [Java Application] C:\Program Files\Java\jre1.8.0
请输入一个0~100的数字：
55
对不起，猜小了。
56
对不起，猜小了。
57
对不起，猜小了。
58
对不起，猜小了。
59
对不起，猜小了。
60
对不起，猜小了。
61
对不起，猜小了。
62
对不起，猜小了。
63
对不起，猜小了。
64
对不起，猜小了。
对不起，您的机会已经用完。该数字是：76
```

图 4-21　运行结果 1

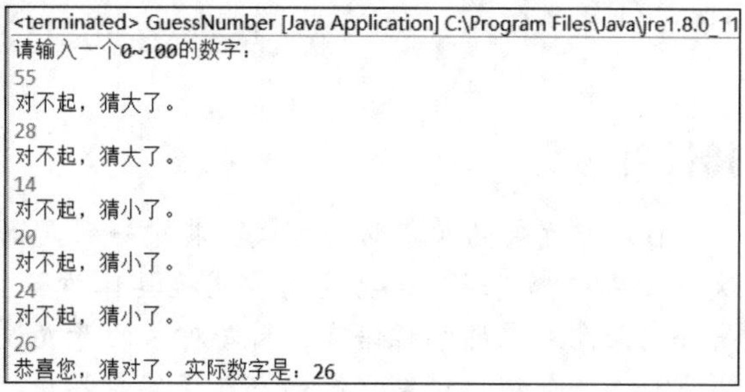

```
<terminated> GuessNumber [Java Application] C:\Program Files\Java\jre1.8.0_11
请输入一个0~100的数字：
55
对不起，猜大了。
28
对不起，猜大了。
14
对不起，猜小了。
20
对不起，猜小了。
24
对不起，猜小了。
26
恭喜您，猜对了。实际数字是：26
```

图 4-22　运行结果 2

4.5　单元小结

本单元主要讲解了 Java 中字符串的使用，4.1 节介绍了 String 类及其常用方法，并通过 4 个任务讲解了不同类型的操作方法。4.2 节讲解了 StringBuffer 类和 StringBuilder 类，并通过任务介绍了 StringBuffer 类的使用方式。4.3 节介绍了 Java 中常用的几个工具类，即 System 类、Random 类和 Math 类，并结合任务讲解了以上类的使用方式。4.4 节通过两个小项目巩固了 Java 中常用的几个类以及字符串的使用方法。

字符串是程序中应用最广泛的数据类型之一，读者需要熟练掌握字符串的相关操作方法。

4.6　课后习题

1. message.（　　　）可返回 String 类变量 message 的长度。
   A. getLength　　　　B. getLength()　　　　C. length　　　　D. length()
2. Random 类能够生成（　　　）类型的随机数。
   A. int　　　　　　　B. String　　　　　　C. double　　　　D. A 和 C
3. 通过调用（　　　）方法可以在某个字符串中确定一个字符串首次出现的位置。
4. Math 类的（　　　）方法可用于计算所传递参数的平方根。
5. String 类的 replace()和 replaceAll()方法有什么异同？
6. 相比于直接通过"+"进行字符串的拼接，使用 StringBuilder 类和 StringBuffer 类的优点是什么？
7. 对于实现字符串拼接，StringBuilder 类和 StringBuffer 类有什么区别？

第5单元
面向对象

05

情景引入

　　程序开发有两种不同的方式，其中一种是面向过程的编程，它强调的是程序的行为。在这种方法中，实现一个功能需要明确具体步骤，如C语言就是面向过程的编程语言。而Java是一门面向对象的编程语言，面向对象的开发过程就是对现实世界的抽象过程，将数据和行为集合在一起视为对象。例如，在现实世界中，人就可以看作对象，关于人的数据有年龄、身高、体重等，人的行为有行走、吃饭等。本单元主要介绍面向对象的思想及其在Java中的实现。通过对本单元的学习，读者可以将现实生活中的问题抽象成对象，并在Java中通过类实现。

学习目标

知识目标
（1）理解面向对象的思想。
（2）熟悉Java中类的创建与使用方法。
（3）熟悉封装、继承和多态的概念。

能力目标
（1）能从需要解决的问题中抽象出Java类，用面向对象的思想编程解决问题。
（2）掌握封装、继承、多态的实现方法。

素质目标
（1）通过类、封装、继承等概念的学习与实践，培养面向对象的编程思维与软件设计能力。
（2）通过内部类相关知识的学习，培养复杂代码结构的理解与构建能力。

思维导图

```
                                              ┌─── 包
                          面向对象的概念 ──────┤
                                              └─── 访问修饰符

                                              ┌─── 什么是类          ┌── 方法
                          类的概念 ───────────┤                     │
                                              └─── 类的使用 ─────────┼── 对象的创建和使用
                                                                    └── 构造函数

                          封装 ───────┬── 方法封装
                                      └── 属性封装

                                      ┌── 抽象类
                                      ├── 接口
  面向对象 ──────────────  继承 ──────┼── super和this关键字
                                      ├── 向上转型和向下转型
                                      └── instanceof关键字

                                              ┌── 重载
                                  ┌─ 多态的概念┤
                                  │           └── 重写
                                  │                    ┌── 嵌入类
                          多态 ───┼─ 内部类 ───────────┼── 内部成员类
                                  │                    └── 本地类
                                  │
                                  └─ 拓展：Object类

                          项目实战 ───── 抽象MapReduce框架
```

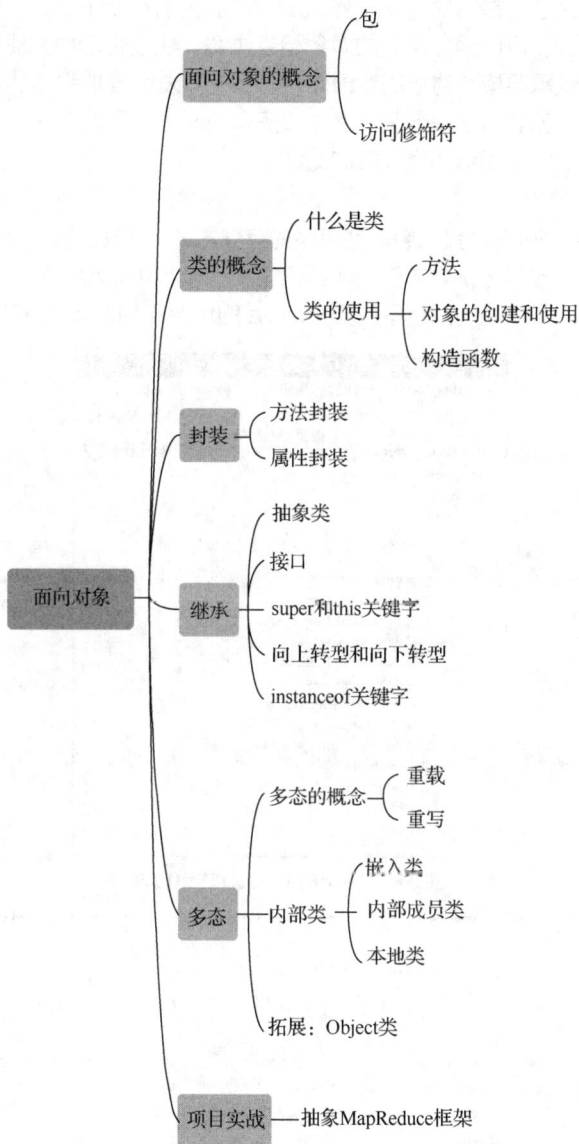

5.1 面向对象的概念

　　面向对象是一种符合人类思维习惯的编程思想。在现实生活中，人们倾向于将不同的事物进行分类，将具有类似属性的事物归为一类，方便记忆与理解。在程序中，通过对象来映射现实生活中的事物，使用对象间的关系来描述事物间的关系，我们将这种思想称为面向对象。

　　在 C 语言独领风骚的年代，主流的编程思想是面向过程。面向过程就是分析出解决问题所需要的步骤，然后用函数把这些步骤一一实现，使用的时候依次调用。面向对象是把构成问题的事物分解成多个对象，建立一个对象不是为了完成某个步骤，而是

面向对象的概念

为了描叙某个事物在整个解决问题的步骤中的行为。现在反过来推想面向过程，会发现其程序设计非常死板。

面向对象编程因其关注的是对象而非过程，所以更加灵活和便于理解。在解决问题时，使用不同的对象处理不同的事物，可以通过不同的对象相互协调，快速灵活地完成功能的开发。同时，如果相应的规则改变了，仅需要修改对应的对象即可，便于开发和维护程序。

想要理解面向对象，就必须理解封装、继承和多态的概念，而理解这3个概念的前提是理解类的概念。在这之前，应了解包和访问修饰符的概念。

1. 包

包是 Java 提供的一种机制，其采用属性目录的存储方式，有效地解决了命名冲突的问题。Java 将功能相似或相关的类或接口（5.4 节介绍）组织在同一个包中，便于类的查找和使用，同时可以限定拥有包的访问权限的类才能访问包中的类。Java 的包目录如图 5-1 和图 5-2 所示。

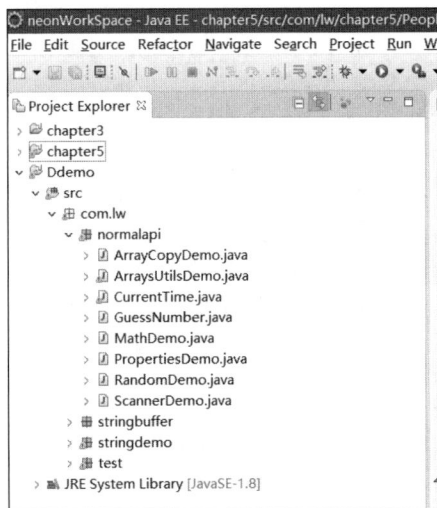

图 5-1　编辑器中 Java 的包目录

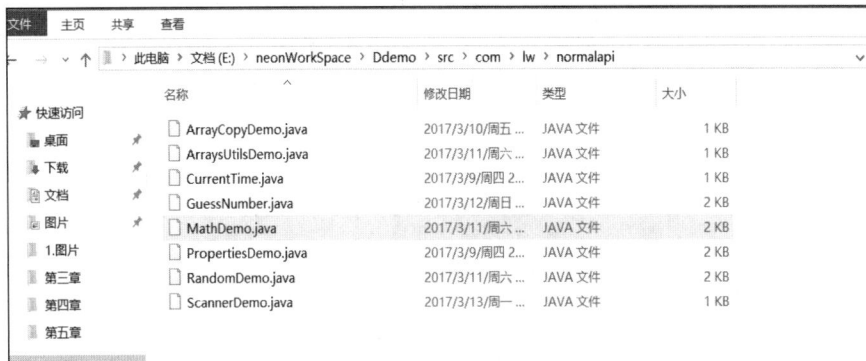

图 5-2　文件中 Java 的包目录

在开发的过程中，使用恰当的包目录、包名称和类名称，可以让自己和其他开发人员快速地了解项目并且使用项目的类。所以，平时要培养合理地命名包和类的思维。

2. 访问修饰符

Java 中有 4 种访问修饰符：public、protected、private 和 default（无访问修饰符）。这 4 种访问修饰符的控制范围是不同的，如表 5-1 所示。

表 5-1　访问修饰符的控制范围

访问修饰符名称	控制范围说明	备注
public	可以被任何类访问	
protected	可以被同一包中的所有类访问，也可以被所有子类访问	子类没有在同一包中也可以访问
private	只能够被当前类的方法访问	
default	可以被同一包中的所有类访问	如果子类没有在同一个包中，不能访问

通过表 5-1 可知，当访问修饰符是 public 的时候，表示该成员是完全公开的，所有的类都可以访问。当访问修饰符是 protected 的时候，该成员能被同一包中的类和所有子类所访问（子类的概念在 5.4 节中会详细介绍）。当访问修饰符是 private 的时候，则只有当前类可以访问该成员。对于没有访问修饰符限制的，我们称之为默认修饰符，对应的方法或者属性只能被同一包内的其他类所使用。如果其子类不在同一包内，也不可以使用。

5.2　类的概念

类的概念

面向对象编程让程序对事物的描述尽量与其在现实生活中的形态保持一致，这种思想与人类的归类思想一致。面向对象以此抽象出两个概念：对象和类。

5.2.1　什么是类

人们在生活中常说，这是鱼类，这是鸟类……在程序开发中，类的概念与此相似。

在 Java 中，一切皆是对象，所有的类都直接或间接继承自 Object 类。类与对象的概念映射到现实生活中可以这样理解：某条鲫鱼属于鲫鱼这一种类型，鲫鱼就是类，而这条鲫鱼就是对象。类是泛指，而对象是特指。我们可以说另外一条鲫鱼是鲫鱼，但不能说这条鲫鱼是那条鲫鱼。

在 Java 中，类是一组具有相同属性和相同行为的对象的组合。例如，常见的鱼都有鱼鳞和鱼鳍，都会游泳，都会用腮呼吸，其中鱼鳞和鱼鳍就是属性，会游泳和会用腮呼吸则是行为（方法）。

5.2.2　类的使用

类就是对象的抽象，用于描述一组对象共同的属性和行为。在 Java 中，类可以定义成员变量和成员方法。成员变量用于描述对象的属性，也就是对象的特征；成员方法则用于描述对象的行为。在定义类的时候，使用 class 关键字进行声明，如任务 5-1 所示。

任务 5-1　类的声明

文件 Wolfdog.java

```java
// 定义狼狗类
public class Wolfdog {

    // 狼狗的姓名
    String name;
    // 狼狗的年龄
    int age;
    // 狼狗毛的颜色
    String color;
```

```
            // 狼狗叫
        public void bark() {
            System.out.println("Wolfdog named " + name + " dress " + color + " is
bark at age " + age + ".");
        }
    }
```

在任务 5-1 中，name、age 和 color 都是狼狗的基本属性，而 bark()则是狼狗的一种行为。此处 name、age 和 color 都是成员变量。变量分为成员变量和局部变量，成员变量是在类中定义的，用于描述对象的基本属性；而局部变量则是在方法内部定义的，在方法外部不可用。例如，在此任务中，如果在 bark()方法中添加一个叫几声的变量，那么这个变量就是局部变量，只能在 bark()方法内部使用，如下所示：

```
public void bark4Times () {
        int times = 4;
        System.out.println("Wolfdog named " + name + " dress " + color + " is
bark at age " + age + " barked " + times + " times.");
    }
```

在 Java 中，变量的值通过最近原则获取，示例代码如下：

```
public void teddyBark () {
        String name = "teddy";
        System.out.println("Wolfdog named " + name + " dress " + color + " is bark
at age " + age + ".");
    }
```

此时，无论哪只狼狗叫，输出的狼狗的名字都是"teddy"。

1. 方法

方法即行为，如任务 5-1 中的方法 bark()就是行为。在 Java 中，一个方法的语法格式如下：

```
访问修饰符   返回值类型 方法名称(参数类型 1 参数名称,参数类型 2 参数名称,…) {
        方法体；
    }
```

其中，访问修饰符、返回值类型和方法名称是必须有的，而方法是可以不传入参数的。

访问修饰符用于限制访问权限。返回值类型在有返回值的时候必须声明，其类型与返回值的类型一致。方法名称是方法的名字，例如狼狗会叫，可以定义方法名称 bark，说明这是狼狗叫的行为；狼狗会吃东西，可以定义方法名称 eat，说明这是狼狗吃东西的行为。传入参数可有可无，但如果有，必须指明其类型；多个传入参数使用逗号","隔开。

方法名称和传入参数是方法的签名，在一个类中是不允许有两个签名相同的方法的。

2. 对象的创建和使用

类是创建对象必不可少的前提。有了类以后，就可以根据类来创建对象。对象使用 new 关键字来初始化，其语法格式如下：

```
类名 对象名 = new 类名();
```

结合任务 5-1，可以初始化一个狼狗对象：

```
Wolfdog teddyDog = new Wolfdog();
```

声明变量：

```
Wolfdog teddyDog;
```

此时，在 JVM 中会创建变量 teddyDog，这个变量是 Wolfdog 类的。当使用 new 关键字对其进行初始化的时候，JVM 会在堆栈中分配一块内存，用于存储这个变量的实例信息，并将 teddyDog 指向这块内存。具体的对象创建过程及内存分配如图 5-3 所示。

在 Java 中，当声明一个变量的时候，系统会在内存中初始化一块地址，用于存放该变量的值，如果这个变量没有被初始化，则这块地址为空值。在任务中使用 new Wolfdog()创建对象的时候，会在内存中再分配一块地址来存放这个对象，然后将这块地址的位置赋给所声明的变量。

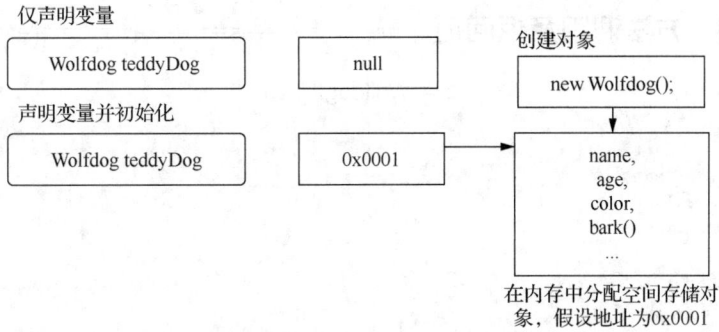

图 5-3　对象的内存分配

初始化之后，就可以使用对象调用其行为（即方法）。方法的调用方式如下：

对象名.方法名称(传入参数列表);

例如，调用 teddyDog 的 bark()方法，如下所示：

teddyDog.bark();

此时，系统会执行 bark()方法内的逻辑。Java 中所有程序的入口都是 main()方法。为了方便演示，且与之前的任务一致，我们将 main()方法定义在其中。不过在实际开发中，除了自行测试之外，尽量不要在类中使用 main()方法。

类的使用如任务 5-2 所示。

任务 5-2　类的使用

文件 Wolfdog1.java

```java
// 定义狼狗类
public class Wolfdog1 {

        // 狼狗的姓名
        String name;
        // 狼狗的年龄
        Int age;
        // 狼狗毛的颜色
        String color;

        // 狼狗叫
        public void bark() {
                System.out.println("Wolfdog named " + name + " dress " + color + " is
bark at age " + age + ".");
        }

        public static void main(String[] args) {
                Wolfdog teddyDog ;                // 声明变量
                teddyDog = new Wolfdog();   // 初始化变量
                teddyDog.bark();                   // 狼狗叫，方法调用
        }
    }
```

运行结果如图 5-4 所示。

任务 5-2 中对变量进行了声明、初始化和方法调用。方法可以根据方法签名进行调用，如果有返回值还可以定义相应类型的变量来接收，具体示例如任务 5-3 所示。

```
<terminated> Wolfdog [Java Application] C:\Program Files\Java\jre1.
Wolfdog named null dress null is bark at age null.
```

图 5-4　运行结果

任务 5-3　方法调用及返回值

文件 Wolfdog2.java

```java
public class Wolfdog2 {

    String name;
    int age;
    String color;

    // 无参构造函数
    public Wolfdog2 () {

    }

    // 无参数无返回值的方法
    public void bark () {
        System.out.println("Wolfdog bark.");
    }

    // 有参数有返回值的方法
    public String barkReturn (String name) {
        System.out.println("Wolfdog bark. Named " + name);
        return name;
    }

    public static void main(String[] args) {
        Wolfdog2 dog = new Wolfdog2();              // 定义并初始化变量
        dog.bark();                                  // 调用无参数无返回值的方法
        String name1 = "teddy";                      // 定义传入的参数值
        String name2 = dog.barkReturn(name1);        // 使用 String 接收返回值
        System.out.println(name2);                   // 输出返回值
    }
}
```

运行结果如图 5-5 所示。

```
<terminated> Wolfdog2 [Java Application] C:\Program Files\Java\jre1.8.0_111\bin\jav
Wolfdog bark.
Wolfdog bark. Named teddy
teddy
```

图 5-5　运行结果

在调用含有参数的方法时，需要按顺序传入对应个数及类型的参数。如果方法有返回值，可以视情况决定是否需要接收返回值。如果需要，可以用对应类型的变量接收；如果不需要，则直接调用方法即可。

3. 构造函数

所有类都有构造函数。第 3 单元和第 4 单元的任务中并没有声明构造函数，本单元的任务 5-3 中也没有声明构造函数，但是我们可以直接使用构造函数来构造对象，这是为什么呢？其实，这是因为编译程序会自行判断，如果一个类中没有定义任何构造函数，则其会自行定义一个无参构造函数。但是读者一定要注意，如果在类中已经定义了一个有参数的构造函数，编译器是不会再创建一个无参构造函数的。此时调用无参构造函数，编译器会提示错误，表示该构造函数未定义。

构造函数一般用来初始化类的成员变量，构造的过程就是给类中变量赋值的过程。构造函数没有返回值类型，并且其以类名为函数名称。

构造函数的语法格式如下：

```
访问修饰符 类名 {
构造函数体;
}
```

5.3 封装

在现实生活中，封装是很常见的事情。例如，你无须关心手电筒怎样工作，当你买了一个手电筒之后，只需要给它提供有电量的电池，手电筒就可以工作了。在面向对象中，封装是指无须关注实现，只需要知道那些已经包装好的类和方法提供的逻辑，实现对应的逻辑即可。

封装

在面向对象编程中，封装又叫隐藏实现。如同手电筒一般，只告诉你装好有电量的电池，打开开关就可以照明。封装简单点说就是只公开代码单元的对外接口，而隐藏代码单元的具体实现。下面我们通过一个任务学习方法封装。

1. 方法封装

任务 5-4　方法封装

文件 LoanRate.java

```java
public class LoanRate {

    public double getInterestRate (String term, double floatScale) {
        // 获取最后一位字符，Y 代表年，M 代表月，D 代表天
        String type = term.substring(term.length() - 1);
        // 获取对应的贷款期限
        int terms = Integer.parseInt(term.substring(0, (term.length() - 1)));
        double loanRate = 0.0;
        // 短期期限 1 年以内，基准利率为 4.38%
        if (!"Y".equals(type)) {
            loanRate = getShortBase() * (1 + floatScale);
            System.out.println("贷款期限是" + term + "，根据基准利率" +
getShortBase() + "和浮动比例" + floatScale + "，计算出来的贷款利率是: " + loanRate);
        } else {
            if (5 > terms) {
                // 中期期限为 1～5 年，基准利率为 4.75%
                loanRate = getMidBase() * (1 + floatScale);
                System.out.println("贷款期限是" + term + "，根据基准利率" +
getMidBase() + "和浮动比例" + floatScale + "，计算出来的贷款利率是: " + loanRate);
            } else {
                // 长期期限为 5 年以上，基准利率为 5.25%
                loanRate = getLongBase() * (1 + floatScale);
                System.out.println("贷款期限是" + term + "，根据基准利率" +
getLongBase() + "和浮动比例" + floatScale + "，计算出来的贷款利率是: " + loanRate);
            }
        }
        // 返回贷款利率=基准利率×(1 +浮动比例)
        return loanRate;
    }

    // 短期基准利率
    public double getShortBase () {
```

```
        return 4.38%;
    }

    // 中期基准利率
    public double getMidBase () {
        return 4.75%;
    }

    // 长期基准利率
    public double getLongBase () {
        return 5.25%;
    }

    public static void main(String[] args) {
        LoanRate lr = new LoanRate(); // 初始化利率计算类的对象
        double loanRateShort = lr.getInterestRate("8M", 0.7);    // 短期利率
        double loanRateMid = lr.getInterestRate("4Y", 0.7);      // 中期利率
        double loanRateLong = lr.getInterestRate("6Y", 0.6);     // 长期利率
    }
}
```

运行结果如图 5-6 所示。

<terminated> LoanRate [Java Application] C:\Program Files\Java\jre1.8.0_111\bin\javaw
贷款期限是8M，根据基准利率4.38%和浮动比例0.7，计算出来的贷款利率是：7.446%
贷款期限是4Y，根据基准利率4.75%和浮动比例0.7，计算出来的贷款利率是：8.075%
贷款期限是6Y，根据基准利率5.25%和浮动比例0.6，计算出来的贷款利率是：8.4%

图 5-6　运行结果

如任务 5-4 所示，用户不需要知道实现细节，只需要传入贷款期限和浮动比例，就可以直接获得贷款利率，这就是方法的封装。封装的好处在于某个方法只是为了实现某个特定的功能，而这个功能仅供使用，使用者不可以也不需要修改代码逻辑。

封装是面向对象的三大特性之一，其优点如下。

① 封装使得对代码的修改更加安全和容易。因为代码是相对独立的单元，修改某单元不会对其他的单元产生影响。

② 封装使整个软件的开发复杂度大大降低。在协同开发时，只需要关注方法的输入和输出，无须关注其内部实现。封装使得开发者可以使用其他人写好的代码，加快开发速度。

2. 属性封装

不仅方法可以封装，对象的属性也可以封装。下面通过任务 5-5 来详细介绍。

任务 5-5　属性封装

文件 PeopleDemo.java

```
public class PeopleDemo {
public static void main(String[] args) {
    People person = new People("张三", 15, 100); // 初始化一个人，名叫张三，15 岁
    System.out.println(person.toString());        // 格式化输出 person 的信息
    person.age = 50;                              // 编译报错
    person.num = 200;                             // 修改公共属性
    System.out.println(person.toString());        // 格式化输出 person 的信息
    person.setAge(50);                            // 调用包装方法设置年龄
    System.out.println(person.toString());        // 格式化输出 person 的信息
    System.out.println(person.getAge());          // 使用包装方法获取年龄属性的值
```

```
        }

    }

    // 定义 People 类
    class People {

        private String name;                        // 姓名
        private int age;                            // 年龄
        public int num;                             // 编号

        // 根据姓名、年龄和编号初始化对象
        public People (String name, int age, int num) {
            this.name = name;                       // this.name 表示本类的属性 name,
等号右边的 name 表示构造方法中传入的参数
            this.age = age;
            this.num = num;
        }

        // 获取姓名
        public String getName() {
            return name;
        }
        // 设置姓名
        public void setName(String name) {
            this.name = name;
        }
        // 获取年龄
        public int getAge() {
            return age;
        }

        // 设置年龄
        public void setAge(int age) {
            this.age = age;
        }
        // 获取编号
        public int getNum() {
            return num;
        }
        // 设置编号
        public void setNum(int num) {
            this.num = num;
        }

        @Override
        public String toString() {
            return "People [name=" + name + ", age=" + age + ", num=" + num + "]";
        }

    }
```

运行结果如图 5-7 所示。

```
<terminated> PeopleDemo [Java Application] C:\Program Files\Java\jre
People [name=张三, age=15, num=100]
People [name=张三, age=15, num=200]
People [name=张三, age=50, num=200]
50
```

图 5-7 运行结果

81

任务 5-5 中使用 public 和 private 两个访问修饰符修饰 People 的属性。从以上代码可以看出，当使用 private 修饰的时候，只能使用 set()方法设置属性值，使用 get()方法获取属性值；当使用 public 修饰的时候，不仅可以使用 set()和 get()方法设置与获取属性值，还能通过"对象.属性名"的方法设置与获取属性值，这对于程序来说是非常恐怖的事情。例如，在任务 5-4 中，假定将 3 个期限的基准利率设置为 LoanRate 属性，当这个属性使用 public 修饰的时候，意味着所有人都可以修改这个属性，那么这样计算出来的利率将会无法控制。

所以在实际的开发过程中，封装的意义非常重大，将需要封装的内容进行封装，将需要公开的部分暴露出来，这样不仅便于开发与维护，还便于使用，可避免因为不小心修改了数据导致调用结果不符合预期。

5.4 继承

继承也是面向对象的三大特性之一，通过封装可以隐藏实现，通过继承则可以更好地进行归类并区分。

生活中的继承一般是指财产的继承，这与面向对象中的继承并不等价。人类在认知事物的过程中习惯将事物分类，例如，野生鲫鱼属于鲫鱼类，鲫鱼类属于淡水鱼类，淡水鱼类又属于鱼类。从面向对象的思想来看，鱼类就是鱼这种类型的统称，只要是鱼类都会有鱼的特征，但是具体到鲫鱼类和武昌鱼类，它们又有所不同。从面向对象的角度来看，鲫鱼类和武昌鱼类继承自鱼类，因为它们同属于鱼类，有鱼的特征，但是每种鱼又有各自不同的特征，如图 5-8 所示。

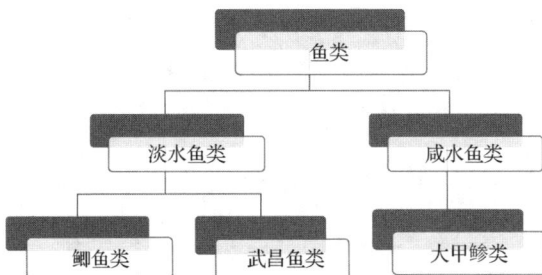

图 5-8 鱼类继承关系

在面向对象中，继承的思想如图 5-8 所示。如果对象有相同的属性和行为，那么就将其归为一类。当这种归类可以延伸时，则继续分类，直到细化至需要的层级。这种层级关系就是继承。在图 5-8 中，鲫鱼类是淡水鱼类的子类；淡水鱼类是鲫鱼类的父类，也是鱼类的子类。在 Java 中，所有类的共同父类都是 Object 类。一定要注意，继承是"is a"的关系，绝非"like a"的关系。例如，打开工作中的冰箱的门，可以降低室内温度，这同空调的制冷功能有些类似。但是我们只能说打开门的冰箱像空调，而不能说它是空调，二者的关系是"like a"的关系。

在 Java 中，继承的特性如下。

① 继承关系是可传递的。如果 A 继承了 B，B 继承了 C，那么可以说 A 继承了 C。

② 继承可简化人们对事物的认知和描述过程，能清晰体现出相关类的层级结构关系。

③ 继承提供了软件复用功能。若 A 继承了 B，那么 A 就无须再描述 B 已经描述的特征，只需要将自己独有的特征描述出来即可。这可大大减少代码和数据冗余，并且增强程序的可重用性。

④ 继承通过一致性来减少模块间的接口和界面，可大大增强程序的可维护性。

⑤ 在理论上，一个类可以是多个类的特殊类，它可以从多个类中继承属性和方法，这便是多重

继承。为了安全性和可靠性，Java 仅支持单一继承，但可以通过接口机制来实现多重继承。

继承的实现方式有 3 种：实现继承、接口继承和可视继承。

- 实现继承是指使用基类的属性和方法，无须额外的编码工作。
- 接口继承是指子类仅继承接口中属性和方法的名称，但子类必须提供这些属性和方法的实现。
- 可视继承是指子窗体（类）使用基窗体（类）的外观和已有实现代码的能力。

在 Java 中，继承使用 extends 关键字修饰，其语法格式如下：

```
public class A extends B {
}
```

下面通过任务 5-6 来说明 Java 中继承的具体应用。

任务 5-6　鱼的继承

文件 FishDemo.java

```
public class FishDemo {
    public static void main(String[] args) {

        // 使用基类类型创建基类类型对象
        Fishes fishes = new Fishes();                        // 创建一个鱼类对象

        fishes.setFins("fishes fins");                       // 设置鱼鳍的值
        fishes.setGill("fishes gill");                       // 设置鱼鳃的值

        System.out.println("fishes =" + fishes.toString()); // 输出对象的属性
及属性值


        // 使用基类类型接收子类对象
        Fishes freshwaterFishes = new FreshwaterFishes();    // 创建一个淡水鱼类对象

        freshwaterFishes.setFins("freshwate fins");          // 设置鱼鳍的值
        freshwaterFishes.setGill("freshwater gills");        // 设置鱼鳃的值

        System.out.println("freshwaterFishes =" + freshwaterFishes); // 输
出对象的属性及属性值

        // 父类中没有这个成员变量及其对应的 get()和 set()方法，故此处编译器会报错
        freshwaterFishes.setFreshWater("freshwater"); // 设置 freshwater 的值
        // 将父类类型接收的子类型对象转换成子类类型
        FreshwaterFishes freshwaterFishes2 = null;
        if (freshwaterFishes instanceof FreshwaterFishes) { // 为了防止转换失
败，先进行类型判断

                freshwaterFishes2 = (FreshwaterFishes) freshwaterFishes; // 用
自身类型接收父类类型的子对象
        }
        freshwaterFishes2.setFreshWater("freshwater"); // 设置淡水鱼类的属性值
        System.out.println("freshwaterFishes2 =" + freshwaterFishes2); // 输
出对象的属性及属性值

        // 咸水鱼类的代码逻辑参考淡水鱼类的代码逻辑即可
        Fishes saltWater = new SaltwaterFishes();             // 创建一个咸水鱼类对象
```

```
                    // 使用基类类型接收子类类型的子类对象
                    Fishes crucian = new Crucian();              // 创建一个鲫鱼类对象

                    crucian.setFins("crucian fins");             // 设置鱼鳍的值
                    crucian.setGill("crucian gills");            // 设置鱼鳃的值
                    System.out.println("crucian =" + crucian.toString()); // 输出对象的属
性及属性值

                    // 和 freshwater 对象一样，crucian 因为是 Fishes 类的，故只能使用父类类型的属
性和方法

                    crucian.setFreshWater("freshwater");         // 编译报错
                    if (crucian instanceof FreshwaterFishes) {
                        FreshwaterFishes crucian2 = (FreshwaterFishes) crucian; // 强制
向下转型
                        crucian2.setFreshWater("crucian freshwater"); // 设定 freshwater
属性的值
                        System.out.println("crucian2 =" + crucian2); // 输出对象的属性及
属性值

                        crucian2.setCruCian("crucian");          // 编译错误
                        if (crucian2 instanceof Crucian) {
                            Crucian crucian3 = (Crucian) crucian2; // 强制向下转型
                            crucian3.setCrucian("crucian"); // 设定 crucian 的值
                            System.out.println("crucian3 =" + crucian3); // 输出对象
的属性及属性值
                        }
                    }

                    // 如果知道对象的具体类型，也可以一步到位，直接将对象向下转型成自身类型
                    if (crucian instanceof Crucian) {
                     Crucian crucian2 = (Crucian) crucian; // 强制向下转型
                        crucian2.setFreshWater("crucian freshwater"); // 设置 freshwater 的值
                        crucian2.setCrucian("crucian");          // 设置 crucian 的值
                        System.out.println("crucian2 =" + crucian2); // 输出对象的属性及
属性值

                    }

                    // 参考 crucian 对象的使用方式
                    Fishes megalaspisCordyla = new MegalaspisCordyla(); // 创建一个大甲鲹类对象

        }
    }

    // 鱼类
    class Fishes {
        private String fins;                             // 鱼鳍
           private String gill;                          // 鱼鳃

        public Fishes () {

        }
```

```java
    public Fishes (String fins, String gill) {
        this.fins = fins;
        this.gill = gill;
    }

    public String getFins() {
        return fins;
    }

    public void setFins(String fins) {
        this.fins = fins;
    }

    public void setGill(String gill) {
        this.gill = gill;
    }

    public String getGill() {
        return gill;
    }

    @Override
    public String toString() {
        return " [fins=" + fins + ", gill=" + gill + "]";
    }

}

// 淡水鱼类
class FreshwaterFishes extends Fishes {

    private String freshWater;

    public String getFreshWater() {
        return freshWater;
    }

    public void setFreshWater(String freshWater) {
        this.freshWater = freshWater;
    }

    @Override
    public String toString() {
        return " [fins= " +super.getFins()+ ", gill= " + super.getGill() +
",freshWater=" + freshWater + "]";
    }

}

// 咸水鱼类
class SaltwaterFishes extends Fishes {

    private String saltWater;

    public String getSaltWater() {
        return saltWater;
    }

    public void setSaltWater(String saltWater) {
        this.saltWater = saltWater;
    }
```

```
        @Override
        public String toString() {
                return " [fins= " +super.getFins()+ ", gill= " + super.getGill() +
", saltWater =" + saltWater + "]";
        }

    }

    // 鲫鱼类
    class Crucian extends FreshwaterFishes {

        private String crucian;

        public String getCrucian() {
            return crucian;
        }

        public void setCrucian(String crucian) {
            this.crucian = crucian;
        }

        @Override
        public String toString() {
                return " [fins= " +super.getFins()+ ", gill= " + super.getGill() +
",freshWater=" + super.getFreshWater() + ",
    crucian=" + crucian + "]";
        }

    }


    // 大甲鲹类
    class MegalaspisCordyla extends SaltwaterFishes {

        private String megalaspisCordyla;

        public String getMegalaspisCordyla() {
            return megalaspisCordyla;
        }

        public void setMegalaspisCordyla(String megalaspisCordyla) {
            this.megalaspisCordyla = megalaspisCordyla;
        }

        @Override
        public String toString() {
                return " [fins= " +super.getFins()+ ", gill= " + super.getGill() +
", saltWater = " + super.getSaltwater () + "megalaspisCordyla=" + megalaspisCordyla
+ "]";
        }

    }
```

运行结果如图 5-9 所示。

```
fishes = [fins=fishes fins, gill=fishes gill]
freshwaterFishes = [fins= freshwate fins, gill= freshwater gills,freshWater=null]
freshwaterFishes2 = [fins= freshwate fins, gill= freshwater gills,freshWater=freshwater]
crucian = [fins= crucian fins, gill= crucian gills,freshWater=null,crucian=null]
crucian2 = [fins= crucian fins, gill= crucian gills,freshWater=crucian freshwater,crucian=null]
crucian3 = [fins= crucian fins, gill= crucian gills,freshWater=crucian freshwater,crucian=crucian]
crucian2 = [fins= crucian fins, gill= crucian gills,freshWater=crucian freshwater,crucian=crucian]
```

图 5-9   运行结果

在 Java 中，一个类文件有且只有一个公共类，即用 public 修饰的类，但是非公共类可以拥有很多个。如任务 5-6 所示，在 FishDemo.java 类文件中，仅有一个 FishDemo 公共类，Fishes 类及其子类等则非公共类可以拥有多个。在实际开发时，可以将每一个类单独命名，创建对应的类文件，然后使用 import 关键字引用。

在继承的体系中，访问看类型，调用看对象。在任务 5-6 中，当一个 Crucian 对象的类型被定义成 Fishes 时，这个对象只能访问 Fishes 类所拥有的属性和方法，但是实际方法调用则会到该对象的定义类中查找。如果该方法在这个对象的类中定义了，则会调用这个方法，否则调用 Fishes 类中定义的该方法。从任务 5-6 的 toString()方法的输出就可以得出该结论。

1. 抽象类

在实现继承关系的时候，可能会用到抽象类，而抽象类的标志就是拥有抽象方法。抽象类就是为了继承而存在的，它让子类实现对应的方法，而其本身仅提供这些方法的获取通道（该内容将在 5.5.2 小节"重载与重写"中介绍）。在大多数场景下，抽象类无须提供方法实现（即方法体），因为它可能根本不会用到。

> **注意** 有些书中将抽象类的概念扩大，认为只要是用 **abstract** 关键字修饰的类都是抽象类。抽象类中可以没有抽象方法。也就是说，除了无法直接实例化之外，抽象类几乎与普通类毫无二致。

抽象方法是特殊的方法，这种方法只有声明，但是没有具体的实现。抽象方法使用 abstract 关键字来声明，其声明方式如下：

```
[public] abstract String getNameInfo();
```
抽象类与普通类的区别主要有以下 3 点。

- 抽象方法必须使用 public 或者 protected 修饰，默认情况下使用 public 修饰（private 无法被子类继承）。
- 抽象类不能用来创建对象。
- 如果某一个类继承自一个抽象类，则该类必须实现父类的抽象方法，除非该类也是抽象类。

抽象类的定义和使用参考任务 5-7。

任务 5-7　抽象类的定义和使用

文件 AbstractClassDemo.java

```java
public class AbstractClassDemo {
    public static void main(String[] args) {
        // 抽象类不能直接实例化，必须要构造一个子类来实现它的一些方法和功能，不过不推荐
使用 new 方式来构造
        AbstractClass aClass = new AbstractClass() {

            @Override
            String getInfo() {
                return "aClass Info";
            }
        };

        System.out.println(aClass.getInfo());

        // 子类继承，创建子类对象
        AbstractClass eClass = new ExtendsClass();
        System.out.println(eClass.getInfo());
    }
}
```

```
// 抽象类
abstract class AbstractClass {

    // 抽象方法
    abstract String getInfo();

}

// 子类实现抽象类
class ExtendsClass extends AbstractClass {

    @Override
    String getInfo() {
        return "eClass Info";
    }

}
```

运行结果如图 5-10 所示。

```
<terminated> AbstractClassDemo [Java Application] C:\Program Files\Jav
aClass Info
eClass Info
```

图 5-10　运行结果

抽象类不能直接实例化，必须使用子类继承来实现它的一些方法和功能。对于 aClass 所指向的对象，其实际上是在初始化的时候虚拟了一个子类，然后返回这个子类的对象。

2. 接口

在软件工程中，接口泛指供别人调用的方法或者函数。在 Java 中，接口是对行为的抽象。接口使用 interface 关键字修饰。接口中可以有成员变量，但是这些变量必须是使用 static 和 final 进行双重修饰的不可变的值。接口中只能声明方法，不提供具体实现，具体实现由其子类进行。一个类想要继承接口中声明的方法，需要实现接口，实现接口时使用 implements 关键字进行修饰。接口的使用方式如任务 5-8 所示。

任务 5-8　接口的使用

文件 InterfaceDemo.java

```
public class InterfaceDemo {
    public static void main(String[] args) {
        // 汽车的出行方式
        Travel carTravel = new Car();    // 实现类可以向上转型成接口类
        carTravel.setWay("Car");          // 调用实现类的方法设定出行方式
        System.out.println(carTravel.getTravelWay()); // 输出出行方式

        // 飞机的出行方式
        Travel airplaneTravel = new Airplane();
        airplaneTravel.setWay("Airplane");
        System.out.println(airplaneTravel.getTravelWay());

        if (carTravel instanceof Car) {
            Car car = (Car) carTravel;
            System.out.println(car.getTravelWay());
        }
    }
}
```

```
    }

    // 定义出行的接口，其中包含一个变量和两个方法
    interface Travel {
        static final String TWAY = "Travel By ";

        // 接口中的方法前如没有访问修饰符，则默认使用 public 访问修饰符
        abstract String getTravelWay();

        // 接口中的方法前可以省略 "abstract"，它默认是抽象方法
        void setWay(String travelWay);
    }


    // 通过汽车类可以实现出行的功能
    class Car implements Travel {
        // 出行的方式
        private String travelWay = "";

        // @Override 注解注释用于说明该方法是对其父类或接口中已定义方法的重写
        @Override
        public String getTravelWay() {
            return travelWay;
        }

        @Override
        public void setWay(String subWay) {
            travelWay = TWAY + subWay;
        }
    }

    // 通过飞机类可以实现出行的功能
    class Airplane implements Travel {

        private String travelWay = "";

        @Override
        public String getTravelWay() {
            return travelWay;
        }

        @Override
        public void setWay(String subWay) {
            travelWay = TWAY + subWay;
        }

    }
```

运行结果如图 5-11 所示。

```
<terminated> InterfaceDemo [Java Application] C:\Program Files\Java\jre
Travel By Car
Travel By Airplane
Travel By Car
```

图 5-11　运行结果

接口方法的特征和具体实现分隔开，这使得抽象类和接口在功能划分上更加明确。抽象类用于表明一个类是不是该抽象类的一个更具体的子集，而接口则表明一个类是否具有某种特性和功能。

当仅需要使用一个类的某些行为时，使用接口是合适的。如果不仅需要使用某些行为，还需要使用对应的属性，则使用抽象类是更好的方式。Java 仅支持类的单一继承，但允许一个类实现多个接口（使用逗号隔开每个需要实现的类），这使得接口可以应用于一些需要多重继承的场景且不会让代码结构过于复杂。

3. super 和 this 关键字

在继承关系中，经常会使用 super 和 this 关键字。super 是指调用对象的父类。例如，super.getName()表示调用父类的 getName()方法，super.name 则表示调用父类的 name 属性。this 则表示当前对象。例如，this.getName()表示调用当前对象的 getName()方法，而 this.name 则表示调用对象自己的 name 属性。在继承中，super 关键字一般在构造函数及需要用到父类属性和方法的时候使用。this 则更加通用，在介绍 StringBuider 类的时候就提到过，该类的一些方法会返回 this，也就是当前对象，这使得一些操作更加方便、简捷。

4. 向上转型和向下转型

一般来说，当一个类继承一些类或者实现一些类时，这些被继承和被实现的类就是一般通用类。在开发中，使用这些类时可以不必考虑每种类型的特点，避免产生代码臃肿的问题。并且方法实现是根据对象调用的，无须考虑子类型，只需要将子类型的方法实现控制好就能达到转型的目的。

但是，有时候子类型有一些自己的属性和方法。当使用通用类时，这些属性和方法是无法使用的。向上转型时子类型可以直接定义为其继承或实现的类型，但是这些类型不能直接反向转换，因为编辑器无法预测某个对象是该类型的哪一个子类型。所以有时开发者必须要明确指定需要转换成的类型，这种情况就是向下转型。

5. instanceof 关键字

instanceof 关键字用于判断当前引用指向的对象是否是指定的类型，如果是则返回 true，否则返回 false。它适用于含有继承或实现场景的类型，其用法在任务 5-8 中已经演示过，此处不再赘述。

instanceof 关键字用于向下转型。例如一个由 Fishes 类接收的 Crucian 对象，如果想要向下转型成 Crucian 类，则需要强制转换。但是实际上编译器不知道当前引用指向的对象想要强制转换成的类型，因为这个类型可能有很多子类型。当然，强制转换是可以的，但如果不判断当前类型是否是想要转换成的类型，则强制转换就会抛出异常。因此，一般在强制转换却无法明确知道转换类型到底是什么的时候，首先使用 instanceof 判断类型，然后强制转换。这无疑增强了代码的健壮性，防止转换异常抛出错误，导致程序出现故障。

5.5 多态

多态是面向对象的重要特性。顾名思义，多态就是指多种形态。多态机制不仅提高了程序的简洁性，还提升了程序的可扩展性。

多态

5.5.1 多态的概念

Java 语言支持两种形式的多态：运行时多态和编译时多态。运行时多态是 Java 中的一种动态多态，通过覆盖（或重写）基类中具有相同方法签名的方法来实现。编译时多态是 Java 中的一种静态多态，通过重载函数的形式来实现。

重载和重写是 Java 中两个重要的概念。重载可以实现当前类的方法多态性，重写可以实现子类或实现类的多态性。

1. 重载

重载是指在同一方法内，方法名称相同，但是传入参数不同。这样就可以根据传入的参数来判断调用的到底是哪一个方法。重载大大增强了方法的功能性。在第 4 单元中，我们已经讲过 StringBuffer 类的 append()方法支持多种类型的数据传入，但是它们实现的功能是相同或者相似的。重载的具体使用参看任务 5-9。

任务 5-9　方法的重载

文件 OverwriteDemo.java

```java
public class OverwriteDemo {

    void print(int i) {
        System.out.println("输出整型值: " + i);
    }

    void print(String s) {
        System.out.println("输出字符串类型值: " + s);
    }

    void print(String s1, String s2) {
        System.out.println("输出字符串类型值1: " + s1 + ";字符串类型值2: " + s2);
    }

    public static void main(String[] args) {
        OverwriteDemo owd = new OverwriteDemo();
        // 编译时多态
        owd.print(12);
        owd.print("1234");
        owd.print("字符串 1", "字符串 2");
    }
}
```

运行结果如图 5-12 所示。

重载可提升方法的扩展性。例如，在任务 5-9 中，如果只有一个接收整型值的输出方法，那么它无法输出字符串类型对象的值。如果输出方法只能

```
<terminated> OverwriteDemo [Java Application] C:\Program Files\Ja
输出整型值: 12
输出字符串类型值: 1234
输出字符串类型值1: 字符串1;字符串类型值2: 字符串2
```

图 5-12　运行结果

接收一个参数，那么两个字符串或者多个字符串就无法输出，这就让程序的兼容性和扩展性大打折扣。但这并不是说重载的方法越多越好，这需要视具体情况而定。重载方法很多，但是如果从来不会用到，那么重载就失去了意义。

2. 重写

与重载不同，重写是发生在两个类中的，且两个类是继承关系或者实现关系，同时方法签名完全相同。也就是说，方法名称和传入参数要完全一致。重写是 Java 实现运行时多态的方式，这种通过对象类型而非定义类型匹配实现方法的方式极大地提升了程序的开发效率和扩展性，同时让程序更加易于维护。

重写的作用在继承中已经有所体现。为了使读者加深印象，这里我们通过一个动物继承模型来重现，如任务 5-10 所示。

任务 5-10　方法的重写

文件 AnimalsDemo.java

```java
public class AnimalsDemo {
    public static void main(String[] args) {

        // 使用基类类型的对象调用基类的对应方法
        Animals animal = new Animals();
        animal.eat();
```

```
            animal.sleep();

            // 使用子类的对象调用各自重写后的方法
            Animals dog = new Dog();
            Animals cat = new Cat();

            dog.eat();
            cat.eat();

            dog.sleep();
            cat.sleep();
        }
    }

    public class Animals {

        public String name;
        public int age;

        public Animals() {
            name = "animal";
            age = 0;
        }
        public void eat(){
            System.out.println("animals [named " + name + ",at aged " + age + "
can eat...]");
        }

        public void sleep() {
            System.out.println("animal [named " + name + ",at aged " + age + " can
sleep...");
        }
    }

    public class Cat extends Animals {

        private String type = "cat";

        public Cat() {
            super();
            name = "cat";
            age= 8;
        }

        @Override
        public void eat() {
            System.out.println(type + " [named " + name + ",at aged " + age + "
can eat...]");
        }

        @Override
        public void sleep() {
            System.out.println(type + " [named " + name + ",at aged " + age + "
can sleep...]");
        }

    }

    public class Dog extends Animals {
        private String type = "Dog";

        public Dog() {
```

```
            super();
            name = "dog";
            age = 10;
        }
        @Override
        public void eat() {
            System.out.println(type + " [named " + name + ",at aged " + age + "
can eat...]");
        }

        @Override
        public void sleep() {
            System.out.println(type + " [named " + name + ",at aged " + age + "
can sleep...]");
        }
    }
```

运行结果如图 5-13 所示。

重写时使用@Override 注解注释，编辑器
会在编译时就检查方法是否符合重写的条件，避
免以为是重写却因粗心导致该方法只是重载的
尴尬情况的发生。

重写使得基类或者 Java 接口有了更加强大

```
<terminated> AnimalsDemo [Java Application] C:\Program Files\Java\j
animals [named animal,at aged 0 can eat...]
animal [named animal,at aged 0 can sleep...
Dog [named dog,at aged 10 can eat...]
cat [named cat,at aged 8 can eat...]
Dog [named dog,at aged 10 can sleep...]
cat [named cat,at aged 8 can sleep...]
```

图 5-13　运行结果

的功能，只需要关注基类类型或者接口的类型，让子类自行重写父类或接口中定义好的方法，将其
改造为自己想要的样子，就能快速地扩展程序。这不仅能减少代码的编写量，还能降低程序的耦合
度，极大地提升了开发效率和易维护性。

5.5.2　内部类

当一个类定义在另一个类的内部时，前者就是后者的内部类，后者就是前者的外部类。从类的
定义来看，内部类和外部类没有区别，它们都可以定义自己的成员变量和方法，但是内部类因其位
置的独特性，在定义成员变量时多了诸多的限制。

内部类可以独立地继承或者实现类或接口，无论外部类是否继承或实现，内部类都不受影响。
这种利用内部类实现某些接口或继承某些类的方式增强了类的自由性，让类不拘泥于死板的继承或
者实现，让代码更加优雅与简洁，结构更加清晰明了。

内部类的特性如下。

- 内部类可以有多个实例，每个实例都有自己的状态信息，并与其他外部类实例的信息相互独立。
- 在单个外部类中，可以让多个内部类以不同的方式实现同一个接口或继承同一个类。
- 内部类的对象创建不依赖于外部类的对象创建。
- 内部类没有令人迷惑的"is a"关系，因为内部类本身就是独立的实体。
- 内部类提供了更好的封装，这些封装仅提供给外部类使用，其他类均不能访问。

在深入学习内部类之前，我们先通过任务 5-11 来了解内部类的创建和使用。

任务 5-11　内部类的创建及使用

文件 InnerClassDemo.java

```
public class InnerClassDemo {
    public static void main(String[] args) {
        OuterClass oClass = new OuterClass();              // 创建外部类对象
        oClass.display();                                  // 输出外部类信息
```

```
            OuterClass.InnerClass iClass = oClass.new InnerClass();   // 创建内部类对象
            iClass.showInfo();                                         // 输出内部类信息

    }
}

// 定义外部类
class OuterClass {
    private String name;
    private int serno;

    // 定义内部类
    public class InnerClass {
        public InnerClass() {
            name = "innerClass";
            serno = 1;
        }

        // 输出信息
        public void showInfo() {
            System.out.println("name = " + name + "; serno = " + serno);
        }
    }

    public OuterClass() {
        name = "outerClass";
        serno = 0 ;
    }

    // 输出信息
    public void display() {
        System.out.println("name = " + name + "; serno = " + serno);
    }
}
```

运行结果如图 5-14 所示。

```
<terminated> InnerClassDemo [Java Application] C:\Program Files\Java\jre
name = outerClass; serno = 0
name = innerClass; serno = 1
```

图 5-14　运行结果

　　外部类引用内部类的方式是 OuterClassName.InnerClassName，内部类对象则通过"外部类对象.new"的方式创建，具体可参考任务 5-11。从输出结果不难发现，内部类的创建虽然与外部类有关，但内部类的数据与外部类并没有任何关系，同时，内部类可以无限制访问内部类的所有成员变量。

　　值得注意的是，内部类虽然定义在外部类内，但是内部类会和外部类一样生成独立的.class 文件，这个.class 文件的命名格式是 OuterClassName$InnerClassName.class。如果内部类是本地类，因为本地类可以重名，所以在生成.class 文件的时候，会根据定义的顺序进行编号。编号从 1 开始，编号在$和内部类名之间；每当有重名的本地类时，对应的编号增加 1。

　　从严格意义上来说，内部类分为 3 类：嵌入类、内部成员类和本地类。

1. 嵌入类

　　当一个内部类使用 static 修饰时，它就是嵌入类。嵌入类只能和外部类的成员变量并列，不能定义在方法中。嵌入类和外部类的成员变量与方法处于同一个层次。

　　关键字 static 可以修饰成员变量、方法、代码块和内部类。static 修饰的内容是跟随类的加载而加载的，而且内容只有一份，不随对象的创建而变化，且所有的类对象都能访问。static 修饰的方法使用"类名.方法名称"的方式调用，而不需要通过初始化对象调用，如下所示：

```
ClassName.methodName();
```

静态内部类和非静态内部类的最大区别之一是非静态内部类编译后会隐含地保存一个引用，这个引用指向创建它的外部类，但静态内部类却没有。所以，结合 static 的性质，嵌入类的创建就无需外部类的对象，也无法访问外部类的所有非静态成员变量和方法。下面通过任务 5-12 讲解嵌入类的使用。

任务 5-12　嵌入类

文件 InnerClass4StaticDemo.java

```java
import com.lw.chapter5.OuterClass1.InnerClass1;

public class InnerClass4StaticDemo {
    public static void main(String[] args) {
        // 创建外部类对象
        OuterClass1 oClass1 = new OuterClass1();
        oClass1.display(); // 输出信息

        // 创建嵌入类对象
        InnerClass1 iClass2 = new InnerClass1();
        iClass2.showInfo(); // 输出信息   }
}

class OuterClass1 {
    private String name;
    private static int SERNO = 0;

    public OuterClass1() {
        name = "outerClass1";
    }

    // 输出信息
    public void display() {
        System.out.println("name = " + name + ";serno = " + SERNO);
    }

    public static int getSerno() {
        return SERNO;
    }

    public String getName() {
        return name;
    }

    // 嵌入类
    public static class InnerClass1 {
        private String innerName;
        public InnerClass1() {
            name = "innerClass1"; // 编译错误，无法访问父类非静态成员变量
            innerName = "innerClass1";
        }

        public void showInfo() {
            // getSerno()是静态方法，可以访问
            System.out.println("name = " + innerName + ";serno = " + getSerno());
            // getName()是非静态方法，无法访问
            System.out.println("show outerClass1 name : " + getName());
        }
```

```
        }
    }
```

运行结果如图 5-15 所示。

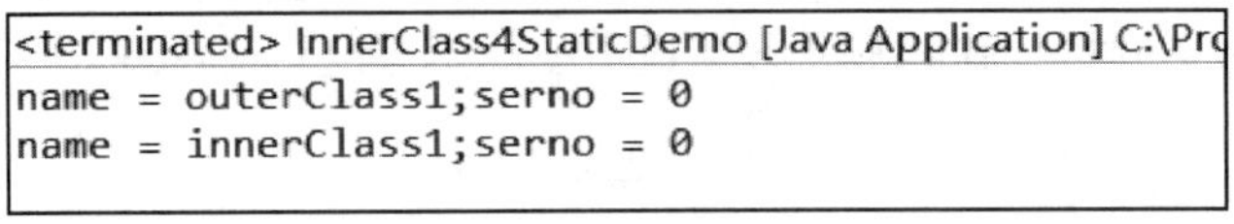

```
<terminated> InnerClass4StaticDemo [Java Application] C:\Pro
name = outerClass1;serno = 0
name = innerClass1;serno = 0
```

图 5-15　运行结果

因嵌入类的特殊性，嵌入类在使用时必须导入该类。在初始化的时候，无须使用外部类声明就可以创建嵌入类，而且所有的外部类对象共享一份嵌入类数据。嵌入类内部可以定义静态的成员变量及方法。

2. 内部成员类

如果内部类不使用 static 修饰，则称之为内部成员类。内部成员类与内部变量相当。内部成员类中不能定义静态成员变量和静态方法，但是可以定义静态常量。如果某个内部成员变量继承的类含有静态常量，则该类可以继承父类的静态变量。

任务 5-13　内部成员类

文件 InnerClass4MemberDemo.java

```java
public class InnerClass4MemberDemo {
    public static void main(String[] args) {
        OuterClass2 oClass2 = new OuterClass2(); // 创建外部类对象
        OuterClass2.InnerClass iClass = oClass2.new InnerClass(); // 创建内
部类对象

        // 输出内部类的静态常量
        System.out.println("自定义的静态常量: " + iClass.getVALUE());
        // 获取内部类继承而来的静态变量
        System.out.println("继承而来的静态变量: " + Base.getValue());
        // 获取外部类的静态变量
        System.out.println("访问外部类静态变量: " + iClass.getOuterName());
        // 使用外部类的静态方法
        iClass.showOuterInfo();
    }
}

// 基类
class Base {
    private static int value = 123;

    public static int getValue() {
        return value;
    }

    public static void setValue(int value) {
        Base.value = value;
    }

}
// 外部类
class OuterClass2 {
    // 静态的外部类变量
    private static String name = "outerClass Name";
```

```java
        // 内部类
    public class InnerClass extends Base {
        private static int innerValue = 111;      // 错误，不可以含有静态变量
        private static final int VALUE = 100;      // 正确，可以含有静态常量

        public static getInnerValue() {           // 错误，不能含有静态方法
            return innerValue;
        }

        public int getVALUE() {                    // 正确
            return VALUE;
        }

        // 可以调用外部类的静态方法
        public void showOuterInfo() {
            display();
        }

        // 可以访问外部类的静态变量
        public String getOuterName() {
            return name;
        }
    }

    // 静态的外部类方法
    public static void display() {
        System.out.println("outerClass's static method");
    }
}
```

运行结果如图 5-16 所示。

```
<terminated> InnerClass4MemberDemo [Java Application] C:\Program Files\Ja
自定义的静态常量：100
继承而来的静态变量：123
访问外部类静态变量：outerClass Name
outerClass's static method
```

图 5-16　运行结果

外部类可以含有多个内部类，内部类也可以继承一个类或实现多个接口。严格来说，内部成员类中不能定义静态变量，但是因为继承或者实现的关系，内部成员类可以含有静态变量。所以当一个内部成员类有静态变量时，不要以为代码或者编译器出了问题。

3. 本地类

定义在方法内部的内部类称为本地类，这种内部类仅相当于数据类型。同内部成员类一样，其内部不能定义静态变量和静态方法，但是可以定义静态常量。本地类特殊的地方在于：无论它定义在静态方法里还是非静态方法里，都不可以使用 static 修饰；而且，本地类的作用域是定义它的方法，因此它没有访问类型。可以在不同的方法内定义相同名称的本地类。本地类的具体应用如任务 5-14 所示。

任务 5-14　本地类

文件 InnerClass4LocalDemo.java

```java
public class InnerClass4LocalDemo {
    public static void main(String[] args) {
        OuterClass3 oClass3 = new OuterClass3(); // 创建外部类对象

        oClass3.localDemo1();                    // 调用非静态方法
```

```
            OuterClass3.localDemo2();                        // 调用静态方法
        }
    }

class OuterClass3 {
        // 非静态方法含有内部类
        public void localDemo1() {
            class Local {
                static final int TYPE_VALUE = 1;        // 可以含有常量
                private int serno = 1;                   // 可以含有非静态变量
                static String vlaue = "124";             // 错误，不可以含有静态变量

                public void showInfo() {
                    System.out.println("Local : serno = " + serno + ",
type_value = " + TYPE_VALUE);
                }
            }
            new Local().showInfo();                      // 输出本地类的信息
        }

        // 静态方法含有内部类
        public static void localDemo2() {
            class Local {
                static final int TYPE_VALUE = 1;        // 可以含有常量
                private int serno = 2;                   // 可以含有非静态变量

                public void showInfo() {
                    System.out.println("Local : serno = " + serno + ", type_
value = " + TYPE_VALUE);
                }
            }
            new Local().showInfo();                      // 输出本地类的信息
        }
    }
```

运行结果如图 5-17 所示。

虽然本地类可以包含同名的内部类，但为了便于
阅读和理解，不建议使用相同名称的内部类，因为这
会给阅读代码的人增加障碍。

```
<terminated> InnerClass4LocalDemo [Java Application] C:\Program Files\Java
Local : serno = 1, type_value = 1
Local : serno = 2, type_value = 1
```

图 5-17　运行结果

Java 允许内部类中再定义内部类，但是多层的内部类会增加代码的阅读难度和维护成本。

内部类可以相互访问，但是由于嵌入类是静态的，所以它只能访问其他的嵌入类。内部成员类可以
访问嵌入类和其他内部成员类。本地类因作用域只限于定义它们的方法，所以嵌入类和内部成员类不能
访问本地类；本地类可以访问嵌入类，但因为内部成员类是非静态的，所以只有非静态方法中的本地类
能访问内部成员类，同一方法内的本地类可以相互访问。内部类的相互访问如任务 5-15 所示。

任务 5-15　内部类的相互访问

文件 InnerClassVisibleDemo.java

```
public class InnerClassVisibleDemo {

    static class StaticInnerClass1 {

        void showInfo() {
            // 嵌入类无法使用内部成员类
```

```
                MemberInnerClass1 mi1 = new MemberInnerClass1();
                mi1.showInfo();
                System.out.println(this.getClass().getName());
        }

        void visitStatic() {
                // 可以使用其他嵌入类
                StaticInnerClass2 si2 = new StaticInnerClass2();
                si2.showInfo();
        }
    }

    static class StaticInnerClass2 {
        void showInfo() {
                System.out.println(this.getClass().getName());
        }
        void visitStatic() {
                // 可以和 StaticInnerClass1 类相互使用
                StaticInnerClass1 si1 = new StaticInnerClass1();
                si1.showInfo();
        }
    }

    public class MemberInnerClass1 {
        void showInfo() {
                System.out.println(this.getClass().getName());
        }
        // 可以访问嵌入类
        void visitStatic() {
                StaticInnerClass1 si1 = new StaticInnerClass1();
                si1.showInfo();
        }
        // 可以访问其他内部类
        void visitMember() {
                MemberInnerClass2 mi2 = new MemberInnerClass2();
                mi2.showInfo();
        }

    }

    public class MemberInnerClass2 {
        void showInfo() {
                System.out.println(this.getClass().getName());
        }
    }

    public void showInfo() {
        class NativeInnerClass1 {
                void showInfo() {
                        System.out.println(this.getClass().getName());
                }
                // 可以访问嵌入类
                void visitStatic() {
                        StaticInnerClass1 si1 = new StaticInnerClass1();
                        si1.showInfo();
                }
        }

        class NativeInnerClass2 {
                void showInfo() {
                        System.out.println(this.getClass().getName());
```

```
            }
            // 可以访问其他本地类
            NativeInnerClass1 ni1 = new NativeInnerClass1();
            void visitNative() {
                    ni1.showInfo();
            }

            void visitStatic() {
                    ni1.visitStatic();
            }
            // 可以访问内部成员类
            void visitMember() {
                    MemberInnerClass1 mi1 = new MemberInnerClass1();
                    mi1.showInfo();
            }
        }
        NativeInnerClass2 ni2 = new NativeInnerClass2();
        ni2.showInfo();
        ni2.visitNative();
        ni2.visitStatic();
        ni2.visitMember();


    }

    public static void display() {
        class NativeInnerClass3 {
                void showInfo() {
                        System.out.println(this.getClass().getName());
                }
                // 不能访问内部成员类
                MemberInnerClass1 mi2 = new MemberInnerClass1();
                void visitStatic() {
                    StaticInnerClass1 si1 = new StaticInnerClass1();
                    si1.showInfo();
                }
        }
        new NativeInnerClass3().visitStatic();

    }
    public static void main(String[] args) {
        InnerClassVisibleDemo icvd = new InnerClassVisibleDemo();
        System.out.println("********* 静态方法中本地类访问嵌入类开始 ***************");
        display();
        System.out.println("********* 静态方法中本地类访问嵌入类结束
***************\n");

        System.out.println("********* 非静态方法中本地类访问嵌入类、内部成员类开始
***************");
        icvd.showInfo();
        System.out.println("********* 非静态方法中本地类访问嵌入类、内部成员类结束
***************\n");

        StaticInnerClass1 sic1 = new StaticInnerClass1();
        sic1.showInfo();
        System.out.println("********* 嵌入类访问嵌入类开始 ***************");
        sic1.visitStatic();
        System.out.println("********* 嵌入类访问嵌入类结束 ***************\n");

        MemberInnerClass1 mic1 = icvd.new MemberInnerClass1();
```

```
                mic1.showInfo();
                System.out.println("********* 内部成员类访问嵌入类开始 ***************");
                mic1.visitStatic();
                System.out.println("********* 内部成员类访问嵌入类结束 ***************\n");

                System.out.println("********* 内部成员类访问其他内部成员类开始
***************");
                mic1.visitMember();
                System.out.println("********* 内部成员类访问其他内部成员类结束
***************\n");


        }
    }
```

运行结果如图 5-18 所示。

```
<terminated> InnerClassVisibleDemo [Java Application] C:\Program Files\Java\jre1.8.0_111
********* 静态方法中本地类访问嵌入类开始 ***************
com.lw.chapter5.InnerClassVisibleDemo$StaticInnerClass1
********* 静态方法中本地类访问嵌入类结束 ***************


********* 非静态方法中本地类访问嵌入类、内部成员类开始 ***************
com.lw.chapter5.InnerClassVisibleDemo$1NativeInnerClass2
com.lw.chapter5.InnerClassVisibleDemo$1NativeInnerClass1
com.lw.chapter5.InnerClassVisibleDemo$StaticInnerClass1
com.lw.chapter5.InnerClassVisibleDemo$MemberInnerClass1
********* 非静态方法中本地类访问嵌入类、内部成员类结束 ***************

com.lw.chapter5.InnerClassVisibleDemo$StaticInnerClass1
********* 嵌入类访问嵌入类开始 ***************
com.lw.chapter5.InnerClassVisibleDemo$StaticInnerClass2
********* 嵌入类访问嵌入类结束 ***************

com.lw.chapter5.InnerClassVisibleDemo$MemberInnerClass1
********* 内部成员类访问嵌入类开始 ***************
com.lw.chapter5.InnerClassVisibleDemo$StaticInnerClass1
********* 内部成员类访问嵌入类结束 ***************


********* 内部成员类访问其他内部成员类开始 ***************
com.lw.chapter5.InnerClassVisibleDemo$MemberInnerClass2
********* 内部成员类访问其他内部成员类结束 ***************
```

图 5-18 运行结果

内部类在框架中使用较多，但在日常开发中并不常用，故此处只介绍内部类的一些基本知识和简单应用。感兴趣的读者可以查阅相关资料进一步了解，此处不再赘述。

5.5.3 拓展：Object 类

第 4 单元中提到 Java 中所有的类都直接或间接继承自 Object 类，该类是所有类的起点。当你不知道定义的数据或者想要接收的数据到底是什么类型时，就可以使用 Object 类。

Object 类中定义了一些 Java 对象常用的方法，例如 hashCode()和 toString()方法，这两个方法用于等值比较。重写 hashCode()和 toString()方法会让 equals()方法不再比较某些对象是否是同一个对象，而是比较对象的某个属性是否相同。有兴趣的读者可以参考 String 类的 hashCode()和 toString()方法的重写逻辑，这些方法的重写使得字符串在使用 equals()方法进行比较的时候只比较值的内容，而不比较两个对象的地址值是否一致。Object 类中还定义了 clone()方法，用于复制当前对象的一份副本。

5.6 项目实战

项目 5-1 抽象 MapReduce 框架

掌握了 Java 的基本语法和面向对象的基础知识后，我们就可以通过 Java 实

项目实战

现一些结构相对复杂的任务。从本单元开始，我们将通过一个相对完整的项目逐渐理解 Java 的使用。Java 有一个很重要的应用领域——大数据。对于大规模数据集的并行计算，其核心的编程模型就是 MapReduce，本项目将实现 MapReduce 中的部分功能，旨在使读者更好地理解 Java 的基础知识以及面向对象的思想，同时了解 MapReduce 的核心结构。本单元首先介绍 MapReduce 框架，然后将其抽象成 Java 中的类和接口，并在以后的单元中逐步实现。

顾名思义，大数据就是指任务所涉及的数据规模大、数据情况复杂，无法通过单台机器在合理的时间内处理、分析，所以一般运行在分布式集群上。那如何在多台机器上完成同一个任务？MapReduce 是用于分布式计算的一个框架，其核心思想就是"分治"，先把一个大的任务拆分多个子任务，每个子任务运行在不同的机器上，然后把每个子任务的结果合并。所以，MapReduce 任务的处理流程有如下两个核心阶段。

Map 阶段：处理单个子任务，输出<key,value>形式的中间结果。

Reduce 阶段：对 Map 阶段生成的中间结果进行汇总计算，得到最终的结果。

大数据领域有一个基础的 WordCount 案例，即给定一个文本文件，统计并输出每一个单词出现的总次数，其处理全流程如图 5-19 所示。

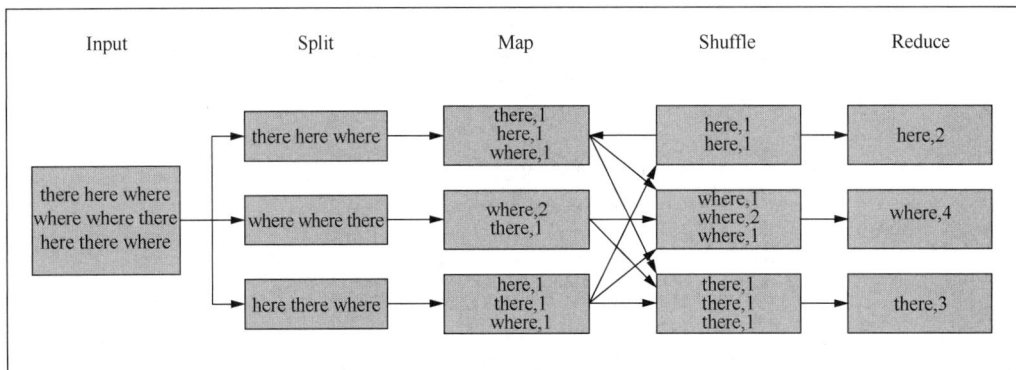

图 5-19　WordCount 处理全流程

其中，Input 为输入的文本文件；在 Split 阶段将原始的数据集分为多个子数据集，然后将每个子数据集分配给 Map 处理；Map 阶段的输出结果为<key,value>形式，其中 key 为具体的单词，value 为当前处理文本中该单词的计数；在 Shuffle 阶段，对 Map 阶段的输出结果进行分区排序，相同分区的数据将分配给同一个 Reduce 进行处理；在 Reduce 阶段将结果聚合。

在分布式集群下执行分布式任务，中间结果一般保存在分布式文件系统上，多个 Map 任务和多个 Reduce 任务会在不同的机器上执行。本项目重点是模拟 MapReduce 模型，所以会将中间结果保存在本地文件系统中，另外会在第 10 单元利用多线程模拟多机器的运行。

基于 WordCount 处理的全流程，我们可以抽象出以下类和接口。

① 定义 InputSplit 类，用于抽象处理流程中的 Split 阶段；实现一个构造方法，其中 inputFile 用于接收输入文件的路径，outputDir 用于指定保存 Split 阶段结果的路径。代码如下：

文件 InputSplit.java

```java
public class InputSplit {
    private String inputFile;
    private String outputDir;

    public InputSplit(String inputFile, String outputDir) {
        this.inputFile = inputFile;
        this.outputDir = outputDir;
    }
}
```

② 定义接口 Mapper，模拟处理流程中的 Map 阶段，其中 map()方法返回结果的形式是 Map<String,String>。这里的 Map 不是 MapReduce 中的 Map，而是 Java 中的集合类，将在第 6 单元详细介绍。代码如下。

文件 Mapper.java

```java
public interface Mapper {
    public Map<String, String> map(String key, String value);
}
```

③ 定义 MapRunnable 类，用于执行 Map 任务，代码如下：

文件 MapRunnable.java

```java
public class MapRunnable implements Runnable {
}
```

④ 定义接口 Reducer，模拟处理流程中的 Reduce 阶段，其中 List<String>也是 Java 中的集合类，将在第 6 单元详细介绍。代码如下：

文件 Reducer.java

```java
public interface Reducer {
    public Map<String, String> reduce(String key, List<String> values);
}
```

⑤ 定义 ReduceRunnable 类，用于执行 Reduce 任务，代码如下：

文件 ReduceRunnable.java

```java
public class ReduceRunnable implements Runnable {
}
```

⑥ 定义 JonConf 类，用于设置任务的配置信息，代码如下：

文件 JobConf.java

```java
public class JobConf {

    private Mapper mapper;           // Mapper 接口的实现类
    private Reducer reducer;         // Reducer 接口的实现类
    private int mapperNumber;        // mapper 并发的任务个数
    private int reducerNumber;       // reduce 并发的任务个数
    private String inputFile;        // 输入文件路径
    private String outputDir;        // 输出结果目录
    private String tmpDir;           // 临时目录，用于保存中间结果
    private int threadPoolSize;
    private long blockSize;

    public Mapper getMapper() {
        return mapper;
    }

    public void setMapper(Mapper mapper) {
        this.mapper = mapper;
    }

    public Reducer getReducer() {
        return reducer;
    }

    public void setReducer(Reducer reducer) {
        this.reducer = reducer;
    }

    public int getMapperNumber() {
```

```
            return mapperNumber;
        }

        public void setMapperNumber(int mapperNumber) {
            this.mapperNumber = mapperNumber;
        }

        public int getReducerNumber() {
            return reducerNumber;
        }

        public void setReducerNumber(int reducerNumber) {
            this.reducerNumber = reducerNumber;
        }

        public String getInputFile() {
            return inputFile;
        }

        public void setInputFile(String inputFile) {
            this.inputFile = inputFile;
        }

        public String getOutputDir() {
            return outputDir;
        }

        public void setOutputDir(String outputDir) {
            this.outputDir = outputDir;
        }

        public String getTmpDir() {
            return tmpDir;
        }

        public void setTmpDir(String tmpDir) {
            this.tmpDir = tmpDir;
        }


        public int getThreadPoolSize() {
            return threadPoolSize;
        }

        public void setThreadPoolSize(int threadPoolSize) {
            this.threadPoolSize = threadPoolSize;
        }

        public long getBlockSize() {
            return blockSize;
        }

        public void setBlockSize(long blockSize) {
            this.blockSize = blockSize;
        }
    }
```

⑦ 定义 JobClient 类，用于实现用户提交的任务，代码如下：

文件 JobClient.java

```
public class JobClient {
    public void runJob(JobConf jobConf) throws InterruptedException {
```

```
        }
    }
```
在后续的单元中，我们将利用掌握的知识逐步对这些类和接口进行具体实现。

5.7 单元小结

本单元主要介绍了 Java 开发中最重要的内容之一，即面向对象的知识，5.1~5.5 节详细讲解了包、访问修饰符类、封装、继承和多态的概念。封装包含两个层面，即属性的封装和方法的封装（类也是一种封装的形式）。属性的封装是让属性隐藏起来，只能通过特定方式获取和修改；方法的封装则是将方法的实现隐藏起来，将方法名称暴露。继承的子类和父类在 *Thinking in Java*（即《Java 编程思想》，是 Java 编程的经典书籍）中被定义为 "is a" 的关系，这非常贴切。多态是指多种形态，也就是说，一个类（称为子类）如果实现或者继承自某个类，那么它不仅可以是自己的类型，也可以是它实现或者继承的类型。此外，如果该基类本身也继承或实现了其他类型，那么子类或实现类也可以被视为这些间接基类的类型。即使定义成上层类型（所有类型都可以定义为 Object 类型），它还是可以向下强制转换成自己的类型。一个对象可以是多种类型，即多态。本单元还介绍了重写和重载，重写是指覆盖父类或实现接口中某个方法的方法体，但是方法签名不变，重写使用 @Override 注解注释；重载是指可以定义多个重名方法，但这些重名方法的方法签名是不同的，也就是传入的参数类型或者个数是不相同的。最后，5.6 节的项目实战演示了如何以面向对象的思想对现实问题进行抽象和拆分，并定义 Java 类和接口。

面向对象是 Java 的核心思想，符合人类对现实世界的抽象思维。深刻理解面向对象的思想有助于写出模块化、可读性更好且更易于维护的代码。

5.8 课后习题

1. 构造函数何时被调用？（   ）
   A. 定义类时
   B. 创建对象时
   C. 调用对象方法时
   D. 使用对象的变量时
2. 下列哪一种叙述是正确的？（   ）
   A. abstract 访问修饰符可修饰字段、方法和类
   B. 抽象方法的 body 部分必须用一对花括号 "{ }" 标识
   C. 声明抽象方法时，花括号可有可无
   D. 声明抽象方法不可使用花括号
3. 以 public 修饰的类 public class Animal{...}，则 Animal（   ）。
   A. 可被其他程序包中的类使用
   B. 仅能被本程序包中的类使用
   C. 不能被任意其他类使用
   D. 不能被其他类继承
4. 对于同一个类中的两个不同的方法，在判断它们是不是重载方法时，无须考虑（   ）。
   A. 参数个数   B. 参数类型   C. 返回值类型   D. 参数顺序
5. 接口和抽象类有哪些异同点？它们的使用场景有什么异同点？
6. Java 类和接口是否允许多继承？
7. 简述重载和重写的区别。
8. 重载的方法是否能被重写？构造方法是否能被重载？
9. 构造方法是否能被重写？

第6单元
集合和数组

06

情景引入

在开发的过程中，我们经常需要将有限个元素存储在一起。例如在电子商城的系统中，我们可以将不同商品的评价放在一起进行排序。如果元素的数量是固定的，可以采用数组存储。为了支持更灵活的数据结构，Java还提供了集合框架。除了数据的组织方式，数据的操作也很重要，如何高效地存储、操作数据，不同的实现方法存在很大的差异。对于集合和数组，Java设计了大量的类将常用的数据结构和算法封装起来供开发者调用，降低了实现的复杂度。本单元主要介绍集合和数组的使用。通过对本单元的学习，读者可以掌握处理大量同类型数据的方法。

学习目标

知识目标
（1）熟悉集合类的使用。
（2）熟悉集合类的继承关系。
（3）熟悉数组的定义和使用。

能力目标
（1）能够使用集合类和数组存储元素，并熟练使用关于数据操作的API。
（2）掌握不同集合类型的区别以及使用场景。

素质目标
（1）通过选择合适集合和数组处理数据，培养根据需求选择数据结构的能力。
（2）通过集合遍历和数组操作算法的实现，培养算法应用与优化能力。

思维导图

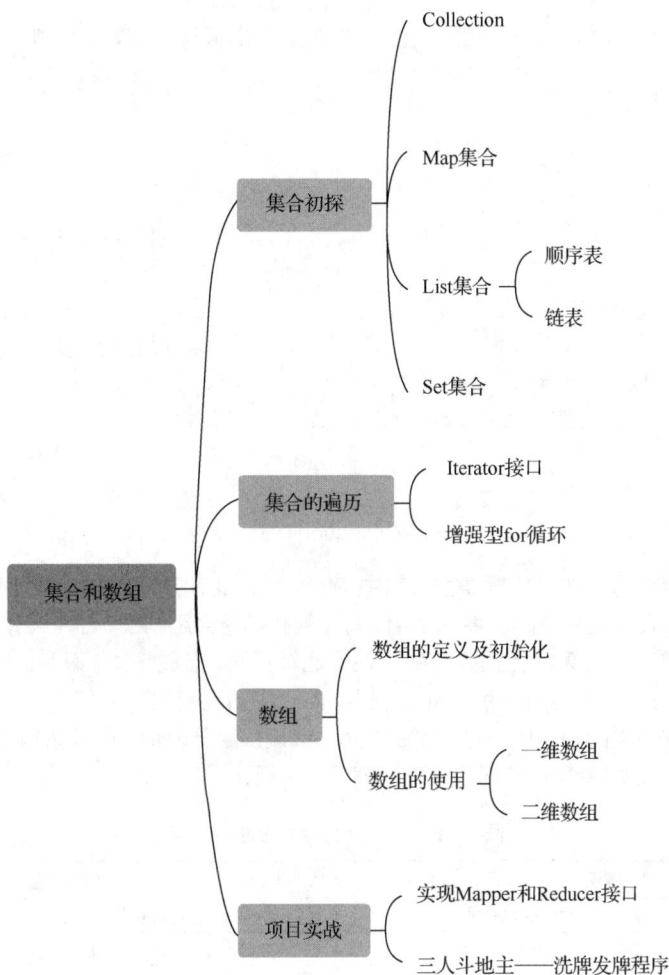

6.1 集合初探

通常情况下，将具有相同性质的一类事物汇聚成一个整体，即集合；集合框架则是为了表示和操作集合而规定的统一的、标准的体系结构。集合框架包含三大部分：对外接口、接口实现和对集合运算的算法。

● 对外接口：表示集合的抽象数据类型，使对集合中所表示的内容进行单独操作成为可能。

集合初探

● 接口实现：集合框架中接口的具体实现，也就是可复用的数据结构。

● 对集合运算的算法：在一个实现了集合框架接口的对象上完成某种有用操作的方法。

Java 提供了 Collection 集合，在其中定义了很多抽象的数据类型，包括集（Set）、链表（List）和哈希表（HashTable）等，另外还有比较特殊的映射（Map）。这些抽象数据类型几乎涵盖了程序开发中会使用的所有数据结构。在 JDK 1.5 之后，这些类型都可以很方便地使用，大大提升了程序的开发效率。

6.1.1　Collection

在 Java 的集合框架中，Collection 扮演着顶层的接口角色。Collection 框架中有丰富的抽象数据类型，这些数据类型封装了对应的算法，以实现数据的低耗、高效。Collection 的继承结构如图 6-1 所示。

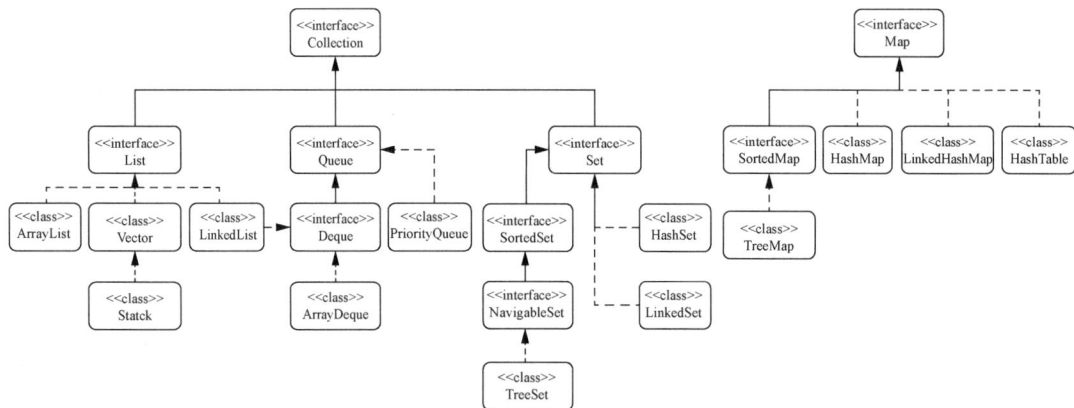

图 6-1　Collection 的继承结构

图 6-1 中包含常用的抽象数据类型，其中 Map 和 List 是通用且使用频率较高的两种数据类型；Set 和 Queue 在一些特殊的场景中使用，有时候我们还会用到栈（Stack），它也是 Collection 的一种数据类型。在这些抽象的数据类型中，Map 比较特殊，自成一体，采用键值对进行数据存储。需要时，也可以通过 keySet()和 values()方法从 Map 中得到键的 Set 集合或者 Collection 集合。

Java 中集合操作类的基本接口是 Collection，该接口用于表示任何元素或对象组，支持添加、删除和迭代等功能。Collection 的通用方法如表 6-1 所示。

表 6-1　Collection 的通用方法

方法	功能描述
boolean add(Object element)	添加一个元素到集合中
boolean addAll(Collection from)	将 from 集合中的所有元素添加到集合中
void clear()	清空集合
boolean contains(Object obj)	判断集合中是否含有某元素
boolean containsAll(Collection c)	判断集合中是否包含集合 c 中所有的元素
boolean equals(Object obj)	判断集合是否相等
bollean isEmpty()	判断集合是否为空
Iterator iterator()	返回一个实现了 Iterator 接口的对象
boolean remove(Object element)	删除集合中的某元素
boolean removeAll(Collection c)	删除集合中所有与 c 集合中相同的元素
boolean retainAll(Collection c)	删除集合中不在 c 集合中的元素
int size()	返回集合中元素的数目

add()方法用于将对象添加至集合。如果添加对象后，集合确实发生了变化则返回 true，否则返回 false。如果集合中已经有了要添加的对象，则直接返回 false。remove()方法执行的操作与add()相反。iterator()方法返回一个实现了 Iterator 接口的对象，用于对集合内的元素进行遍历。在遍历的时候可使用 Iterator 接口定义的两个遍历方法：hasNext()和 next()。next()方法用于返回集合中的下一个元素，如果不存在下一个元素则会抛出 NoSuchElementException 异常。所以一般在使用 next()方法的时候，都会使用 hasNext()方法来判断是否还有可供访问的对象。

6.1.2　Map 集合

Map 并非继承自 Collection 接口。Map 维护着键值对的映射关系，其中键是不可重复的。每组不可重复的键值对映射可以执行修改、查询和提供可选视图等操作。

Map 有自己的接口，其方法与 Collection 中定义的方法稍有不同。Map 的常用方法如表 6-2 所示。

表 6-2　Map 的常用方法

方法	功能描述
Object put(Object key, Object value)	添加一个键值对到 Map 中
Object remove(Object key)	删除键是 key 的映射并返回该键映射的值
void putAll(Map mapping)	将另一个 Map 添加到指定 Map 中
void clear()	清除 Map 中的数据
Object get(Object key)	获取指定 key 映射的 value
boolean containsKey(Object key)	判断映射表是否含有指定 key 的映射
boolean containsValue(Object value)	判断映射表是否含有指定 value 的映射
int size()	返回指定映射表的键值对个数
boolean isEmpty()	判断映射表是否为空
Set keySet()	返回映射表中所有键组成 Set 集合
Set entrySet()	返回一个实现了 Map.Entry 接口的对象集合
Collection values()	返回 Map 所有值组成的 Collection 集合

Map 与 Collection 稍有区别。对于添加元素，Map 使用 put(Object key, Object value)实现。在 Map 中，键值对的 key 和 value 都可以为 null。下面通过任务 6-1 了解 Map 的使用。

任务 6-1　Map 的使用

文件 MapDemo.java

```
public class MapDemo {

    public static void main(String[] args) {
        Map<String, String> map = getMap();            // 获取一个 map

        System.out.println(map);                        // 输出 map 的数据

        System.out.println("输出 key=null 的 value: " + map.get(null)); // 根据
key 获取其 value

        Set<String> keySet = map.keySet(); // 获取 map 对象 key 的 Set 集合
        System.out.println("key 的集合: " + keySet);    // 输出 map 的 key 集合

        Collection<String> valueCollection = map.values(); // 获取 map 的 value 集合
        System.out.println("value 集合: " + valueCollection); // 输出 map 的 value 集合

        Set<Entry<String, String>> entrySet = map.entrySet(); // 获取 map.Entry 对象
        System.out.println(" ***************** 开始以 Entry 对象的方式输出 Map 中的
映射键值对");
        System.out.print("[");
        for (Entry<String, String> entry : entrySet) {
            System.out.print("key=" + entry.getKey() + ": value=" +
```

```
entry.getValue() + "; ");
                }
                System.out.println("]\n ***************** 结束以 Entry 对象的方式输出 Map
中的映射键值对");

                Map<String, String> hashMap = new HashMap<>();
                hashMap.put("hashMap", "hashMap");
                hashMap.put("treeMap", "treeMap");
                hashMap.put("gender", "M");

                map.putAll(hashMap);      // 将 hashMap 中的数据添加到 map 对象中
                System.out.println(map);

                // 是否包含的判断
                System.out.println("是否包含 key=gender 的对象:" + map.containsKey("gender"));
                System.out.println("是否包含 key=Java 的对象: " + map.containsKey("Java"));

                System.out.println("是否包含 value=M 的对象:" + map.containsValue("M"));
                System.out.println("是否包含 value=F 的对象:" + map.containsValue("F"));

                System.out.println("map 集合是否为空: " + map.isEmpty());
                System.out.println("map 集合的大小是: " + map.size());

                map.clear();                  // 清空 map 对象

                System.out.println("map 集合是否为空: " + map.isEmpty());
                System.out.println("map 集合的大小是: " + map.size());

        }

        // 返回一个含有键值对的 map 对象
        public static Map<String, String> getMap() {
                Map<String, String> map = new HashMap<>(); // 初始化一个 HashMap 对象
                map.put(null, "key null"); // 添加一个键值对到 map 中（key 和 value 均可以为 null）
                map.put("null", null);
                map.put("name", "map");
                map.put("gender", "F");
                map.put("home", "house");
                return map;
        }
}
```

运行结果如图 6-2 所示。

```
<terminated> MapDemo [Java Application] C:\Program Files\Java\jdk1.8.0_111\bin\javaw.exe (2017年4月9日 下午3:35:31)
{null=key null, null=null, gender=F, name=map, home=house}
输出key=null的value: key null
key的集合: [null, null, gender, name, home]
value集合: [key null, null, F, map, house]
***************** 开始以Entry对象的方式输出Map中的映射键值对
[key=null: value=key null; key=null: value=null; key=gender: value=F; key=name: value=map; key=home: value=house; ]
***************** 结束以Entry对象的方式输出Map中的映射键值对
{null=key null, null=null, gender=M, treeMap=treeMap, name=map, hashMap=hashMap, home=house}
是否包含key=gender的对象: true
是否包含key=Java的对象: false
是否包含value=M的对象: true
是否包含value=F的对象: false
map集合是否为空: false
map集合的大小是: 7
map集合是否为空: true
map集合的大小是: 0
```

图 6-2　运行结果

Map 中的数据是可以被覆盖的，这从 map.putAll(hashMap)的使用就可以看出来。在添加之前，gender=F，Map 中含有一个 gender 的键值对；添加完成之后，Map 中 gender 的值改变了，变成了 gender=M。这说明了 Map 中的数据是可以被覆盖的。当添加一个已经存在的 key 的数据时，Map 并不会增加键值对，而是会将该 key 对应的值进行修改。Map 中含有 Collection 中也有的 clear()方法，该方法用于清除 Map 对象中的所有数据。

Map 定义了自己的 Entry 对象，该对象用于接收 Map 中的 key 和 value。从形式上看，Map 有些类似于一个映射关系类，该类中封装了 key 和 value 属性，用于获取 Map 的键与值信息。

Map 接口有两个具体的实现类：HashMap 和 TreeMap。HashMap 是基于哈希表的实现，可用来替代 HashTable，此类提供了插入与查询功能。在构造函数中可以通过设置哈希表的 capacity 和 load factor 来调节 HashMap 的性能。TreeMap 是基于红黑树数据结构实现的，它是有序的 Map，也是唯一提供了 subMap()方法的 Map 类型。该方法用于获取当前树的子树。

HashMap 和 TreeMap 都实现了 Cloneable 接口，在实际业务中可以按需决定使用哪一个。相较而言，如果要在 Map 中插入、删除和定位元素，HashMap 的性能更优越；如果要按照顺序遍历键，TreeMap 的有序特性则更加突出。HashMap 及 TreeMap 的使用如任务 6-2 所示。

任务 6-2　HashMap 及 TreeMap 的使用

文件 TreeMap2HashMapDemo.java

```java
public class TreeMap2HashMapDemo {
    public static void main(String[] args) {

        // 创建 HashMap 对象
        Map<String, String> hashMap = new HashMap<>();

        // 添加元素
        hashMap.put("Java", "Java User");
        hashMap.put("C", "C user");
        hashMap.put("C++", "C++ user");
        hashMap.put("Go", "Go user");

        System.out.println("hashMap = " + hashMap);

        // 根据 hashMap 构建一个 TreeMap
        TreeMap<String, String> treeMap = new TreeMap<>(hashMap);

        System.out.println("treeMap = " + treeMap);

        HashMap<String, String> hMap = new HashMap<>(treeMap);
        System.out.println("hMap = " + hMap);
    }

}
```

运行结果如图 6-3 所示。

```
<terminated> TreeMap2HashMapDemo [Java Application] C:\Program Files\Java
hashMap = {Java=Java User, C++=C++ user, C=C user, Go=Go user}
treeMap = {C=C user, C++=C++ user, Go=Go user, Java=Java User}
hMap = {Go=Go user, Java=Java User, C++=C++ user, C=C user}
```

图 6-3　运行结果

从运行结果中可以明显看出，TreeMap 是有一定排序规则的。当然，读者可以自定义排序规则，也可以使用默认的规则。相比于无序的 HashMap，TreeMap 在遍历时无疑会快很多，但因为它是根据二叉树进行存储的，所以其随机访问和插入性能势必弱于 HashMap。不过两者的相互转换可弥补这个不足，对于不同的数据类型，仅需将其转换成合适的类型即可。

WeakHashMap 是 Map 的一个特殊实现，仅用于存储键的弱引用。当映射的某个键在 WeakHashMap 的外部不再被引用时，垃圾收集器会收集映射中对应的键值对。这种数据类型在维护注册表的数据结构时效果明显。当某个条目的键不再被任何线程访问时，该条目就可以被回收。

6.1.3　List 集合

我们在日常生活中使用的自行车上有一个链条，用于拉动后轮齿轮的转动，从而带动自行车前行。在集合中，链表的形式与之类似。链表分为两个部分：一个是数据部分，用于存储数据；另一个是连动部分，用于指向前一个元素的位置和后一个元素的位置。链表继承自 Collection 接口，用于定义可以重复的有序集合。Collection 接口允许对链表进行按位置操作，查询则从链表的头部或尾部开始。

List 接口有两个实现类：ArrayList 和 LinkedList。ArrayList 类是用数组实现的 List，能进行快速的随机访问，但是随机插入和删除操作的速度比较慢。LinkedList 类对顺序访问进行了优化，在插入和删除元素的操作上代价不高，但是随机访问的速度相对较慢。在实际应用中，LinkedList 类可以当成栈、队列（Queue）或双向队列（Deque）来使用。

List 是常用且简单的数据结构，又称为线性表（非空且有限）。在线性表中，有且仅有一个元素被称为第一个元素和最后一个元素。同时，除第一个元素外，每个元素都有一个前驱元素；除最后一个元素外，每个元素都有一个后继元素。在线性表中，所有相邻的数据元素之间存在先后顺序。图 6-4 所示是一个长度为 n 的线性表。

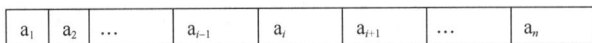

图 6-4　长度为 n 的线性表

线性表有两种形式：顺序表（对应 ArrayList 类）和链表（对应 LinkedList 类）。

1．顺序表

顺序表的特点是用元素在计算机内物理位置的相邻关系来表示线性表中元素之间的逻辑关系，这使得顺序表的随机读取速度非常快。顺序表元素的插入和删除操作如图 6-5 所示。

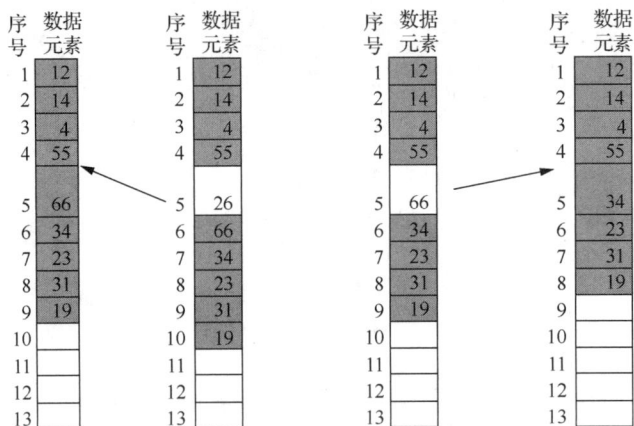

（a）插入前 n=9，插入后 n=10　　（b）删除前 n=9，删除后 n=8

图 6-5　顺序表元素的插入和删除操作

因顺序表是顺序存储的，所以每当一个元素插入或者删除时，其后所有元素的位置都要做相应的变动，导致顺序表的插入、删除操作平均需要移动 $n/2$ 个元素（如果是自末尾删除和插入则无须移动元素），这相当耗时。

顺序表的具体应用如任务 6-3 所示。

任务 6-3　顺序表

文件 ArrayListDemo.java

```java
public class ArrayListDemo {

    public static void main(String[] args) {
        List<String> arrList = new ArrayList<>(); // 创建一个顺序表对象

        // 添加元素（在顺序表末尾添加）
        arrList.add("one");
        arrList.add("two");
        arrList.add("three");
        arrList.add("four");
        arrList.add("five");
        arrList.add("six");

        System.out.println("arrList = " + arrList); // 输出顺序表的内容

        System.out.println("设置索引位置 2 上的值为 3, 原值是: " + arrList.set(2, "3"));

        // 在索引位置 4 上添加一个元素，值为 5（在指定位置添加）
        arrList.add(4, "5");
        System.out.println("arrList = " + arrList); // 输出顺序表的内容

        // 获取索引对应的值
        System.out.println("索引位置 1 上的值是: " + arrList.get(1));

        System.out.println("删除索引位置为 4 的值，该值是: " + arrList.remove(4));

        System.out.println("arrList = " + arrList); // 输出顺序表的内容

        // 顺序表的 clear() 和 isEmpty() 方法分别用于清除顺序表数据和判断顺序表是否为空
        System.out.println("顺序表是否为空: " + arrList.isEmpty());
        System.out.println("顺序表的数据量是: " + arrList.size());
        System.out.println("查询 two 元素对应的索引: " + arrList.indexOf("two"));
        System.out.println("查询 Seven 元素对应的索引: " + arrList.indexOf("seven"));
        System.out.println("顺序表中是否含有元素 Seven: " + arrList.contains("Seven"));

        // 获取顺序表的子表
        List<String> subList = arrList.subList(0, 3);
        System.out.println("subList = " + subList); // 输出子表数据

        // 修改子表数据，然后查看子表数据和原顺序表数据
        subList.set(1, "Seven");
        System.out.println("subList = " + subList); // 输出子表数据
        System.out.println("arrList = " + arrList); // 输出顺序表的内容

        arrList.set(0, "serven");
        System.out.println("subList = " + subList); // 输出子表数据
        System.out.println("arrList = " + arrList); // 输出顺序表的内容

        arrList.clear();
        System.out.println("subList = " + subList); // 输出子表数据
    }
}
```

运行结果如图 6-6 所示。

```
<terminated> ArrayListDemo [Java Application] C:\Program Files\Java\jdk1.8.0_111\bin\javaw.exe (2017年
arrList = [one, two, three, four, five, six]
设置索引位置2上的值为3, 原值是: three
arrList = [one, two, 3, four, 5, five, six]
索引位置1上的值是: two
删除索引位置为4的值, 该值是: 5
arrList = [one, two, 3, four, five, six]
顺序表是否为空: false
顺序表的数据量是: 6
查询two元素对应的索引: 1
查询Seven元素对应的索引: -1
顺序表中是否含有元素 Seven: false
subList = [one, two, 3]
subList = [one, Seven, 3]
arrList = [one, Seven, 3, four, five, six]
subList = [serven, Seven, 3]
arrList = [serven, Seven, 3, four, five, six]
Exception in thread "main" java.util.ConcurrentModificationException
        at java.util.ArrayList$SubList.checkForComodification(ArrayList.java:1231)
        at java.util.ArrayList$SubList.listIterator(ArrayList.java:1091)
        at java.util.AbstractList.listIterator(AbstractList.java:299)
        at java.util.ArrayList$SubList.iterator(ArrayList.java:1087)
        at java.util.AbstractCollection.toString(AbstractCollection.java:454)
        at java.lang.String.valueOf(String.java:2994)
        at java.lang.StringBuilder.append(StringBuilder.java:131)
        at com.lw.collection.ArrayListDemo.main(ArrayListDemo.java:55)
```

图 6-6　运行结果

从运行结果可以看出，ArrayList 类的 subList(beginIndex,endIndex)方法返回的不是原对象的一份副本，而是原对象的数据内容，顺序表与其子表的改变是同步的。在判断链表中是否含有某个对象时，如果含有则返回该对象的下标，否则返回-1。添加元素时，可以指定下标插入，但是这种插入一般比较耗时。在对线性表进行插入和删除操作的时候，一般会使用 LinkedList 类进行。

2. 链表

链表的元素就像长城上的烽火台，它们遥相呼应但不连在一起。通过它们，信息能准确地、一点一点地向下传递到最后一个烽火台。链表的元素可以存储在计算机上互不相邻的物理内存中，但是根据每个元素的前驱地址就可以找到上一个元素或者根据后继地址找到下一个元素。链表分为单向链表和双向链表，单向链表只能从链表的第一个元素依次向后查找，双向链表则可以从任意位置向前或者向后查找。

链表的数据结构如图 6-7 所示。

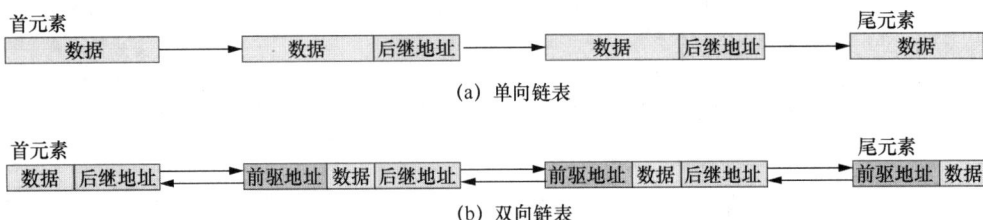

(a) 单向链表

(b) 双向链表

图 6-7　链表的数据结构

单向链表中的元素可以存储在不连续的存储空间中。这种连续是指物理上的连续，在存储元素的时候需要存储后继地址的信息。在单向链表中查找后继元素很方便，但是查找前驱元素就很困难。

双向链表则弥补了这个不足。不过相比单向链表，它要多存储一份前驱地址的数据。LinkedList 类实现的就是双向链表。

与顺序表不同，在链表中只需要修改对应的前驱元素存储的后继元素信息和后继元素存储的前驱元素信息即可实现插入、删除操作。具体的插入与删除操作如图 6-8 所示。

插入E节点，将E节点的前驱地址指向B节点，E节点的后继地址指向C节点。B节点的后继地址改为指向E节点，C节点的前驱地址改为指向E节点

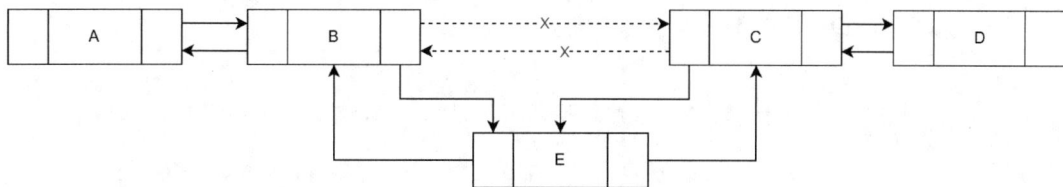

删除E节点，将B节点的后继地址改为指向C节点，C节点的前驱地址改为指向B节点，E节点置空。

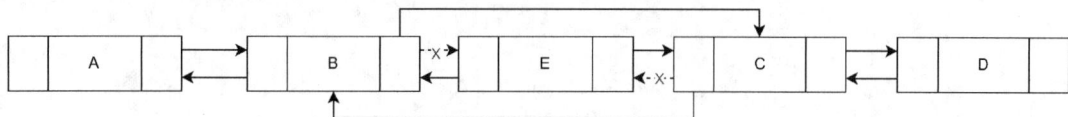

图 6-8　链表的插入与删除操作

因为只需要改变元素的前驱元素和后继元素的信息，链表删除和插入操作的效率非常高，所以插入和删除的操作通常使用链表进行。链表的常用方法如表 6-3 所示。

表 6-3　链表的常用方法

方法	功能描述
void addFirst(E e)	将给定的元素放到链表的最前面
void addLast(E e)	将给定的元素放到链表的最后面
E element()	获取链表的第一个元素
E get(int index)	获取指定位置的元素
E getFirst()	获取第一个元素，在链表为空时可能会抛出异常
E getLast()	获取最后一个元素
int indexOf(Object obj)	获取指定元素在链表中第一次出现的位置，-1 表示未找到
int lastIndexOf(Object obj)	获取指定元素在链表中最后一次出现的位置，-1 表示未找到
ListIterator<E> listIterator(int index)	获取从指定位置开始的迭代器
boolean offer(E e)	将指定元素插入链表的尾部
E peek()	获取第一个元素。即使链表为空，也不会抛出异常
E poll()	获取并删除第一个元素。如果链表为空，则返回 null
E remove()	通过底层调用 removeFirst()来获取并删除第一个元素
E remove(int index)	获取并删除指定位置的元素
E removeFirst()	获取并删除第一个元素。如果链表为空，则抛出异常
E removeLast()	获取并删除最后一个元素
E set(int index, Element e)	将指定位置的值用指定元素代替
Object[] toArray()	将所有元素组织成一个数组

链表的具体应用如任务 6-4 所示。

任务6-4　链表操作

文件 LinkedListDemo.java

```java
public class LinkedListDemo {

    public static void main(String[] args) {
        LinkedList<Integer> numList = getList(100);

        // 约瑟夫环，将数字19从中移除
        josephRing();

        System.out.println("删除下标是19的元素,其值是:" + numList.remove(19));

        ListIterator<Integer> it = numList.listIterator(94); // 获取下标从94
开始的迭代器

        System.out.print("输出结果是: [");
        while (it.hasNext()) {
            System.out.print(it.next() + " ");
        }
        System.out.print("] \n");

        // 获取下标为55~63的元素的子链表
        List<Integer> subList = getList(10);
        numList.retainAll(subList);                          // 除去不在subList中的元素
        System.out.println("subList = " + subList);
        System.out.println("去除不在subList中的元素后,numList中剩余的元素为:" +
numList);

        System.out.println("获取第一个元素(不删除): " + numList.peek());
        System.out.println("numList = " + numList);

        System.out.println("获取第一个元素(删除): " + numList.poll());
        System.out.println("numList = " + numList);

        System.out.println("获取第一个元素(不删除): " + numList.getFirst());
        System.out.println("numList = " + numList);

        System.out.println("获取最后一个元素(不删除): " + numList.getLast());
        System.out.println("numList = " + numList);
    }

    // 约瑟夫环，每当数到13时，该元素会被从环中移除
    public static void josephRing() {
        LinkedList<Integer> list = getList(100);      // 获取下标为1~100的链表

        int count = 100; // 从100开始计数, count = 1 的时候停止计数
        int number = 0; // 用于标记是否已经到达14

        Iterator<Integer> it = list.iterator();       // 获取list的迭代器对象

        while (count > 1) {
            if (it.hasNext()) {
                it.next();                             // 跳过该数字
                number ++;                             // 计数器自增
            } else {
                it = list.iterator();                  // 访问到链表末尾时，需要手动重
```

置或重新创建迭代器

```
                }

                if (number == 13) {
                    number = 0 ;                    // 重置计数器
                    it.remove();                    // 出列
                    --count;                        // 总数自减
                }
            }

        System.out.println("最后的幸存者是: " + list.element() + "号。");
    }

    // 1~100 的数字链表
    public static LinkedList<Integer> getList(int number) {
        LinkedList<Integer> list = new LinkedList<>();
        for (int i = 1 ; i < number + 1 ; i++) {
            list.add(i);
        }
        return list;
    }

}
```

运行结果如图 6-9 所示。

链表继承了 Collection 的所有方法,但是它本身有 listIterator(int index) 方法,该方法可以从指定的下标开始迭代。如果知道了开始迭代的下标,链表的遍历速度会有很大的提升,同时可省去将链表转换成顺序表的步骤。读者在此处一定要注意,List 接口没有该方法,想要使用该方法一定要用链表的实现类 LinkedList 去定义该链表对象。

```
<terminated> LinkedListDemo [Java Application] C:\Program Files\Java\jdk1.8.0_111\bin\javaw.ex
最后的幸存者是: 70号。
删除下标是19的元素, 其值是: 20
输出结果是: [96 97 98 99 100 ]
subList = [1, 2, 3, 4, 5, 6, 7, 8, 9, 10]
去除不在subList中的元素后,numList中剩余的元素为:[1, 2, 3, 4, 5, 6, 7, 8, 9, 10]
获取第一个元素(不删除): 1
numList = [1, 2, 3, 4, 5, 6, 7, 8, 9, 10]
获取第一个元素(删除): 1
numList = [2, 3, 4, 5, 6, 7, 8, 9, 10]
获取第一个元素(不删除): 2
numList = [2, 3, 4, 5, 6, 7, 8, 9, 10]
获取最后一个元素(不删除): 10
numList = [2, 3, 4, 5, 6, 7, 8, 9, 10]
```

图 6-9　运行结果

6.1.4　Set 集合

Set 是集合中元素不可以重复的一种抽象数据类型。这与数学中的集合相似,集合中的元素不可以重复,Set 中的元素也是如此。向 Set 集合中插入一个已经存在的数据时,该方法会返回 false,表示该元素未能被成功添加到集合中。

Set 集合的具体应用如任务 6-5 所示。

任务 6-5　计算出现的次数

文件 CountCharRepeatTimes.java

```
public class CountCharRepeatTimes {

    public static void main(String[] args) {
        String charSeq = getCharSequence(20);
        System.out.println("随机生成的字符序列是: " + charSeq);

        // 创建用于存放字符的 Set 集合和用于存放字符串及其出现次数的 map 对象
        Map<Character, Integer> map = new HashMap<>();
```

117

```java
        Set<Character> charSet = new HashSet<>();

        for (int i = 0 ; i < charSeq.length() ; i++) {
                Character ch = charSeq.charAt(i);
                if(charSet.add(ch)) {      // 成功插入，说明当前字符是第一次出现
                    map.put(ch, 1);        // 将当前字符插入 map，将出现次数赋为 1
                } else {                   // 插入失败，说明当前字符已经出现过
                    map.put(ch, map.get(ch) + 1); // 将当前字符对应的出现次数加 1
                }
        }

        System.out.println("charSeq 中字符及其出现的次数是: " + map);
    }

    public static String getCharSequence(int len) {
        String baseChar = "adcdefghijklmnopqrstuvwxyz";
        StringBuilder sb = new StringBuilder();
        Random rm = new Random();
        for (int i = 0 ; i < len ; i++) {
                sb.append(baseChar.charAt(rm.nextInt(26))); // 根据给定的长度，
随机从 baseChar 中获取一个字符
        }
        return sb.toString();
    }
}
```

运行结果如图 6-10 所示。

```
<terminated> CountCharRepeatTimes [Java Application] C:\Program Files\Java\jdk1.8.0_111\bin\javaw.exe (2017年
随机生成的字符序列是: sniynpdtlnmjpkrlspjl
charSeq中字符及其出现的次数是: {p=3, r=1, s=2, d=1, t=1, i=1, y=1, j=2, k=1, l=3, m=1, n=3}
```

图 6-10　运行结果

本任务使用的是随机字符序列，所以每次运行都可能产生不同的字符序列，对应的输出结果可能也会有所不同。考虑到多次运行均可以验证，没有进行修改，读者可以根据自己的需求稍做修改。如果想让每次输出的结果均一致，那么可以对任务的代码做如下修改：

```java
// Random rm = new Random();
Random rm = new Random(47); // 指定随机数种子，即可使每次运行的输出结果均一致
```

6.2　集合的遍历

　　数据的存在就是为了读取和修改，所以对于任何一种类型的数据，读取都是必不可少的。6.1 节中也使用到了集合的遍历。对于 Colleciton 的遍历，可以使用 iterator()方法获取一个实现了 Iterator 接口的可遍历对象。如果是 Map 的遍历，则可以使用 Map.Entry 对象或者 keySet()方法获取一个 Set 类型的 key 集合；或者使用 values()方法获取一个 Collection 对象，然后调用 iterator() 方法。

集合的遍历

6.2.1　Iterator 接口

　　Iterator（迭代器）是一种设计模式，开发人员无须了解序列的底层结构就可以遍历序列。Iterator 的创建代价很小，它是轻量级的对象。在 Java 中，Iterator 的功能比较简单，只能单向迭代。

　　在 Java 中，实现了 Collection 接口或者直接实现了 Iterator 接口的数据都可以使用迭代器进

行遍历查找。Iterator 接口含有 3 个重要的方法：hasNext()、next()和 remove()方法。首先使用 hasNext()方法判断迭代器是否有后续元素；如果有，则用 next()方法获取该元素；同时，还可以 用 remove()方法删除最近通过 next()方法返回的元素。

集合的迭代如任务 6-6 所示。

任务 6-6　集合的迭代

文件 IteratorDemo.java

```java
public class IteratorDemo {

    public static void main(String[] args) {
        Map<String, String> map = MapDemo.getMap(); // 获取 map 数据集
        List<Integer> list = LinkedListDemo.getList(20); // 获取 list 数据集
        Set<String> keySet = map.keySet();              // 获取 map 中所有键的 Set 集合
        Collection<String> valuesCollection = map.values(); // 获取 map 的
values 集合对象

        // 输出数据
        System.out.println("map = " + map);
        System.out.println("list = " + list);
        System.out.println("keySet = " + keySet);
        System.out.println("valuesCollection = " + valuesCollection);

        Iterator<Integer> listIt = list.iterator(); // 获取 List 的迭代器
        System.out.println("****** 开始遍历链表迭代器 ******");
        printInfo(listIt);                              // 迭代
        System.out.println("****** 结束遍历链表迭代器 ******");

        Iterator<String> setIt = keySet.iterator(); // 获取 Set 的迭代器
        System.out.println("****** 开始遍历 Set 集合迭代器 ******");
        printInfo(setIt);                              // 迭代
        System.out.println("****** 结束遍历 Set 集合迭代器 ******");

        Iterator<String> collectionIt = valuesCollection.iterator(); // 获取
Collection 的迭代器
        System.out.println("****** 开始遍历 Collection 集合迭代器 ******");
        printInfo(collectionIt);                       // 迭代
        System.out.println("****** 结束遍历 Collection 集合迭代器 ******");

    }

    // 遍历迭代器
    @SuppressWarnings("rawtypes")
    public static void printInfo(Iterator it) {
        if (null == it) {
            throw new RuntimeException("迭代器中传入的是空值！");
        }
        System.out.print("*** 开始迭代：[");
        while (it.hasNext()) {                          // 判断迭代器是否有后续对象
            System.out.print(it.next() + " ");
        }
        System.out.println("] 迭代结束 ***");
```

```
    }
}
```

运行结果如图 6-11 所示。

```
<terminated> IteratorDemo [Java Application] C:\Program Files\Java\jdk1.8.0_111\bin\javaw.exe (2017年4月
map = {null=key null, null=null, gender=F, name=map, home=house}
list = [1, 2, 3, 4, 5, 6, 7, 8, 9, 10, 11, 12, 13, 14, 15, 16, 17, 18, 19, 20]
keySet = [null, null, gender, name, home]
valuesCollection = [key null, null, F, map, house]
****** 开始遍历链表迭代器 ******
*** 开始迭代：[1 2 3 4 5 6 7 8 9 10 11 12 13 14 15 16 17 18 19 20 ] 迭代结束 ***
****** 结束遍历链表迭代器 ******
****** 开始遍历Set集合迭代器 ******
*** 开始迭代：[null null gender name home ] 迭代结束 ***
****** 结束遍历Set集合迭代器 ******
****** 开始遍历Collection集合迭代器 ******
*** 开始迭代：[key null null F map house ] 迭代结束 ***
****** 结束遍历Collection集合迭代器 ******
```

图 6-11   运行结果

6.2.2   增强型 for 循环

普通 for 循环的语法格式如下：

```
for (nitValue ; boolean expresion ; initValue step) {
    // TODO
}
```

这种语法格式使用起来比较烦琐。对于一些特殊的数据结构，Java 给出了增强型 for 循环，用于简化代码，格式如下：

```
for (type value : typeColleciton) {
    // TODO
}
```

增强型 for 循环的具体应用如任务 6-7 所示。

任务 6-7   增强型 for 循环

文件 EnhanceForDemo.java

```java
public class EnhanceForDemo {
    public static void main(String[] args) {
        Map<String, String> map = MapDemo.getMap(); // 获取 map 数据
        System.out.println("map 中的数据: " + map);

        Set<Entry<String, String>> entrySet = map.entrySet(); // 获取 map 映
射的 entrySet 集合
        System.out.println("  ********************   ");
        for (Entry<String, String> entry : entrySet) {
            System.out.println("Entry 对象的键值对是: key = " + entry.getKey() +
" : value = " + entry.getValue());
        }
        System.out.println("  ********************   ");

        Collection<String> valuesColl = map.values(); // 获取 map 中所有值的
Collection 对象
        System.out.print("valuesColl 中的数据是 : [");
        for (String value : valuesColl) {
            System.out.print(value + " ");
        }
        System.out.print("] \n");

        LinkedList<Integer> list = LinkedListDemo.getList(15);
```

```
        System.out.print("list 中的数据是 : [");
        for (Integer value : list) {
            System.out.print(value + " ");
        }
        System.out.print("]");
    }
}
```

运行结果如图 6-12 所示。

```
<terminated> EnhanceForDemo [Java Application] C:\Program Files\Java\jdk1.8.0_111\bin
map中的数据是：{null=key null, null=null, gender=F, name=map, home=house}
    *********************
Entry对象的键值对是: key = null : value = key null
Entry对象的键值对是: key = null : value = null
Entry对象的键值对是: key = gender : value = F
Entry对象的键值对是: key = name : value = map
Entry对象的键值对是: key = home : value = house
    *********************
valuesColl中的数据是: [key null null F map house ]
list中的数据是 : [1 2 3 4 5 6 7 8 9 10 11 12 13 14 15 ]
```

图 6-12　运行结果

从运行结果可以看出，对于实现了 Iterator 接口的数据类型，都可以通过增强型 for 循环遍历数据，但是无法像 Iterator 对象那样删除数据。

6.3　数组

数组同字符串一样，是必不可少的数据类型，也是最常用的数据类型之一。在 Java 中，数组是相同类型数据的有序集合。这些数据可以是简单类型的数据，也可以是类。

6.3.1　数组的定义及初始化

数组的存取是以数组中的元素为单位进行的，一个数组中拥有的元素个数是该数组的长度。在 Java 中，数组也是对象，需要动态地生成。数组一般分为一维数组、二维数组和多维数组。多维数组的复杂性导致其不如前两者使用得那么频繁，故本书只介绍一维数组和二维数组。

一维数组的声明方式如下：

```
数据类型[] 数组名; // 尽量避免使用"数据类型 数组名[;"声明方式
```

值得注意的是，数组一旦被定义，那么它的数据类型和数组名就不能更改，而且数组在使用前必须进行初始化。初始化时必须显式或隐式地告诉 JVM 数组的长度，这个长度一旦确定，就不可以修改了。

数组的创建与初始化有以下方式：

```
int[] arr = {1,2,3}; // 以赋值的方式直接初始化，数组的长度是其元素的个数（这里数组长度是 3）
int[] arr = new int[3]; // 创建一个没有赋值的、长度是 3 的数组
```

可以直接使用 clone()方法复制另一个数组的元素，或者直接引用其他数组元素，但条件是这些数组的数据类型要一致。

二维数组和一维数组一样，都可以直接使用值初始化和 new 关键字的方法创建。

6.3.2　数组的使用

在使用字符串和集合的时候，可使用下标访问其中的对象。在数组中，同样可使用下标来访问数组中的元素。虽然 Java 开发者做了优化，但是对于一组相同的数据，如果读取远远多于修改，数组绝对是较好的选择。因为在随机访问数据耗时方面，数组要优于 Collection 集合中所有的数据类型。

1. 一维数组

下面通过任务 6-8 来了解一维数组的使用。

任务 6-8　一维数组的使用

文件 ArrayDemo.java

```java
public class ArrayDemo {

    public static void main(String[] args) {
        int[] arrInt = {1, 2, 3, 4, 5}; // 声明并初始化一个数组，该数组长度是 5
        System.out.println("数组的长度是: " + arrInt.length); // 输出数组的长度
        System.out.println("arrInt = " + forDemo(arrInt)); // 通过 for 循环遍历数组

        int[] arrInt1 = new int[4];
        System.out.println("arrInt1 = " + forDemo(arrInt1)); // 通过 for 循环
遍历数组

        String[] arrStr = new String[4]; // 创建一个 String 类型的数组，其长度是 4
        System.out.println("数组的长度是: " + arrStr.length);
        arrStr[0] = "zero"; // 根据下标对元素进行赋值
        arrStr[3] = "three";
        System.out.println("arrStr = " + enhanceForDemo(arrStr)); // 使用增
强型 for 循环

        String[] arrString = arrStr.clone(); // 使用 clone()方法创建对象
        System.out.println("arrString = " + forDemo(arrString)); // 通过 for
循环遍历数组

        arrString[0] = "0";                 // 重新赋值
        System.out.println("arrStr = " + forDemo(arrStr)); // 通过 for 循环遍历数组
        forDemo(arrString);                 // 分别输出两者，查看区别

        arrString = arrStr;                 // 直接赋值
        arrString[0] = "零";                 // 重新赋值
        System.out.println("arrString = " + forDemo(arrString)); // 通过 for
循环遍历数组

        System.out.println("arrStr = " + forDemo(arrStr)); // 通过 for 循环遍历数组
    }

    // 数组的遍历
    public static String forDemo(int[] arr) {
        StringBuilder sbuilder = new StringBuilder("[ ");
        for (int i = 0 ; i < arr.length ; i++) {
            sbuilder.append(arr[i] + ", ");
        }
        sbuilder.setCharAt(sbuilder.length() - 2, ']');
        return sbuilder.toString();
    }

    // 数组的遍历
    public static String forDemo(String[] arr) {
        StringBuilder sbuilder = new StringBuilder("[ ");
        for (int i = 0 ; i < arr.length ; i++) {
```

```
                    sbuilder.append(arr[i] + ", ");
                }
                sbuilder.setCharAt(sbuilder.length() - 2, ']');
                return sbuilder.toString();
        }

        // 使用增强型 for 循环遍历数组
        public static String enhanceForDemo(String[] arr) {
            StringBuilder sbuilder = new StringBuilder("[ ");
            for (String str : arr) {
                sbuilder.append(str + ", ");
            }
            sbuilder.setCharAt(sbuilder.length() - 2, ']');
            return sbuilder.toString();
        }
}
```

运行结果如图 6-13 所示。

通过该任务可以看出，clone()方法用于创建一个新的对象副本，副本的修改不会作用于原对象，但是直接赋值则会修改原对象的内容。数组是通过下标访问元素的，也使用下标修改元素内容。在使用 new 关键字创建数组的时候，如果没有对元素进行赋值，则 JVM 会给每个元素赋默认值。对于基本数据类型，整型的默认值是 0，而对象类型的默认值则是 null。

```
<terminated> ArrayDemo [Java Application] C:\Program Files\Java\jdk1
数组的长度是：5
arrInt = 【1, 2, 3, 4, 5】
arrInt1 = 【0, 0, 0, 0】
数组的长度是：4
arrStr = 【zero, null, null, three】
arrString = 【zero, null, null, three】
arrStr = 【zero, null, null, three】
arrString = 【零, null, null, three】
arrStr = 【零, null, null, three】
```

图 6-13 运行结果

2. 二维数组

一个二维数组可以看作一张表，表里含有列和行，它们分别有对应的列号和行号。二维数组通过列号和行号来确定元素。值得注意的是，每一行的列数可以不同，并且在创建表的时候，只需要指定二维数组的行数就可以了，列数可以不指定。除了维数不同外，二维数组和一维数组没有更多的区别。为了便于理解，可以将二维数组看作以一维数组为元素的一维数组。

下面通过任务 6-9 来了解二维数组的使用。

任务 6-9 二维数组

文件 ArrayDemo1.java

```
public class ArrayDemo1 {

    public static void main(String[] args) {
        int[][] arr = new int[4][]; // 创建二维数组时，只需要指定前一个维度的元素
个数即可

        int[] arrSub = new int[5];  // 创建一个一维数组
        Arrays.fill(arrSub, 5);

        System.out.println("arrSub =" + ArrayDemo.forDemo(arrSub)); // 输出

        /*
         * 可以将二维数组理解为以一维数组为元素的一维数组
         */
        arr[0] = arrSub;

        int[][] arrInt = {{1,2,3},{5,6,7,8},{1,2}};
        System.out.print("arrInt = 【 ");
        for (int i = 0 ; i < arrInt.length ; i++) {
```

123

```
        for(int j = 0 ; j < arrInt[i].length ; j++) {
            if (!(i == arrInt.length - 1 && j == arrInt[i].length - 1)) {
                System.out.print(arrInt[i][j] + ", ");
            } else {
                System.out.print(arrInt[i][j]);
            }

        }
    }
    System.out.println("]");

    }
}
```

运行结果如图 6-14 所示。

任务中使用了 Arrays 的方法 fill()，该方法用于向指定的数组注入给定的值，以覆盖默认值。

```
<terminated> ArrayDemo1 [Java Application] C:\Program Files\Java\j
arrSub = 【 5, 5, 5, 5, 5 】
arrInt = 【 1, 2, 3, 5, 6, 7, 8, 1, 2 】
```

图 6-14　运行结果

6.4 项目实战

项目 6-1　实现 Mapper 和 Reducer 接口

学习集合之后，我们就可以实现第 5 单元项目实战中的 Mapper 接口和 Reducer 接口了。步骤如下。

① 定义 CustomMapper 类，实现 Mapper 接口的 map()方法，代码如下：

CustomMapper 类

```java
class CustomMapper implements Mapper {
    @Override
    public Map<String, String> map(String key, String value) {
        Map<String, Integer> counter = new HashMap<>();
        StringTokenizer stringTokenizer = new StringTokenizer(value);
        while (stringTokenizer.hasMoreTokens()) {
            String token = stringTokenizer.nextToken();
            int count = counter.getOrDefault(token, 0);
             counter.put(token, count + 1);
        }
        Map<String, String> result = new HashMap<>();
        for (Map.Entry<String, Integer> entry : counter.entrySet()) {
            result.put(entry.getKey(), entry.getValue().toString());
        }
        return result;
    }
}
```

map()方法有两个参数，key 参数通常用于表示该条记录的唯一标识符，value 参数为一个文本字符串。map()方法的主要作用就是统计当前接收到的文本中每个单词出现的次数。在 map()方法中，首先定义 Map 集合类型的变量 counter。Map 的 key 为 String 类型，用于存储具体的单词；Map 的 value 为 Integer 类型，用于存储单词出现的次数。然后遍历字符串的每个单词，并更新 counter 中对应单词的计数。由于接口要求 map()方法返回的参数类型是 Map<String,String>，所以需要对 counter 中的每个元素进行类型转换。

② 定义 CustomReducer 类，实现 Reducer 接口的 reduce()方法，代码如下：

CustomReducer 类

```java
class CustomReducer implements Reducer {
    @Override
    public Map<String, String> reduce(String key, List<String> values) {
```

```
            Map<String, String> result = new HashMap<>();
            int sum = 0;
            for (String value : values) {
                sum += Integer.parseInt(value);
            }
            result.put(key, String.valueOf(sum));
            return result;
        }
    }
```

在第 5 单元项目实战中已经对 MapReduce 处理的全流程进行了说明，从中可以知道 reduce()
方法中两个参数的含义，其中 key 为具体的某个单词，values 为当前单词在多个 Mapper 中输出
的结果。reduce()方法的作用就是将某个特定单词的多个结果进行聚合，所以只需要遍历 List 中的
元素并进行累加操作即可。

项目 6-2　三人斗地主——洗牌发牌程序

本项目模拟三人斗地主的摸牌场景，编写一个自动洗牌发牌程序。程序流程如下。

① 实现洗牌操作，生成各种数值和花色的牌并放入一个乱序集合中。
② 随机抽取 3 张牌作为底牌。
③ 随机选择一张牌作为地主牌。
④ 轮流给 3 个玩家分发剩余的牌。
⑤ 将底牌发给抽到地主牌的玩家。

程序的具体代码如下所示。

文件 DealCardsDemo.java

```java
public class DealCardsDemo {

    List<String> cardList = new ArrayList<>();              // 随机牌数组的链表
    private List<String> bottomCards = new ArrayList<>();   // 底牌数组
    private String landLordCard = null;                     // 地主牌

    private Random rm = new Random();                       // 随机数生成对象实例

    private List<String> playerA = new ArrayList<>();       // 玩家 A
    private List<String> playerB = new ArrayList<>();       // 玩家 B
    private List<String> playerC = new ArrayList<>();       // 玩家 C

    public static void main(String[] args) {
        DealCardsDemo dealCards = new DealCardsDemo();      // 初始化对象

        dealCards.dealCards();                              // 发牌

        System.out.println("玩家 A 的手牌是: ");
        showCards(dealCards.getPlayerA());
        System.out.println("玩家 B 的手牌是: ");
        showCards(dealCards.getPlayerB());
        System.out.println("玩家 C 的手牌是: ");
        showCards(dealCards.getPlayerC());
    }

    // 发牌程序
    public void dealCards() {
        cardList = new ArrayList<>(getCardSet());
```

```
                              // 获取 3 张底牌
                              while (bottomCards.size() < 3) {
                                      // 从随机牌数组中抽出一张牌（删除），并将该牌放入底牌数组中
                                      bottomCards.add(cardList.remove(rm.nextInt(cardList.size())));
                              }

                              landLordCard = cardList.get(rm.nextInt(cardList.size())); // 从剩余
牌中抽一张牌作为地主牌

                              System.out.println("地主牌是: " + landLordCard);
                              // 循环发牌给玩家 A、玩家 B 和玩家 C（假设玩家 A 先摸牌）
                              int cardNumber = cardList.size();
                              System.out.println("发牌开始! ");
                              System.out.println("...");
                              for (int i = 1 ; i <= cardNumber ; i++ ){
                                      if (i % 3 == 0) {                // 如果下标加 1 的值是 3 的倍数，说明这张牌是
玩家 C 的
                                              playerC.add(cardList.get(i - 1));
                                      } else if (i % 2 == 0) { // 如果下标加 1 的值是 2 的倍数，说明这张牌
是玩家 B 的
                                              playerB.add(cardList.get(i - 1));
                                      } else {                          // 否则，这张牌就是玩家 A 的
                                              playerA.add(cardList.get(i - 1));
                                      }
                              }
                              System.out.println("发牌结束! ");
                              System.out.println("底牌是: " + bottomCards);
                              if (playerA.contains(landLordCard)) {
                                      System.out.println("地主是玩家 A");
                                      while (!bottomCards.isEmpty()) {
                                              playerA.add(bottomCards.remove(0)); // 删除底牌数组并将其
中的牌发给地主
                                      }
                              } else if (playerB.contains(landLordCard)) {
                                      System.out.println("地主是玩家 B");
                                      while (!bottomCards.isEmpty()) {
                                              playerB.add(bottomCards.remove(0));  // 删除底牌数组并将其中
的牌发给地主
                                      }
                              } else {
                                      System.out.println("地主是玩家 C");
                                      while (!bottomCards.isEmpty()) {
                                              playerC.add(bottomCards.remove(0));  // 删除底牌数组并将其
中的牌发给地主
                                      }
                              }

                      }

                      // 随机牌数组生成程序
                      public Set<String> getCardSet() {

                              Set<String> cardSet = new HashSet<>();                  // 存储随机牌的 Set 数组

                              Map<String, Integer> timesCounter = new HashMap<>(); // 牌面值出现的次数
```

```java
            List<String> cardColors = getCardColor();          // 牌面颜色链表
            List<String> cardValues = getCardValue();          // 牌面值链表

            // 如果牌面值链表中还有值，说明牌组还没有初始化
            while(!cardValues.isEmpty()) {
                String cardColor = cardColors.get(rm.nextInt(cardColors.
size())); // 获取牌面颜色（随机）
                String cardValue = cardValues.get(rm.nextInt(cardValues.
size())); // 获取牌面值（随机）
                String card = cardColor + " " + cardValue; // 随机获取一张牌
                if (cardSet.add(card)) { // 向随机牌数组插入该张牌。如果成功插入，说
明该牌面值是第一次插入
                    if(timesCounter.containsKey(cardValue)) {        // 如果该牌
面值不是第一次插入，那么将该值的计数器加 1
                        timesCounter.put(cardValue, timesCounter.get
(cardValue) + 1);
                        if(4 == timesCounter.get(cardValue)) {   // 如果该牌
面值出现 4 次，说明该牌面值将不会再出现
                            cardValues.remove(cardValue);        // 从牌面值
的 list 中将该牌面值删除
                        }
                    } else {                    // 牌面值第一次插入，则将插入次数计数器置为 1
                        timesCounter.put(cardValue, 1);
                    }
                }
            }

            cardSet.add("RED JOKER");       // 加入大王王牌
            cardSet.add("BLACK JOKER");     // 加入小王王牌

            return cardSet;
        }

    // 格式化输出链表数据
    public static void showCards(List<String> list) {
        System.out.print("【 ");
        int count = 0 ;
        while (!(list.size() == 1)) { // 如果链表中的元素个数大于 1，则输出格式是：
元素值 + ", "
            count++; // 计数器自增
            System.out.print(list.remove(0) + ", ");
            if (count % 6 == 0) {  // 每输出 6 个元素后换行
                System.out.println();
            }
        }
        System.out.println(list.remove(0) + " 】");
    }

    // 获取随机牌数组中非大小王王牌的牌面值
    public List<String> getCardValue() {
        List<String> cardValue = new ArrayList<>();

        // 牌面值
        cardValue.add("Ace");
```

127

```
        cardValue.add("2");
        cardValue.add("3");
        cardValue.add("4");
        cardValue.add("5");
        cardValue.add("6");
        cardValue.add("7");
        cardValue.add("8");
        cardValue.add("9");
        cardValue.add("10");
        cardValue.add("Jack");
        cardValue.add("Queen");
        cardValue.add("King");

        return cardValue;
    }

    // 获取随机牌数组中牌的花色（黑桃、红桃、方片和梅花）
    public List<String> getCardColor() {
        List<String> cardColor = new ArrayList<>();

        cardColor.add("spade");     // 黑桃
        cardColor.add("heart");     // 红桃
        cardColor.add("diamond");   // 方片
        cardColor.add("club");      // 梅花

        return cardColor;
    }

    // 获取玩家手牌的 get()方法
    public List<String> getPlayerA() {
        return playerA;
    }

    public List<String> getPlayerB() {
        return playerB;
    }

    public List<String> getPlayerC() {
        return playerC;
    }

}
```

运行结果如图 6-15 所示。

```
<terminated> DealCardsDemo [Java Application] C:\Program Files\Java\jdk1.8.0_111\bi
地主牌是：spade 3
发牌开始！
...
发牌结束！
底牌是：[spade 5, club Ace, club 8]
地主是玩家B
玩家A的手牌是：
【 heart Queen, heart Jack, spade Ace, club King, heart 8, heart 4,
club 10, diamond King, diamond 6, diamond 9, club 2, club 5,
club 7, spade 2, spade 4, spade 10, spade 9 】
玩家B的手牌是：
【 diamond Jack, spade Queen, diamond 10, heart 6, heart 3, heart 5,
spade King, diamond 2, diamond 5, diamond Ace, club 3, heart Ace,
heart King, club Jack, spade 3, spade 8, RED JOKER, spade 5,
club Ace, club 8 】
玩家C的手牌是：
【 BLACK JOKER, diamond Queen, heart 7, heart 9, heart 2, club Queen,
diamond 3, diamond 7, diamond 4, diamond 8, club 4, club 6,
club 9, heart 10, spade 6, spade 7, spade Jack 】
```

图 6-15　运行结果

本项目并没有给予随机数生成对象一个生成数种子，所以每运行一次，地主牌及底牌都会改变，这是为了更好地重现现实中摸牌的场景。

在该项目中，集合的 3 种类型都有所涉及，读者需要注意的是集合的插入方法 add()和删除方法 remove()的特性。add()方法会在插入成功时返回 true，否则返回 false，这个特性可以很好地提醒使用者本次插入是否成功；remove()方法用于将某个元素删除并返回该元素，这在一些情况下可以减少代码的行数。

6.5 单元小结

本单元介绍了集合与数组。6.1 节着重介绍了常用的 Set 集合、List 集合和 Map 集合，其中 Set 是无序不重复的集合，List 是可重复的有序链表，Map 是键不重复的哈希表。这些数据类型封装了实现算法，开发者无须知道算法就可以高效地使用这些数据类型。6.2 节介绍了集合的遍历方法，可以通过 Iterator 接口和增强型 for 循环进行迭代。6.3 节介绍了数组，数组是一种可进行快速随机访问的数据类型。对于查询操作远远多于写出操作的场景，数组是较好的选择。6.4 节项目实战通过具体的项目演示了如何使用 HashMap 和 ArrayList。

集合的存在打破了开发者必须能熟练编写算法才能开发程序的障碍，熟练地掌握集合是必要的。集合中还有栈、队列和位图等数据类型，有兴趣的读者可以参考相关文档进行学习。

6.6 课后习题

1. 以下哪个结构实现了 List 接口？（   ）
   A. HashMap   B. HashSet   C. LinkedList   D. LinkedHashSet
2. 以下哪个结构可以用来存储键值对数据？（   ）
   A. HashMap   B. TreeMap
   C. LinkedHashMap   D. 以上都可以
3. 通过（   ）可以获取数组 int ia[]=new Int[10]的长度。
   A. ia.length   B. ia.length()   C. ia.size   D. ia.size()
4. 下面代码的输出结果是什么？（   ）

```
String[] nums = new String[] { "1", "9", "10" };
Arrays.sort(nums);
System.out.println(Arrays.toString(nums));
```

   A. [1,9,10]   B. [1,10,9]   C. [10,1,9]   D. 以上都不对
5. 在 List 数据类型中，元素的插入和删除是通过什么方式实现的？
6. 通过索引遍历 List 类型的数据时，是否可以进行删除操作？如果不可以，原因是什么？
7. 简述 ArrayList 和 LinkedList 的异同并列举其使用场景。
8. 简述 HashMap 和 TreeMap 的异同并列举其使用场景。
9. 尝试探索 HashMap 的实现方式。

第7单元
文件及流

07

情景引入

在编程解决现实问题的过程中，程序通常需要和外部进行数据交互。例如，从文件中读取本地存储的数据，或者从互联网读取服务器传输的数据。对于这两类数据，Java都提供了丰富的API。通过对本单元的学习，读者可以掌握如何使用Java进行文件处理的相关操作。

学习目标

知识目标
（1）熟悉File类的常用API。
（2）熟悉输入输出流的概念。
（3）熟悉输入输出流常用的API。

能力目标
（1）能够使用File类操作文件。
（2）能够区分输入输出流的API并熟练使用。

素质目标
（1）通过文件的创建、删除、遍历等操作，培养文件系统管理与资源操作能力。
（2）通过字节流、字符流的学习与使用，培养数据输入输出处理与持久化存储能力。

思维导图

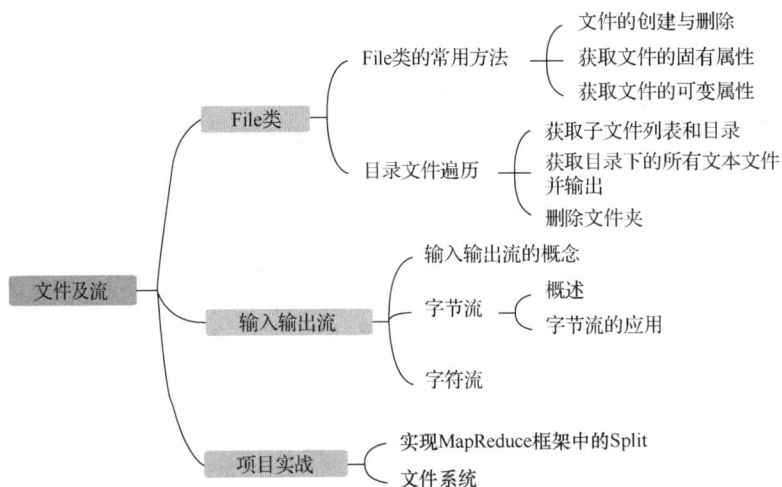

7.1 File 类

文件是指封装在一起的一组数据。许多操作系统把与输入和输出有关的操作统一到文件中,程序与外部的数据交换都通过文件来实现,这样就能通过单纯对文件的处理来完成对数据的操作。在 Java 中,此种操作被封装在 File 类中。

需要注意的是,File 类的对象是文件类型的,但是 Java 中的文件类型是不区分文件和文件夹的。也就是说,文件可能是一个文件夹而非一个类似文本、视频或者音频等类型的文件。不过,Java 给出了判断一个对象是文件还是目录的方法。

File 类

7.1.1 File 类的常用方法

文件有其固有属性,如大小、创建时间、读写属性等,同时还有创建与删除的操作,这些在 Java 中都由 File 类来实现。为了方便开发者处理文件,File 类提供了丰富的方法供开发者使用。File 类的常用方法如表 7-1 所示。

表 7-1 File 类的常用方法

方法名称	方法说明
File(File parent,String child)	创建一个 File 对象,该对象的路径由 parent 的绝对路径与 child 字符串组成,代表一个新的目录或文件路径
File(String pathName)	创建一个 File 对象,将 pathName 的指定路径转换成绝对路径
File(URL url)	创建一个 File 对象,将 URL(Uniform Resource Locator,统一资源定位符)转换成绝对路径
boolean canRead()	判断文件是否可读
boolean canWrite()	判断文件是否可写
boolean createNewFile()	创建一个文件或目录
boolean delete()	删除一个文件
boolean exist()	判断文件是否存在
String getName()	获取文件或目录的名字
boolean isDirectory()	判断当前对象是否是目录
boolean isFile()	判断当前对象是否是文件
boolean isHidden()	判断文件是否是隐藏文件
long lastModified()	文件最后一次修改时间
long length()	返回文件的长度
String[] list()	返回当前对象所代表的目录下的所有文件和目录列表
File[] listFiles()	返回当前对象所代表的目录下的所有文件列表
File[] listFiles(FileFilter filter)	返回当前对象所代表的目录下的文件列表,要求符合过滤规则
boolean mkdir()	创建目录
boolean renameTo(File dest)	将文件改名成 dest 对象所指示的名字
boolean setLastModified(long time)	设置文件或目录的最后修改时间
boolean setReadOnly()	将文件或目录设置成可读

1. 文件的创建与删除

下面通过任务 7-1 来了解创建与删除文件的操作。

任务 7-1　文件的创建与删除

文件 FileCreateAndDelDemo.java

```java
import java.io.File;
import java.io.IOException;

public class FileCreateAndDelDemo {

    public static void main(String[] args) {
        File file = new File("Hello.txt"); // 创建一个文件类型对象
        File dir = new File("\\creatDir");
        System.out.println("文件是否存在: " + file.exists());
        System.out.println("文件夹是否存在: " + dir.exists());

        if (!file.exists()) {
            try {
                file.createNewFile(); // 如果文件不存在，则创建一个新的文件
            } catch (IOException e) {
                e.printStackTrace();
            }
        }
        if (!dir.exists()) {
            dir.mkdir();                    // 如果文件夹不存在，则创建一个文件夹
        }
        System.out.println("文件是否存在: " + file.exists());
        System.out.println("文件夹是否存在: " + dir.exists());
        System.out.println("文件的绝对路径是: " + file.getAbsolutePath());
        System.out.println("文件夹的绝对路径是: " + dir.getAbsolutePath());

        file.delete();                      // 删除文件
        System.out.println("文件是否存在: " + file.exists());
    }
}
```

运行结果如图 7-1 所示。

文件对象是通过 new File("文件路径")的方式创建的，但是创建之前虚拟机不知道这个文件是否存在。为了防止抛出文件找不到的错误，一般会先判断文件是否存在。文件是否存在是使用 File 类的 exists()方法来判断的。一般情况下，如果文件不存在，可以使用 createNewFile()方法创建一个这样

```
<terminated> FileCreateAndDelDemo [Java Application] C:
文件是否存在: true
文件夹是否存在: true
文件是否存在: true
文件夹是否存在: true
文件的绝对路径是: E:\neonWorkSpace\chapter7\Hello.txt
文件夹的绝对路径是: E:\creatDir
文件是否存在: false
```

图 7-1　运行结果

的文件。这是为了防止虚拟机抛出错误而产生意想不到的问题，所以进行一个安全性的拦截。值得注意的是，如果文件存在，但这个文件是一个文件夹而非一个文件，如果将此以文件类型而非文件夹类型进行处理，也会抛出文件找不到的异常。所以，一般判断了文件是否存在之后，还会对文件夹进行是否是文件夹类型判断的处理。文件的删除比较简单，直接调用 File 对象的 delete()方法就可以了。

文件夹与文件一样，使用 exists()方法判断目录是否存在，但创建方法与文件不同，它使用 mkdir()方法创建。如果要创建一个文件夹簇，也就是多层嵌套的文件夹，使用 mkdirs()方法进行创建即可。文件夹的删除方式与文件的删除方式有所区别，如果一个文件夹是空文件夹，可以直接调用 delete()方法进行删除，否则，delete()方法并不能删除该文件夹。文件夹的删除需要遍历文件夹，使用递归的方式一层一层地删除，直到目标文件夹被清空后，方能删除该目录本身。目录文件遍历将在 7.1.2 小节中进行讲解。知道如何遍历一个文件夹直到其最内层的文件，删除一个非空文件夹

就是很简单的事情了。

2. 获取文件的固有属性

为了获取文件的固有属性，例如文件的路径、内容长度和是否隐藏等，可在项目路径下创建一个.txt 文件，名称是 InherenetAttributeTest；然后在里面写一些内容，如 "This file is the test for file's inherent attribute."，让 getlength()方法不返回 0。

下面通过任务 7-2 了解如何获取文件的固有属性。

任务 7-2　获取文件的固有属性

文件 FileInherentAttributeDemo.java

```java
import java.io.File;

public class FileInherentAttributeDemo {
    public static void main(String[] args) {
        File file = new File("InherenetAttributeTest.txt");
        if (file.exists()) {
            System.out.println("文件的长度: " + file.length());
            System.out.println("文件的绝对路径: " + file.getAbsolutePath());
            System.out.println("文件的相对路径: " + file.getPath());
            System.out.println("文件是否是隐藏文件: " + file.isHidden());
            System.out.println("是否是文件类型: " + file.isFile());
            System.out.println("是否是文件夹类型: " + file.isDirectory());
        }
    }
}
```

运行结果如图 7-2 所示。

指定文件对象是否是文件类型，使用 isFile()方法进行判断；如果需要判断是否是文件夹类型，则使用 isDirectory()方法进行判断。建议这个操作在文件或文件夹

```
<terminated> FileInherentAttributeDemo [Java Application] C:\Program Files\Java\jdk1.8.0
文件的长度: 52
文件的绝对路径: E:\neonWorkSpace\chapter7\InherenetAttributeTest.txt
文件的相对路径: InherenetAttributeTest.txt
文件是否是隐藏文件: false
是否是文件类型: true
是否是文件夹类型: false
```

图 7-2　运行结果

是否存在的判断之后进行，因为如果文件不存在，或者文件夹不存在，那么这两个判断都是 false。例如，如果这个文件对象不是目录，那么它也有可能不是文件，这一点必须要注意。文件是否是隐藏文件，使用 isHidden()方法进行判断；文件的长度使用 length()方法获取；文件的绝对路径使用 getAbsolutePath()方法获取，同时，其绝对路径通过 getPath()返回。这些属性是跟随一个文件而存在的，不可以通过 file 对象来进行修改。

3. 获取文件的可变属性

文件的有些属性是可以被修改的，这些内容包含文件的可读性、可写性和最后修改时间等。

下面通过任务 7-3 来了解如何获取文件的可变属性。

任务 7-3　获取文件的可变属性

文件 FileVariableAttributeDemo.java

```java
import java.io.File;

public class FileVariableAttributeDemo {

    public static void main(String[] args) {
        File file = new File("InherenetAttributeTest.txt"); // 创建文件对象
        if (file.exists()) {                  // 判断文件是否存在
            System.out.println("文件是否可读: " + file.canRead());
```

```
                        System.out.println("文件是否可写: " + file.canWrite());
                        System.out.println("文件上一次修改的时间（系统当前毫秒值): " +
file.lastModified());

                        file.setReadable(!file.canRead());    // 设置文件是否可读
                        file.setWritable(!file.canWrite());    // 设置文件是否可写
                        file.setLastModified(0);       // 设置文件的最后修改时间（毫秒值）

                        System.out.println("文件是否可读: " + file.canRead());
                        System.out.println("文件是否可写: " + file.canWrite());
                        System.out.println("文件上一次修改的时间（系统当前毫秒值): " +
file.lastModified());

                }
        }
}
```

运行结果如图 7-3 所示。

文件的可读写性与实际的编程关系密切，正常情况下是很少使用的。判断文件是否可读，使用 canRead()方法；是否可读可以使用 setReadable(boolean flag)方法进行设置。根据官方文档描述，在有些系统中虽然设置了文件不可读，但是系统显示该文件仍是可读文件，

```
<terminated> FileVariableAttributeDemo [Java Application] C:\Progr
文件是否可读：true
文件是否可写：true
文件上一次修改的时间（系统当前毫秒值）：1496501011847
文件是否可读：true
文件是否可写：false
文件上一次修改的时间（系统当前毫秒值）：0
```

图 7-3   运行结果

所以读者要小心这个陷阱，对于特殊的系统使用相应的方式进行处理。与可读类似，是否可写使用 canWrite()方法进行判断，同时可以使用 setWritable(boolean flag)方法设置文件的可写属性。与读取不同，如果文件是不可写的，那么当使用输入流进行写入操作时，会引发 FileNotFoundException 异常，并提示文件拒绝访问。

文件的基本操作可以帮助我们快速地创建和删除文件，判断文件的属性和其他信息，例如文件是目录还是文件、是否可读可写、是否存在、何时被修改过等，这些信息可以帮助开发者判断文件是不是自己需要的数据源。

Java 中的文件包含文件夹，所以有时候要判断一个路径是指向一个普通文件还是一个文件夹。如果把一个文件夹当作文件去处理，会引发 FileNotFoundException 异常。这个异常并非是因为该文件不存在，也可能是误把文件夹当成文件处理了。

7.1.2   目录文件遍历

目录文件也是文件夹，文件夹中会有子文件夹和子文件，子文件夹中有可能也有子文件或者子文件夹，所以对一个文件夹的遍历应当是一个递归的过程。如果只对一个文件夹下的所有文件夹和文件进行遍历则比较简单。

1. 获取子文件列表和目录

下面通过任务 7-4 了解如何获取子文件列表和目录。

任务 7-4   获取子文件列表和目录

文件 IteratorFilesDemo.java

```
import java.io.File;

public class IteratorFilesDemo {
```

```
public static void main(String[] args) {
    File file = new File("C:\\Users");        // 获取 Users 目录对象

    if (file.exists()) {                        // 如果文件或目录存在
        String[] files = file.list();   // 获取目录下的文件和目录的名称
        for (String fileName : files) {
            System.out.println(fileName);
        }

        System.out.println("**********************************");
        File[] subFiles = file.listFiles(); // 获取文件列表
        for(File f : subFiles) {
            if (f.isDirectory()) {              // 如果是目录
                System.out.println("|- " + f.getName());
            } else {                             // 如果是文件
                System.out.println(" - " + f.getName());
            }
        }
    }
}
```

运行结果如图 7-4 所示。

Java 中子文件的遍历比较简单，在 API 中也给出了对应的方法。如果只是单纯获取子文件的名称，使用 list() 方法即可。该方法可以获取子文件的名称列表，包含子文件和子文件夹，返回的是一个字符串数组，在简单遍历时比较方便。如果需要对子文件进行处理，则使用 listFiles() 方法更加有效。该方法会返回一个文件类型的数组，对文件的后续处理更加方便。

listFiles() 方法还支持过滤，读者可以给定过滤规则，过滤掉不需要的文件对象。

```
<terminated> IteratorFilesDemo [Java Application] C:\Program Files\Java\jc
Administrator
All Users
Default
Default User
Default.migrated
desktop.ini
Public
**********************************
|- Administrator
|- All Users
|- Default
|- Default User
|- Default.migrated
 - desktop.ini
|- Public
```

图 7-4　运行结果

2. 获取目录下的所有文本文件并输出

下面通过任务 7-5 了解如何获取目录下的所有文本文件并输出。

任务 7-5　获取目录下的所有文本文件并输出

文件 FilterFileDemo.java

```java
import java.io.File;
import java.io.FilenameFilter;

public class FilterFileDemo {

    public static void main(String[] args) {
        File file = new File("C:/Program Files/Intel/Media SDK");

        // 自定义一个文件过滤器，用于筛选以.dll 结尾的文件
        FilenameFilter filter = new FilenameFilter() {

            @Override
            public boolean accept(File dir, String name) {
```

```
            File curFile = new File(dir, name);
            // 只有文件真实存在且以.dll 结尾才返回 true，否则返回 false
            if (curFile.isFile() && name.endsWith(".dll")) {
                return true;
            }
            return false;
        }
    };

    // 使用自定义的过滤器过滤文件
    File[] files = file.listFiles(filter);
    for (File f : files) { // 循环输出
        System.out.println(f.getName() );
    }
}
```

运行结果如图 7-5 所示。

想要过滤不需要的文件需要自定义过滤规
则，只需要自定义一个 FilenameFilter 对象，并
实现该对象的 accept()方法即可。accept()方法
包含两个参数，一个是文件对象，另一个是文件
对象的名称。任务对以非.dll 结尾的文件进行过
滤，凡是不以此结尾的文件类型全部跳过，最后
返回文件列表。

图 7-5　运行结果

3. 删除文件夹

文件的删除在 7.1.1 小节中已经介绍过了，
此处介绍如何删除文件夹。文件夹的删除稍微有些复杂，不像文件那样直接调用 delete()方法就
可以了。文件夹的删除需要使用到递归的思想，即如果是文件夹，就一直递归，直到碰到空文件
夹或者只有文件的文件夹。为了便于演示，我们首先选择一个需要删除的文件夹，然后将此文件
夹复制到另一个位置，再进行删除，直到剩下一个空文件夹为止。为了便于操作，笔者将 C 盘下
C:\Windows\AppPatch 文件夹复制到 E 盘根目录下，具体信息如图 7-6 所示。

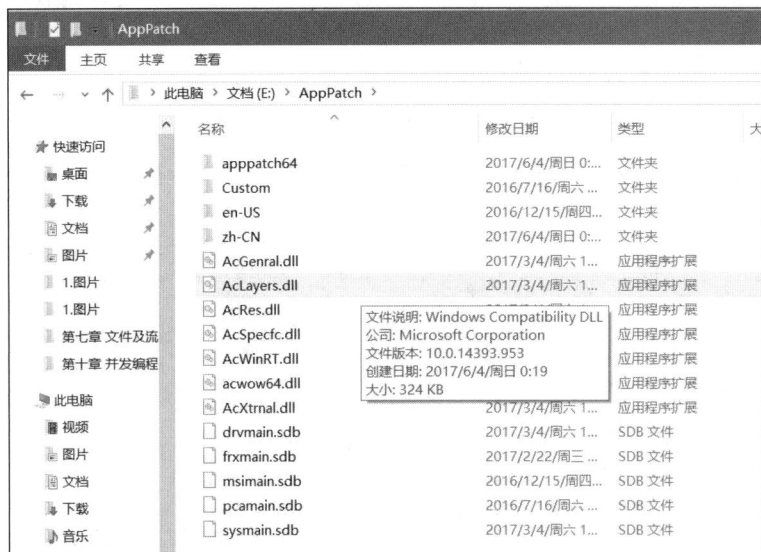

图 7-6　待删除文件夹

该文件夹比较符合递归删除的场景。这个目录下有文件也有文件夹，其子文件夹有的是空子文件夹，有的子文件夹中有数据，这非常理想。而且这个文件的源文件是系统级别的，计算机中应该都有这个文件夹。此处删除的思想是：删除 AppPatch 下的所有文件及目录，最后仅剩空的 AppPatch 文件夹，如任务 7-6 所示。

任务 7-6　删除文件夹

文件 DirDelDemo.java

```java
import java.io.File;

public class DirDelDemo {

    public static void main(String[] args) {
        File file = new File("E:/AppPatch");  // 创建 file 对象

        if (file.exists() && file.isDirectory()) { // 只有文件存在并且是文件夹才进行此操作

                DirDelDemo del = new DirDelDemo();
                System.out.println("删除开始! ");
                del.delFile(file);            // 递归删除
                System.out.println("删除结束! ");

        }

    }

    // 递归删除文件夹
    public void delFile(File file) {
        File[] files = file.listFiles();     // 获取文件夹下的文件列表
        for (File f : files) {               // 遍历文件列表
            if (f.isDirectory()) {           // 如果是文件夹
                delFile(f);                  // 递归删除文件夹
                System.out.println("删除文件夹; " + f.getAbsolutePath());
                f.delete();
            } else {                         // 否则，如果是文件，则直接删除文件
                System.out.println("删除文件" + f.getAbsolutePath());
                f.delete();
            }
        }

        // 如果想将该文件目录也删除，则可以直接调用 delete()方法
        // 因为经过递归删除方式删除后，该文件夹已经是空的了
        file.delete();                       // 删除根文件夹
    }
}
```

运行结果如图 7-7 所示。

递归的思想非常实用，但是如果无法限定其边界，可能会导致死循环，所以在使用递归思想来处理问题的时候一定要非常小心。当然，递归的强大就在于它能用很少的代码实现很复杂的逻辑。如果能充分利用递归的思想，编程将事半功倍。

图 7-7 运行结果

在本任务中，递归思想很简单，即只要有文件就删除；如果是文件夹，就删除文件夹下的所有文件和子文件夹，最终达到删除指定目录下的所有文件及其文件夹的目的。所以，只要先删除文件，随后删除所在文件夹即可。很容易分析，delFile(File file)方法会首先获取文件夹下的文件列表，如果是文件，则直接删除；否则，获取该文件夹的文件列表，继续遍历该文件列表；如果是文件，则删除，否则继续获取其文件列表。当没有获取到文件列表的时候，说明文件夹是空的，删除该文件夹；依次反推，最终删除所有文件。

7.2 输入输出流

Java 类库将输入输出分成输入和输出两个部分，即输入流和输出流两个部分。流类似于文件系统，它屏蔽了实际的输入输出设备中处理数据的细节，让数据的读取和写入更加方便和简单。

输入输出流

7.2.1 输入输出流的概念

文件类型因操作系统的不同而差异巨大，但 Java 在处理标准的设备文件和普通文件时并不区分类型，而是采用"数据流"的概念来实现对文件系统的操作，所以流的性质是完全类似的。流中存放的是有序的字符（字节）序列。在操作流对象时，只需要指定对应的目标对象，其数据读写操作基本一致。

流式输入输出是一种很常见的输入输出方式，输入流代表从外部设备流入计算机内存的数据序列，输出流则代表从计算机内存向外部设备流出的数据序列。流中的数据可以是底层的二进制流数据，也可以是被某种特定格式处理过的数据。这些数据的输入输出都是沿着数据序列顺序进行的，只有前面的数据被处理了，后面的数据才能被处理。这种处理是顺序的，不能随意选择指定的输入输出位置。而且，流中数据一旦被使用完毕，将不能被再次使用。

流中的数据因数据类型不同，可以分为两类，一类是字节流，其顶级父类是 InputStream 类和 OutputStream 类，这种流一次读写 8 位二进制；一类是字符流，其顶级父类是 Reader 类和 Writer 类，这种流一次读写 16 位二进制。因为 Java 使用的是 Unicode 编码，其所有字符占用两个字节，所以每 16 位二进制都能唯一标识一个字符，这个字符可以是数字、字母、汉字和特殊字符。

输入输出是所有程序都必须要处理的问题，是人机交互的核心问题。Java 在输入输出体系上的优化从其诞生至今从未停止过，例如在 1.4 版本引入了 NIO（Non-blocking I/O，非阻塞 I/O），提升了输入输出的性能；在 1.7 版本又引入了 NIO.2，对输入输出做了进一步的优化处理。

对于输入输出流，每次使用之后都需要执行关闭操作，否则会造成系统资源浪费，同时可能会带来意想不到的问题。Java 提供了语法糖 try-catch-resource，会在使用输入输出流完毕之后自动将其关闭，不需要开发者手动处理。try-catch-resource 语法糖的使用方式如下：

```
try (BufferedReader br = new BufferedReader(new FileReader(file));
                    BufferedWriter bw = new BufferedWriter(new FileWriter(file,
true))) {
        // TODO 方法处理逻辑
        …
} catch (Exception e) {
        // TODO 异常处理
        …
}
```

不过需要注意的是，如果一个类没有继承 Closeable 类，则不能使用 try-catch-resource。

Java 中的输入输出操作类繁多，大致可以分为如下 4 类。

① 基于字节操作的输入输出类：InputStream 和 OutputStream。

② 基于字符操作的输入输出类：Reader 和 Writer。

③ 基于磁盘操作的输入输出类：File。

④ 基于网络操作的输入输出类：Socket。

其中 Socket 是与网络编程有关的类，在 java.net 包中，该类将在第 11 单元中进行讲解，此处不再赘述；其余的类都在 java.io 包下。在这 4 种分类中，前两类根据数据传输的格式进行划分，后两类主要根据数据传输的方式进行划分。

7.2.2 字节流

1. 概述

在计算机中，数据的传输一般使用二进制的数据流。流中的数据是按字节进行传输的，所有的数据流都可以使用字节流进行读写操作。InputStream 类是所有字节输入流的基类，其作用是标识不同数据源产生的输入流。这些数据源包括字节数据、字符串对象、文件、管道和一些由其他流组成的序列等。OutputStream 类是所有字节输出流的基类，它定义了数据输出的目的地。字节流本身是抽象类，派生出很多个子类，用于不同情况下的数据输入和输出操作，其类的继承关系如图 7-8 所示。

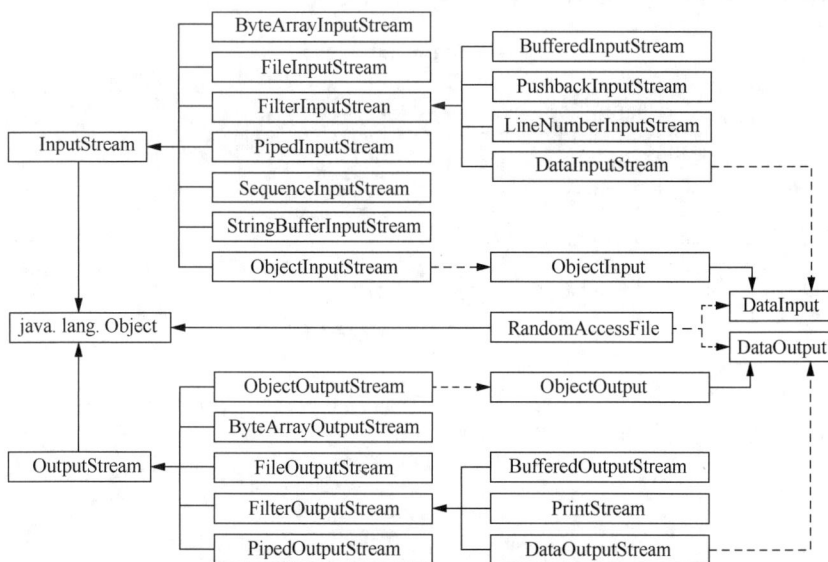

图 7-8 InputStream 类和 OutputStream 类的继承关系

　　InputStream 类和 OutputStream 类的子类众多，InputStream 类中常用的是 FileInputStream 类、BufferedInputStream 类和 DataInputStream 类，OutputStream 类中常用的是 FileOutputStream 类、BufferedOutputStream 类和 DateOutputStream 类。在实际开发中，与 File 类相关的输入输出使用最为频繁。图 7-8 中有一个特殊的类——RandomAccessFile 类，该类用于处理与文件相关的输入输出操作。相较于 FileInputStream 类和 FileOutputStream 类，该类支持重复读取，并且可以跳转到任意位置进行读写操作。

　　InputStream 类的常用方法如表 7-2 所示。

表 7-2　InputStream 类的常用方法

方法名称	方法说明
int available()	返回流中可供读取（或跳过）的字节数据
void close()	关闭输入流，释放相关资源
void mark(int readlimit)	在输入流中标记当前位置
boolean markSupported()	输入流是否支持 mark()和 reset()方法
abstract int read()	从流中读取一个字节的数据
int read(byte[] b)	从流中读取 b.length 大小的数据，放进 b 中
int read(byte[] b, int off, int len)	读取最多 len 长度的数据到 b 中，从 off 指定的偏移位置开始存放
void reset()	将流重置到 mark()方法最后一次标记的位置
void skip(long n)	跳过并抛弃 n 个流中的数据

　　markSupported()方法用于判断该输入流是否支持 mark()方法。如果支持 mark()方法，则流中的数据可以根据需要进行标记，避免了因一次读取到输入流的末尾而不能被再次读取。

　　与输入流相对应，输出流也有类似的方法用于写入，如 write(byte[] b)方法，同时也有关闭流的 close()方法。输出流的对象没有 mark()方法和 reset()方法，只有 flush()方法，用于强制将缓冲区的数据写出去。

2. 字节流的应用

　　下面通过任务 7-7 了解文件输入输出流的具体应用。

任务 7-7　文件输入输出流

文件 StreamDemo.java

```java
import java.io.File;
import java.io.FileInputStream;
import java.io.FileNotFoundException;
import java.io.FileOutputStream;
import java.io.IOException;

public class FileStreamDemo {

    public static void main(String[] args) {
        File file = new File("FileStreamDemo.txt"); // 创建一个文件对象
        if (!file.exists()) {
                try {
                        file.createNewFile();          // 如果文件不存在，则创建文件
                } catch (IOException e) {
                        e.printStackTrace();
                }
        }

        /*
         * 使用语法糖，因为 FileInputStream 类和 FileOutputStream 类分别继承了
```

```
 * InputStream 类和 OutputStream 类, 而这两个类继承了 Closeable 类,
 * 所以此处可以使用 try-with-resource 方式
 */
try (FileInputStream fis = new FileInputStream(file);
        FileOutputStream fos = new FileOutputStream(file)) {
    // 如果 FileInputStream 类支持标记, 则在文件的开始设置标记
    if (fis.markSupported()) {
        fis.mark(1000);                // 设置标记
        System.out.println("文件开始标记设置成功! ");
    } else {
        System.out.println("流对象不支持标记设置! ");
    }
    int data = -1;
    System.out.println("文件输入流读取开始: ");
    while (-1 != (data = fis.read())) {
        System.out.print((char)data + " ");
    }
    System.out.println("\n 文件输入流读取结束! ");

    String writeLine = "This is the first time to write!";
    fos.write(writeLine.getBytes());  // 在文件中写入一行数据
    fos.flush();                       // 强制刷新缓存的数据

    // 再次读取文件
    System.out.println("文件输入流读取开始: ");
    while (-1 != (data = fis.read())) {
        System.out.print((char)data + " ");
    }
    System.out.println("\n 文件输入流读取结束! ");

} catch (FileNotFoundException e) {
    e.printStackTrace();
} catch (IOException e) {
    e.printStackTrace();
}
```

运行结果如图 7-9 所示。

通过表 7-2 可以看出, InputStream 类中的 read()方法返回的是一个 int 类型的值。但如果输出一个 int 类型的值, 我们不好辨认这个值对应的字符是什么, 所以在输出的时候一般会强制转型成一个 char 类型。可能有读者会产生

```
<terminated> FileStreamDemo [Java Application] C:\Program Files\Java\jdk1.8.0_111\b
流对象不支持标记设置!
文件输入流读取开始:

文件输入流读取结束!
文件输入流读取开始:
This is the first time to write!
文件输入流读取结束!
```

图 7-9 运行结果

疑问, 既然如此, 为什么不直接返回一个 char 类型或 byte 类型的值呢? 这样就不需要对返回值进行类型转换了。的确, 一般情况下这样做是没有太大问题的, 但是如果读取的是二进制文件, 就会出现问题了。

Java 中使用-1 作为文件已经读取完毕的标识。如果使用 byte 类型来接收数据, 0x000000FF 会被截取成 0xFF。当与整数-1 进行比较时, 需要判断符号。系统默认 byte 类型数是带符号数, 数 0xFF 就会被扩展成 0xFFFFFFFF, 恰好与-1 相等, 于是就会误以为文件已经读取完而提前结束读取。如果使用 char 类型, 当读到了文件末尾, char 会将 0xFFFFFFFF 截整变成 0xFFFF。当与整数-1 进行比较的时候, 也需要扩展。系统默认 char 类型数是无符号数, 会将 0xFFFF 扩展

141

成 0x0000FFFF，与-1 不相等，导致程序误以为仍未读取到文件末尾而使程序无法结束。所以在读取数据时，尽量使用 int 类型。在输出时可以将数据转型，避免出现问题。

下面通过任务 7-8 了解文件的复制的操作。

任务 7-8　文件的复制

文件 FileCopyDemo.java

```java
import java.io.File;
import java.io.FileInputStream;
import java.io.FileNotFoundException;
import java.io.FileOutputStream;
import java.io.IOException;

public class FileCopyDemo {

    public static void main(String[] args) {
        String path = FileCopyDemo.class.getResource("").toString(); // 获取
当前类的所在路径
        System.out.println("class 文件路径是: " + path);
        String filePath = path.substring(path.indexOf("/") + 1).replace("bin",
"src");
        System.out.println("java 文件路径是: " + filePath);
        File currFile = new File(filePath + "FileCopyDemo.java"); // 获取需
要复制的源文件对象
        File destFile = new File("CopyDemo.txt"); // 获取需要将数据复制到的目标
文件对象

        try (FileInputStream fis = new FileInputStream(currFile);
                FileOutputStream fos = new FileOutputStream(destFile, false)) {

            byte[] b = new byte[2048];      // 需要读取的字节数组

            while (-1 != fis.read(b)) {   // 如果文件中有数据，则继续读取
                fos.write(b); // 将读取到的数据写入目标文件
            }
            fos.flush();                      // 刷新缓存
            System.out.println("文件复制结束! ");

        } catch (FileNotFoundException e) {
            e.printStackTrace();
        } catch (IOException e) {
            e.printStackTrace();
        }
    }
}
```

运行结果如图 7-10 所示。

从运行结果可以看出，文件 FileCopyDemo.java 被复制到当前文件目录下的 CopyDemo.txt 中，内容与源文件一致。此处使用字节数据 byte[] b = new byte[2048];代码，是为了加快复制速度。有兴趣的读者可以自己仿写一个方法，在调用前后使用系统当前毫秒值对按单个字节进行复制和按不同长度的字节数组进行复制所使用的时间进行计算，体验多个字节连续读取对复制速度的提升。值得注意的是，字节数据并非越长越好。对一个只有 50 个字节的文件使用长度为 4096 的字节数组去读取，也是不恰当的。

图 7-10 运行结果

下面通过任务 7-9 了解如何使用 RandomAccessFile 类操作文件。

任务 7-9 使用 RandomAccessFile 类操作文件

文件 RandomAccessFileDemo.java

```java
public class RandomAccessFileDemo {

    public static void main(String[] args) {
        File file = new File("Test.txt");  // 使用 Test.txt 文件
        if (!file.exists()) {                // 如果文件不存在
            // 调用 StreamDemo 的文件处理方法, 确保文件中有数据
            StreamDemo demo = new StreamDemo();
            demo.streamDemo();
        }
        // 使用 closeable 方式创建 RandomAccessFile 对象
        try (RandomAccessFile raf = new RandomAccessFile(file, "rw")) {
            System.out.println("文件的长度是: " + raf.length());
            String line = null;
            int count = 1;
            while (null != (line = raf.readLine())) { // 如果文件中存在数据,
则按行读取
                System.out.println("文件中的第" + (count++) + "行数据是: " + line);
            }
            System.out.println("当前文件的偏移位置是: " + raf.getFilePointer());
            raf.seek(0);
            System.out.println("文件当前偏移位置: " + raf.getFilePointer());
            System.out.println("当前读取的字符是: " + (char)(raf.readByte()));
            raf.seek(raf.length());
            raf.writeBytes("\r\n");
            raf.writeChars("Hello !");
            raf.seek(0);
            count = 1;
            while (null != (line = raf.readLine())) { // 如果文件中存在数据,
则按行读取
                System.out.println("文件中的第" + (count++) + "行数据是: " + line);
            }
        } catch (FileNotFoundException e) {
            e.printStackTrace();
        } catch (IOException e) {
            e.printStackTrace();
```

143

```
            }
        }
    }
```

运行结果如图 7-11 所示。

RandomAccessFile 类可以使用 seek(long n) 跳到文件的任意位置进行文件内容的读取，使用 read() 方法及其重载版本进行数据的读取，读取从位置 0 开始；写入则使用 write() 方法及其重载方法，写入位置是当前文件的偏移位置，偏移位置使用 getFilePointer() 方法获取。如果当前位置不是写入位置，可以使用 seek() 方法进行跳转。RandomAccessFile 类还有 length() 方法，用于返回文件中数据的长度。

```
<terminated> RandomAccessFileDemo [Java Application] C:\Progr
文件的长度是：41
文件中的第1行数据是: This a new file for test!
文件中的第2行数据是: H e l l o  !
当前文件的偏移位置是: 41
文件当前偏移位置是: 0
当前读取的字符是: T
文件中的第1行数据是: This a new file for test!
文件中的第2行数据是: H e l l o  !
文件中的第3行数据是: H e l l o  !
```

图 7-11 运行结果

输入输出的字节流还有缓存字节流，如 BufferedInputStream 类和 BufferedOutputStream 类等。这些流对象有缓存机制，支持 mark() 方法和 reset() 方法。对于可能需要多次读取的数据，可以将字节流转换成缓存字节流进行处理。

7.2.3　字符流

字节流在无须对数据进行特殊处理时较为常用，但有时读取数据内容并且需要根据数据内容来进行不同操作的时候，字节流就不太方便了。因为人类的阅读单元是字符，而非计算机的字节。Java 提供了字节流，便于开发者使用。字节流的顶级父类是 Reader 类和 Writer 类，一个用于读取，一个用于写入，其对应的输入输出字符流是 InputStreamReader 类和 OutputStreamWriter 类。为了方便读取，我们可以使用 BufferedReader 类和 BufferedWriter 类，对流进行按行读取和写入，其具体应用如任务 7-10 所示。

任务 7-10　使用缓存字符流读取和写入数据

文件 ReaderAndWriterDemo.java

```java
public class ReaderAndWriterDemo {

    public static void main(String[] args) {
        File file = new File("RW.txt");
        if (!file.exists()) {
            System.out.println("不存在，创建新文件! ");
            try {
                file.createNewFile(); // 不存在就创建一个文件
            } catch (IOException e) {
                e.printStackTrace();
            }
        } else {
            System.out.println("已存在，无须创建! ");
        }

        try (BufferedReader br = new BufferedReader(new FileReader(file));
                BufferedWriter bw = new BufferedWriter(new FileWriter
(file, true))) {
            br.mark(10000);                      // 在流开始读取时进行标记
            String line = null ;
            int count = 1;
            System.out.println("开始数据读取: ");
            while (null != (line = br.readLine())) { // 按行读取数据
                System.out.println("第" + (count++) + "行数据是: " + line);
```

```
                        }
                        // 按行写入数据（一行）
                        System.out.println("\n 开始数据插入！");
                        bw.write("add new line \r\n");
                        bw.flush(); // 强制刷新缓存中的数据

                        // 再次读取
                        count = 1;
                        System.out.println("\n 再次读取数据: ");
                        br.reset(); // 跳回到标记位置
                        while (null != (line = br.readLine())) {
                                System.out.println("第" + (count++) + "行数据是: " + line);
                        }
                } catch (FileNotFoundException e) {
                        e.printStackTrace();
                } catch (IOException e) {
                        e.printStackTrace();
                }
        }
}
```

运行结果如图 7-12 所示。

任务 7-10 中使用了 mark()方法和 reset()方法，使用的原则是需要返回流的哪个位置就从哪里开始标记。因为是对全文本进行读取，所以此处是从缓存字符流的开始位置进行标记，并且在插入数据并进行重置后对文件进行读取。此时读取的就是文件的全部内容。如果不进行重置，则只能读取到上次读取后新添加的内容。

创建 FileWriter 对象时传入了两个参数，一个是 file 对象，另一个是布尔型的数据。这个布尔型数据的用处是告诉 FileWriter 对象传入的文件是覆盖原有内容还是在原有内容之后进行追加。任务中是 true，表示该文件的写入是在原有内容之后进行追加操作。

```
已存在，无须创建！
开始数据读取：
第1行数据是: add new line
第2行数据是: add new line
第3行数据是: add new line

开始数据插入！

再次读取数据：
第1行数据是: add new line
第2行数据是: add new line
第3行数据是: add new line
第4行数据是: add new line
```

图 7-12　运行结果

7.3　项目实战

项目 7-1　实现 MapReduce 框架中的 Split

学习文件操作之后，就可以继续实现 MapReduce 框架中的 Split 阶段了。Split 阶段的任务是接收一个输入文件，按指定的大小将文件分割成若干个小文件，具体如下。

项目实战

文件 InputSplit.java

```
public class InputSplit {
    private String inputFile;
    private String outputDir;

    public InputSplit(String inputFile, String outputDir) {
        this.inputFile = inputFile;
        this.outputDir = outputDir;
    }
    /**
     * 生成分割后文件的文件名
     */
    private Path getFilePath(int seq) {
```

```
                return Paths.get(outputDir, String.format("split_%d", seq));
        }

        /**
         * 方法的功能是将一个大文件按指定大小分割成若干个小文件
         * input: 原始的大文件
         * outputFile: 分割后的小文件
         *
         * @param blockSize    分割的单位大小
         */
        public List<String> split(long blockSize) {
                // 用于存储分割后的文件名
                List<String> files = new ArrayList<>();
                // 分割文件的序号
                int seq = 0;
                try (BufferedReader br = Files.newBufferedReader(Paths.get(inputFile),
StandardCharsets.UTF_8)) {
                        long size = 0L;
                        String line;
                        Path filePath = getFilePath(seq);
                        BufferedWriter bw = Files.newBufferedWriter(filePath,
StandardCharsets.UTF_8);
                        files.add(filePath.toString());
                        bw.write(String.valueOf(seq));
                        bw.newLine();
                        while ((line = br.readLine()) != null) {
                            bw.write(line);
                            bw.newLine();
                            // 统计当前文件已经写入了多大的数据
                            size += line.getBytes(StandardCharsets.UTF_8).length;
                            // 达到分割的大小时，关闭当前文件，生成一个新的文件
                            if (size >= blockSize) {
                                    bw.close();
                                    ++seq;
                                    filePath = getFilePath(seq);
                                    bw = Files.newBufferedWriter(filePath,
StandardCharsets.UTF_8);
                                    bw.write(String.valueOf(seq));
                                    bw.newLine();
                                    files.add(filePath.toString());
                                    size = 0L;
                            }
                        }
                } catch (Exception e) {
                        e.printStackTrace();
                }
                return files;
        }
}
```

InputSplit 类中首先定义了 getFilePath()方法，根据序号生成分割文件的文件名，例如第0个分割文件的文件名为 split_0。split()方法执行对 inputFile 的具体分割操作，首先通过 BufferedReader 类对 inputFile 按行读取，然后通过 BufferedWriter 类将数据写入结果文件。在写入的过程中不断统计数据的大小，如果达到一定的大小，则写入一个新的文件中。分割过程中产生的结果文件，其文件名都存储在 List 中并返回，用于 MapReduce 的 Map 阶段，以便从中读取相应的文件名。

项目 7-2　文件系统

下面再通过一个小项目来演示如何操作文件。项目的目标是编写一个简单的文件管理系统，通过

控制台的输出内容进行文件操作：1 表示创建文件，2 表示删除文件，3 表示复制文件，4 表示根据输入文件的名称读取文件内容并执行对应的指令。当用户输入 1 时，会读取用户的下一行输入，根据用户的名称和后续输入创建一个文件并将输入录入文件。当用户输入 2 时，会检索当前目录下的文件，如果文件存在，则删除该文件；否则，提示文件不存在。当用户输入 3 时，读取用户输入的文件名称并进行复制，并在文件名称的末尾添加.copy 作为标记。当用户输入 4 时，会查找当前目录下的文件。如果文件存在，则执行文件的内容。若用户输入"exit"并在系统询问时输入"Y"，则退出当前系统。

具体实现如下。

文件 FileSystemClient.java

```java
package com.lw.demo;

import java.util.Scanner;

public class FileSystemClient {

    public static void main(String[] args) {
        Scanner scan = new Scanner(System.in); // 获取控制台输入的内容

        // 文件处理对象初始化
        FileOperator fo = new FileOperator();

        while(true) {
            System.out.println("1-创建文件    2-删除文件   3-复制文件   4-执行文件
exit-退出系统: ");
            switch (scan.nextLine()) {
            case "1" :
                fo.createFile(scan);
                break;
            case "2" :
                fo.delFile(scan);
                break;
            case "3":
                fo.copyFile(scan);
                break;
            case "4":
                fo.execFile(scan);
                break;
            case "exit":
                System.exit(0);
                break;
            default:
                System.out.println("未知指令! 请输入正确的指令:");
                break;
            }
        }

    }
}
```

文件 FileOperator.java

```java
package com.lw.demo;

import java.io.BufferedReader;
import java.io.BufferedWriter;
import java.io.File;
import java.io.FileInputStream;
import java.io.FileNotFoundException;
import java.io.FileOutputStream;
import java.io.FileReader;
```

```java
import java.io.FileWriter;
import java.io.IOException;
import java.util.Scanner;

public class FileOperator {

    public static final String LINE_END_TAG = "\r\n";
    public static final String END_INPUT = "--END";


    // 创建文件并写入数据
    public void createFile(Scanner scanner) {
        System.out.println("请输入文件名称: ");
        String fileName = scanner.nextLine(); // 获取文件名称
        File file = new File(fileName);
        // 如果文件不存在，则创建文件
        if(!file.exists()) {
                try {
                        file.createNewFile();
                } catch (IOException e) {
                        e.printStackTrace();
                }
        }
        System.out.println("请输入想要写入文件的内容，以 --END 结束输入: ");
        // 获取想要写入文件的内容
        String line = scanner.nextLine();

        try(BufferedWriter bw = new BufferedWriter(new FileWriter(file))) {
            while(true) {
                    // 如果不是结束输入的标记，则直接结束输入
                    if(END_INPUT.equals(line)) {
                        return;
                    }
                    bw.write(line.concat(LINE_END_TAG));
                    line = scanner.nextLine();
            }
        } catch (IOException e) {
            e.printStackTrace();
        }
        System.out.println("文件创建成功! 请执行后续指令! ");
    }

    // 删除文件
    public void delFile(Scanner scanner) {
        System.out.println("请输入想要删除的文件全路径: ");
        String filePath = scanner.nextLine();

        File file = new File(filePath);
        if(file.exists() && file.isFile()) {
                // 文件存在且不是目录，则删除文件
                file.delete();
                System.out.println("文件删除成功! 删除文件: " +
file.getAbsolutePath());
        } else {
                System.out.println("文件不存在，无法删除! 请执行后续指令! ");
        }
    }
```

```java
// 复制文件
public void copyFile(Scanner scanner) {
    System.out.println("请输入想要复制的文件全路径: ");
    String filePath = scanner.nextLine();

    File file = new File(filePath);
    if (!file.exists()) {
            System.out.println("文件不存在! ");
            return;
    }
    if (!file.isFile()) {
            System.out.println("不是文件，无法复制! ");
            return;
    }
    // 获取文件路径
    String path = filePath.substring(0, filePath.lastIndexOf("\\") + 1);
    System.out.println("请输入想要复制到的文件名称: ");
    String name = scanner.nextLine();

    File newFile = new File(path.concat(name));
    if(newFile.exists()) {
        System.out.println("目标文件已存在，是否要覆盖（Y/N）: ");
        String tag = scanner.nextLine();
        if ("N".equals(tag)) {
                System.out.println("请输入想要复制到的文件名称: ");
                name = scanner.nextLine();
                newFile = new File(path.concat(name));
        }
    }
    // 读取源文件内容并写入目标文件中
    try(FileInputStream fis = new FileInputStream(file);
            FileOutputStream fos = new FileOutputStream(newFile)) {
        byte[] buf = new byte[1024];
        // 读取数据
        while(fis.read(buf) != -1) {
                // 如果有内容，则进行文件写入
                fos.write(buf);
        }
    } catch (FileNotFoundException e) {
        e.printStackTrace();
    } catch (IOException e) {
        e.printStackTrace();
    }
    System.out.println("文件复制成功! ");
}

// 读取执行文件，进行非实时文件处理
public void execFile(Scanner scanner){
    System.out.println("请输入想要执行的执行文件: ");
    String filePath = scanner.nextLine();

    File file = new File(filePath);
    if (!file.exists()) {
            System.out.println("执行文件不存在! ");
            return;
    }
    if (!file.isFile()) {
            System.out.println("不是文件，无法进行执行! ");
```

```
                return;
        }

        System.out.println("开始执行执行文件: ");
        // 执行执行文件的逻辑
        try (BufferedReader br = new BufferedReader(new FileReader(file))) {
            String line = br.readLine();
            while (null != line && !"".equals(line)) {
                    String[] infos = line.split(" ");
                    switch (infos[0]) {
                    case "1":
                        createFileByBatch(infos);
                        break;
                    case "2":
                        delFileByBatch(infos);
                        break;
                    case "3":
                        copyFileByBatch(infos);
                        break;
                    default:
                        System.out.println("指令错误! ");
                        break;
                    }
                    line = br.readLine(); // 读取下一行
            }
        } catch (FileNotFoundException e) {
            e.printStackTrace();
        } catch (IOException e) {
            e.printStackTrace();
        }
        System.out.println("结束执行执行文件! ");
}

// 执行文件的文件创建方法
public void createFileByBatch(String[] infos) {
    File file = new File(infos[1]);
    // 文件不存在就创建，否则覆盖
    if(!file.exists()) {
            try {
                file.createNewFile();
            } catch (IOException e) {
                e.printStackTrace();
            }
    }
    // 没有默认写入的数据
    if(null == infos[2] || "".equals(infos[2])) {
            return ;
    }
    // 将数据写入创建的文件中
    try(FileOutputStream fos = new FileOutputStream(file)) {
            for(int i = 2; i < infos.length ; i++) {
                // 如果是文件结束
                if (END_INPUT.equals(infos[i])) {
                    System.out.println(" 文件创建内容插入结束! 创建成功! ");
                    return;
                }
                if (!LINE_END_TAG.equals(infos[2])) {
                    fos.write(infos[2].getBytes());
                    fos.write(" ".getBytes());
                } else {
```

```
                              fos.write(LINE_END_TAG.getBytes());
                    }
                }
            } catch (FileNotFoundException e) {
                e.printStackTrace();
            } catch (IOException e) {
                e.printStackTrace();
            }
            System.out.println("创建文件: " + infos[1]+ " 成功! ");
    }

    // 执行文件的文件删除方法
    public void delFileByBatch(String[] infos) {
        File file = new File(infos[1]);
        // 文件不存在就创建, 否则覆盖
        if(!file.exists() || !file.isFile()) {
                System.out.println("文件不存在或者不是文件, 无须删除! ");
        } else {
                // 文件存在, 则删除文件
                file.delete();
                System.out.println("文件删除成功! ");
        }
    }

    // 执行文件的文件复制方法
    public void copyFileByBatch(String[] infos) {
        File file = new File(infos[1]);

        File newFile = new File(infos[2]);

        if(!file.exists() || !file.isFile()) {
                System.out.println("文件不存在或者不是文件, 无法复制! ");
                return;
        }
        // 复制副本文件, 不存在则创建
        if (!newFile.exists()) {
                try {
                        newFile.createNewFile();
                } catch (IOException e) {
                        e.printStackTrace();
                }
        }
        // 读取目标数据, 写入副本文件
        try(FileOutputStream fos = new FileOutputStream(newFile);
                FileInputStream fis = new FileInputStream(file)) {
            byte[] b = new byte[1024];
            while(fis.read(b) != -1) {
                    fos.write(b);
            }
            System.out.println("文件" + infos[1] +" 复制成功, 副本文件是" + infos[2]);
        } catch (FileNotFoundException e) {
            e.printStackTrace();
        } catch (IOException e) {
            e.printStackTrace();
        }

    }
}
```

运行结果如图 7-13 所示。

151

```
<terminated> FileSystemClient [Java Application] C:\Program Files\Java\jre1.8.0_111\bin
1-创建文件  2-删除文件 3-复制文件 4-执行文件 exit-退出系统：
1
请输入文件名称：
first.txt
请输入想要写入文件的内容，以 --END结束输入：
This is the first file to create.
--END
文件创建成功！请执行后续指令！
1-创建文件  2-删除文件 3-复制文件 4-执行文件 exit-退出系统：
3
请输入想要复制的文件全路径：
first.txt
请输入想要复制到的文件名称：
copyFirst.txt
文件复制成功！
1-创建文件  2-删除文件 3-复制文件 4-执行文件 exit-退出系统：
1
请输入文件名称：
exec.txt
请输入想要写入文件的内容，以 --END结束输入：
1 second.txt This is the secode file to create.
2 first.txt
3 exec.txt copyExec.txt
--END
文件创建成功！请执行后续指令！
1-创建文件  2-删除文件 3-复制文件 4-执行文件 exit-退出系统：
4
请输入想要执行的执行文件：
exec.txt
开始执行执行文件：
创建文件：second.txt 成功！
文件删除成功！
文件：exec.txt 复制成功，副本文件是：copyExec.txt
结束执行执行文件！
1-创建文件  2-删除文件 3-复制文件 4-执行文件 exit-退出系统：
exit
```

图 7-13　运行结果

7.4 单元小结

本单元着重讲解了文件和流。在 Java 中，文件的管理依靠 File 类，而文件的读写则依靠输入输出流。7.1 节主要介绍了 File 类及其常用方法，想要更好地处理文件，File 类是必须要掌握的。7.2 节讲解了输入输出流的概念及其类的继承关系，同时分类介绍了字节流和字符流及其对应的缓存流。7.3 节项目实战演示了 File 类的具体使用。

输入输出流是 Java 中非常重要的内容，其使用范围比较广泛。例如项目中配置文件的读取、XML 文件的读取和 OFFICE 文件的读取等，都是使用输入输出流进行的。在 Java 的 Web 实际应用中，客户端的浏览器界面与应用服务器之间的交互同样是依靠流的形式进行的。

7.5 课后习题

1. 在 BufferedReader 类中，如果 readLine()读到了文件的末尾，会返回什么？（　　）
   A. 0　　B. -1　　C. null　　D. 空字符串
2. 下面哪一个类可以用来读取文件中的字符？（　　）
   A. FileReader 类　　B. FileWriter 类
   C. FileInputStream 类　　D. InputStreamReader 类
3. 下面哪一个类可以用来读取从键盘输入的数据？（　　）
   A. InputStreamReader 类　　B. Scanner 类
   C. DataInputStream 类　　D. 以上都可以
4. InputStream 类和 BufferedReader 类有什么区别？
5. 请简述字节流和字符流的区别和应用场景。
6. 字节流一定优于字符流吗？缓存类型的流是否一定优于非缓存类型的流呢？
7. 要复制一个文件，应该使用哪种输入输出流？如果要处理文件内容呢？

第8单元
日期和时间

08

情景引入

　　日期和时间的使用在开发中很常见。例如在商品售卖的场景中，我们需要记录商品的生产日期、登记日期等；对于一些程序，我们需要记录程序启动的时间以及运行的总耗时等。Java提供了相关的类，用于日期和时间的处理。本单元主要介绍这些类的使用。学习完本单元后，读者可以通过Java中的类处理程序中日期和时间相关的问题。

学习目标

知识目标
（1）熟悉Date类及其相关方法。
（2）熟悉Calendar类及其相关方法。

能力目标
（1）能够使用Date类和Calendar类处理日期数据。
（2）能够进行日期的格式转换。

素质目标
（1）通过处理日期和时间的计算、显示等任务，培养时间管理与业务逻辑实现能力。
（2）通过项目实战应用日期时间知识，培养将知识应用于实际场景的能力。

思维导图

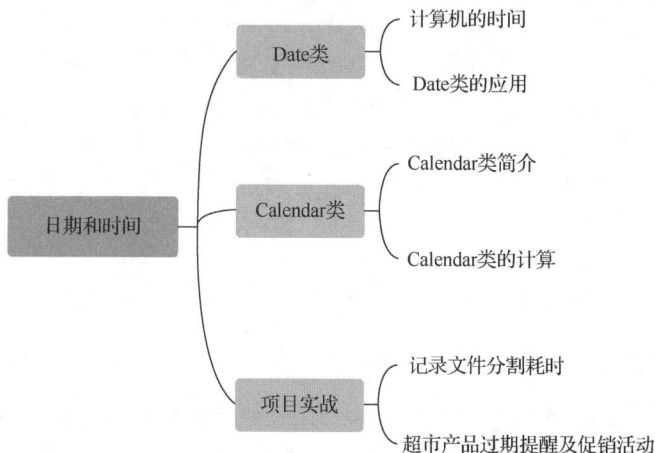

8.1 Date 类

Date 类

出生日期、毕业年月、商品到期日和贷款到期日都是非常重要的数据，与这些日期数据有关的解析和处理方法等都被封装在了 Java 的日期类 Date 中。该类位于 java.util 包中，用于处理与日期有关的大部分操作。

8.1.1 计算机的时间

1970 年 1 月 1 日是 UNIX（Uniplexed Information and Computing Service，分时复用信息计算服务）和 C 语言的生日。美国计算机科学家肯尼斯·蓝·汤普逊使用 B 语言在 PDP（Programmed Data Processor，程序数据处理机）-7 机器上开发出了 UNIX 的一个新版本，随后又与同事丹尼斯·里奇改进了 B 语言，开发出了 C 语言并重写了 UNIX。

当时，计算机系统是 32 位系统。时间若使用 32 位有符号数表示，可以表示 68 年；若用 32 位无符号数表示，可以表示 136 年。当时人们认为可以以 1970 年 1 月 1 日 0 时 0 分 0 秒为时间原点，并在 C 语言的 time()方法中这么应用了。因此，计算机便使用 1970 年 1 月 1 日 0 时 0 分 0 秒作为时间原点，随后的语言也沿用了这种设定。

下面通过任务 8-1 了解当前时间与计算机时间原点。

任务 8-1 当前时间与计算机时间原点

文件 ComputerTimeDemo.java

```java
public class ComputerTimeDemo {

    public static void main(String[] args) throws ParseException {
        Date day = new Date(0);       // 获取时间原点
        long time = System.currentTimeMillis(); // 获取当前时间相较于时间原点的毫秒数
        Date date = new Date(time); // 获取 Date 类型的对象，时间默认为当前时间
        // Date 类型的toLocaleString()方法已经被废弃，不建议使用，但为了演示方便，暂且使用
        System.out.println("当前时间: " + date.toLocaleString());
        System.out.println("计算机时间原点: " + day.toLocaleString());
        long between = date.getTime() - day.getTime();
        System.out.println("系统当前时间与计算机时间原点的毫秒值: " + between);
        System.out.println("当前时间与时间原点的差值与系统获取的当前毫秒值的差值: "
+ (time - between));

    }
}
```

运行结果如图 8-1 所示。

从运行结果不难发现，Java 中的时间原点是 1970 年 1 月 1 日 8 时 0 分 0 秒（细心的读者可能会问为何不是 0 点，这是因为北京在东八区，所以使用北京时间时默认是 8 点）。Java

```
当前时间: 2024年11月27日 09:16:48
计算机时间原点: 1970年1月1日 08:00:00
系统当前时间与计算机时间原点的毫秒值: 1732670208448
当前时间与时间原点的差值与系统获取的当前毫秒值的差值: 0
```

图 8-1 运行结果

中获取系统当前时间毫秒值的方法是 Native()方法，该方法是用 C 语言实现的。

8.1.2 Date 类的应用

Date 类是 Java 程序开发中最常用的类之一。在早期的版本中，该类包含很多辅助方法，这些方法在后来的版本中被废弃。8.1.1 小节中的 toLocaleString()就是这样的方法，这些方法中的一部

分被日期工具类代替。

　　Date 类的无参构造方法通过获取当前系统的毫秒值来初始化一个日期对象，同时 Date 类也提供了一个接受毫秒值的构造函数。无参构造方法就是将系统当前毫秒值传入该构造函数，所以在任务 8-1 中最后的毫秒差值是 0。另外，当传入一个 0 作为参数的时候，返回的是计算机时间原点。SimpleDateFormat 类是用于时间格式化的工具类，它可将日期格式化为字符串，同时也支持将字符串转换为日期对象的方法。

　　下面通过任务 8-2 了解 Date 类的使用。

任务 8-2　Date 类的使用

文件 DateDemo.java

```java
public class DateDemo {

    public static void main(String[] args) {
        Date date = new Date();                   // 获取计算机的当前时间
        SimpleDateFormat sdf = new SimpleDateFormat("yyyy-MM-dd HH:mm:ss");
// 参数是日期的格式
        String dateStr = sdf.format(date);        // 将时间格式化
        System.out.println("格式化输出时间: " + dateStr);

        String dayStr = "1990-01-01 00:00:00";  // 格式化后的日期类型的字符串
        try {
            Date day = sdf.parse(dayStr);        // 将字符串转换成日期类型
            System.out.println("使用格式化的日期字符串创建的日期对象: " + day);
        } catch (ParseException e) {
            e.printStackTrace();
        }

    }
}
```

运行结果如图 8-2 所示。

```
格式化输出时间: 2024-11-27 09:17:39
使用格式化的日期字符串创建的日期对象: Mon Jan 01 00:00:00 CST 1990
```

图 8-2　运行结果

　　Date 类定义了一些简单的初始化构造方法，SimpleDateFormat 类中定义了一些简单的格式化方法，但是日期的使用不仅限于初始化和格式化。当我们要计算当前时间后的第一个星期三的日期时，这些类就显得力不从心了。为了帮助开发者，Java 提供了一个功能强大的类——Calendar 类，它专门用于日期的计算和获取。

8.2　Calendar 类

　　在日常生活中人们常说，今天是几月几日，下个星期五是几月几日。这些功能直接在程序中实现起来有些困难。为了方便开发者开发，Java 提供了 Calendar 类，用于实现这种特定日期计算。

Calendar 类

8.2.1　Calendar 类简介

　　Calendar 类用于进行日期的计算操作，其本身可以由 Date 类来设置需要进行计算的时间原点，同时能快速地转换成 Date 类的对象并输出。因为编程语言中大多以 0 为初始值，所以 Calendar

类中的 1 月对应的数字实际上是 0。由于西方国家认为星期日是一个星期的开始，所以，SUNDAY 对应的数字是 1，而 MONDAY 对应的数字是 2，其他以此类推。

8.2.2 Calendar 类的计算

Calendar 类能够快速进行时间的计算，如基于当前日期计算某天之前或者之后的日期，或者计算某个月的第几个星期几的日期。

下面通过任务 8-3 了解如何使用 Calendar 类进行日期的计算。

任务 8-3 日期的计算

文件 CalendarDemo.java

```java
public class CalendarDemo {

    public static void main(String[] args) {
        Date date = new Date(); // 当前时间对象
        SimpleDateFormat sdf = new SimpleDateFormat("yyyy-MM-dd HH:mm:ss");

        System.out.println("当前时间是: " + sdf.format(date));

        // 初始化一个日历对象
        Calendar cale = Calendar.getInstance();
        System.out.println("当前日历类型是: " + cale.getCalendarType());
        // 将星期一设置为每个星期的第一天
        System.out.println("每个星期的第一天是: " + cale.getFirstDayOfWeek());
        cale.setFirstDayOfWeek(2);
        System.out.println("每个星期的第二天是: " + cale.getFirstDayOfWeek());
        cale.setTime(date);         // 将当前时间设置为日历类的初始计算时间

        // 当前时间 5 天前的时间（在当前域中加上传入的值，正数表示之前，负数表示之后）
        cale.add(Calendar.DAY_OF_YEAR, -5);
        Date day = cale.getTime();
        System.out.println("5 天前的时间是: " + sdf.format(day));

        // 获取每个域的值
        System.out.println("当前年份是: " + cale.get(Calendar.YEAR));
        System.out.println("当前月份是: " + cale.get(Calendar.MONTH));
        System.out.println("当前日是: " + cale.get(Calendar.DATE));

        // 获取各个域的最大值
        System.out.println("本月份的最大天数: " + cale.getActualMaximum
(Calendar.DATE));
        System.out.println("本年份的最大天数: " + cale.getActualMaximum
(Calendar.DAY_OF_YEAR));

        // 将当前月份设置为 2 月（月份从 0 开始）
        cale.set(Calendar.MONTH, 1);
        System.out.println("当前日期是: " + sdf.format(cale.getTime()));
        System.out.println("本月份的最大天数: " + cale.getActualMaximum
(Calendar.DATE));

        System.out.println("今年有多少周: " + cale.getWeeksInWeekYear());
        System.out.println("是否支持周日期: " + (cale.isWeekDateSupported()?"
```

是":"否"));
                }
        }

运行结果如图 8-3 所示。

在 Calendar 类中，add()方法用于在指定的域（年、月、日）中增加日期。这个日期可以是负数，负数表示该日期之前，正数表示该日期之后。set()方法用于设置指定域的值，get()方法用于获取指定域的值，getActualMaximum()方法用于获取当前时间对应的域的最大值，与方法 getActualMinimum()的作用相反。

GregorianCalendar 类是一个公历的实现类，派生自 Calendar 类。Calendar 类的 getInstance()方法返回的实际上就是 GregorianCalendar 类的对象。该类比 Calendar 类多了两个属性：AD 和 BC，它们分别表示公元后和公元前。它还有一个很有用的方法——isLeapYear()方法，该方法用于判断传入的年份是否为闰年。

```
当前时间是：2024-11-27 09:18:39
当前日历类型是：gregory
每个星期的第一天是：2
每个星期的第二天是：2
5天前的时间是：2024-11-22 09:18:39
当前年份是：2024
当前月份是：10
当前日是：22
本月份的最大天数：30
本年份的最大天数：366
当前日期是：2024-02-22 09:18:39
本月份的最大天数：29
今年有多少周：52
是否支持周日期：是
```

图 8-3 运行结果

下面通过任务 8-4 了解如何使用 Calendar 类进行日历的计算。

任务 8-4 日历

文件 MonthlyCalendarDemo.java

```java
public class MonthlyCalendarDemo {

    // 每个星期的星期几
    static final String[] weekDays = {"星期日", "星期一", "星期二", "星期三", "星期四", "星期五", "星期六"};

    public static void main(String[] args) {
        Scanner scan = new Scanner(System.in); // 获取从标准输入中读取数据的 Scanner 对象
        int counter = 0;

        System.out.println("请输入年份：");
        int year = scan.nextInt();
        System.out.println("请输入月份：");
        int month = scan.nextInt() - 1;    // 获取月份

        // 以指定的年份、月份和该月的第一天作为参数创建对象
        GregorianCalendar gCale = new GregorianCalendar(year, month, 1);
        // 获取当前月份的总天数
        int totalDay = gCale.getActualMaximum(Calendar.DAY_OF_MONTH);
        int startWeekDay = gCale.get(Calendar.DAY_OF_WEEK) - 1;

        for (String weekDay : weekDays) {
            System.out.print(weekDay + "   "); // 3 个空格
        }
        System.out.println();                      // 换行
        for (counter = 0 ; counter < startWeekDay ; counter++) {
            System.out.print("       ");         // 7 个空格
        }
        for (int day = 1 ; day <= totalDay ; day++) {
            System.out.printf("  %2d ", day);
            counter++;
            if(counter % 7 == 0) {
```

```
                    System.out.println();              // 换行
                }
            }
        }

    }
```

运行结果如图 8-4 所示。

```
请输入年份：
1993
请输入月份：
4
星期日      星期一      星期二      星期三      星期四      星期五      星期六
                                                  1          2          3
   4          5          6          7          8          9         10
  11         12         13         14         15         16         17
  18         19         20         21         22         23         24
  25         26         27         28         29         30
```

图 8-4　运行结果

Calendar 类中还有一些与时区和本地化有关的方法，对这些方法感兴趣的读者可以参考 Java 官方的 API 文档学习。

8.3　项目实战

项目实战

项目 8-1　记录文件分割耗时

在第 7 单元项目实战中的 InputSplit 类的基础上，我们可以获取当前时间相较于时间原点的毫秒数，并通过差值计算分割输入文件耗费的时间，具体如下。

文件 InputSplit.java

```
public List<String> split(long blockSize) {
    long startTime = System.currentTimeMillis(); // 在起始位置获取当前时间相较于时
间原点的毫秒数
    List<String> files = new ArrayList<>();
    int seq = 0;
    try (
        BufferedReader br = Files.newBufferedReader(Paths.get(inputFile),
StandardCharsets.UTF_8)) {
        long size = 0L;
        String line;
        Path filePath = getFilePath(seq);
        BufferedWriter bw = Files.newBufferedWriter(filePath,
StandardCharsets.UTF_8);
        files.add(filePath.toString());
        bw.write(String.valueOf(seq));
        bw.newLine();
        while ((line = br.readLine()) != null) {
          bw.write(line);
          bw.newLine();
          size += line.getBytes(StandardCharsets.UTF_8).length;
          if (size >= blockSize) {
              bw.close();
              ++seq;
              filePath = getFilePath(seq);
```

```
        bw = Files.newBufferedWriter(filePath, StandardCharsets.UTF_8);
        bw.write(String.valueOf(seq));
        bw.newLine();
        files.add(filePath.toString());
        size = 0L;
      }
    }
  } catch (Exception e) {
    e.printStackTrace();
  }
  // 再次获取当前时间，通过差值输出分割文件耗费的总时间
  System.out.println(
      String.format("split input file cost time:[%d]ms", System.
currentTimeMillis() - startTime));
  return files;
}
```

项目 8-2   超市产品过期提醒及促销活动

本项目编写一个产品过期提醒的程序，能够自动根据促销要求在适当的时候举行促销活动，并在产品过期前 10 天提醒产品即将过期。产品的过期时间由产品的生产日期及保质期来确定。程序需要正确地计算产品的到期日期，并且根据到期日期来举行促销活动和进行过期提醒。

实现代码如下所示。

文件 MaturePromotionDemo.java

```
public class MaturePromotionDemo {

    public static void main(String[] args) throws ParseException {
        Scanner scan = new Scanner(System.in);
        System.out.println("请输入当前日期，格式为 yyyy-MM-dd:");
        String current = scan.nextLine();

        // 假设产品的到期日期是 2018 年 3 月 1 号
        String matureDate = "2018-03-01";
        // 设定日期的格式是 yyyy-MM-dd，与 matureDate 的格式一样
        SimpleDateFormat sdf = new SimpleDateFormat("yyyy-MM-dd");
        Date day = sdf.parse(current);  // 获取当前日期，判断是否需要举行促销活动
或进行过期提醒

        Calendar caleMature = Calendar.getInstance();
        caleMature.setTime(sdf.parse(matureDate)); // 获取到期日期的日历类型

        // 复制一份副本
        Calendar caleNearMature = (Calendar) caleMature.clone();

        Calendar caleCurr = Calendar.getInstance();
        caleCurr.setTime(day);            // 获取当前日期的日历类型

        // 将日期设置为到期日期的前 10 天
        caleNearMature.add(Calendar.DAY_OF_MONTH, -10);

        System.out.println("到期日期是: " + caleMature.getTime());
        System.out.println("提醒日期是: " + caleNearMature.getTime());
        System.out.println("当前日期是: " + caleCurr.getTime());
```

159

```
                    // 判断当前日期是否是过期前 10 天之前
        if (caleCurr.before(caleNearMature)) {
                    // 到期日期前 10 天的第一个星期二开始促销
            caleNearMature.add(Calendar.DAY_OF_MONTH, -7);
            caleNearMature.set(Calendar.DAY_OF_WEEK, Calendar.THURSDAY);
            System.out.println("促销开始日期是: " + caleNearMature.getTime());
            if (caleCurr.before(caleNearMature)) {
                    System.out.println("还未到促销时间! ");
            } else {
                    System.out.println("促销活动已经开始! ");
            }

        } else {
            if (caleCurr.after(caleMature)) {
                    System.out.println("产品保质期已过! ");
            } else {
                    long between = caleCurr.compareTo(caleMature);
                    int days = (int) (between/1000/3600/24);
                    if (0 == days) {
                            System.out.println("产品保质期已到! ");
                    } else {
                            System.out.println("产品保质期在" + days + "天后到期! ");
                    }
            }
        }
        scan.close(); // 关闭流
    }
}
```

任务运行结果如图 8-5～图 8-8 所示，根据输入的当前时间判断产品是否过期。

```
<terminated> MaturePromotionDemo [Java Application] C:\Progra
请输入当前日期，格式为yyyy-MM-dd:
2018-2-14
到期日期是: Thu Mar 01 00:00:00 CST 2018
提醒日期是: Mon Feb 19 00:00:00 CST 2018
当前日期是: Wed Feb 14 00:00:00 CST 2018
促销开始日期是: Thu Feb 15 00:00:00 CST 2018
还未到促销时间!
```

图 8-5　未到促销时间

```
<terminated> MaturePromotionDemo [Java Application] C:\Progran
请输入当前日期，格式为yyyy-MM-dd:
2018-2-15
到期日期是: Thu Mar 01 00:00:00 CST 2018
提醒日期是: Mon Feb 19 00:00:00 CST 2018
当前日期是: Thu Feb 15 00:00:00 CST 2018
促销开始日期是: Thu Feb 15 00:00:00 CST 2018
促销活动已经开始!
```

图 8-6　促销活动已经开始

```
<terminated> MaturePromotionDemo [Java Application] C:\P
请输入当前日期，格式为yyyy-MM-dd:
2018-3-1
到期日期是: Thu Mar 01 00:00:00 CST 2018
提醒日期是: Mon Feb 19 00:00:00 CST 2018
当前日期是: Thu Mar 01 00:00:00 CST 2018
产品保质期已到!
```

图 8-7　产品保质期已到

```
<terminated> MaturePromotionDemo [Java Application] C:\Progra
请输入当前日期，格式为yyyy-MM-dd:
2018-3-2
到期日期是: Thu Mar 01 00:00:00 CST 2018
提醒日期是: Mon Feb 19 00:00:00 CST 2018
当前日期是: Fri Mar 02 00:00:00 CST 2018
产品保质期已过!
```

图 8-8　产品保质期已过

8.4　单元小结

本单元着重讲解了日期类 Date 和日历类 Calendar。8.1 节介绍了 Date 类的使用，包括日期的格式化。8.2 节介绍了 Calendar 类和常用的日期计算方法。8.3 节通过项目实战演示了如何在具体的场景中使用 Date 类和 Calendar 类。

日期相关的处理在编程中比较常见，一般都会涉及日期和字符串之间的转换以及日期的计算，读者应该熟练掌握日期相关类的操作。

8.5 课后习题

1. 如果 date 是 2022 年 12 月 1 日 20:25,以下代码的输出结果是什么?(　　　)

```
class Formatter {
public static void main ( String args[])
 {
    Date date = new Date();
    simpleDateFormat form = new simpleDateFormat("dd:ss;yyyy");
    System.out.println(form.format(date));
 }
}
```

　　A. 25:20;2022　　　B. 2022:20;25　　　C. 2022:25:20　　　D. 编译错误

2. 下面哪个包不是用来处理日期和时间的?(　　　)

　　A. java.time.Month

　　B. java.string.lang

　　C. java.time.Period

　　D. java.time.LocalDate

3. 如果不使用 SimpleDateFormat 类,仅使用 Calendar 类,该如何格式化日期?

4. 编写程序,使用日期类相关方法,计算一个人的出生日期距离当前日期有多少年? 如果以天为单位,距离当前日期有多少天?

第9单元
反射、异常及枚举

09

情景引入

开发过程中可能会遇到在编译阶段并不能获取类的完整信息的情况，这种情况在框架开发中比较常见。例如，配置Spring的XML文件时，在开发阶段并不知道需要配置什么样的类。针对这种情况，Java提供了反射机制，可以在运行时动态获取类的Class实例、方法、属性等信息。异常机制是Java中一个很受欢迎的机制。利用异常机制，开发者可以捕获异常，并根据特定的异常进行特定的处理。例如，我们在使用软件或者浏览网页的时候，经常会遇到出错提示，针对不同的错误会有不同的提示。同时，开发者可以通过异常信息快速确定异常的类型和位置，快速处理程序异常。另外，在开发过程中，我们通常希望将数据限定在固定的取值范围内，如将week的取值限制在周一到周日。对此，Java提供了枚举类型，用于限制数据的取值范围。通过对本单元的学习，读者将了解反射机制，能够处理程序出现的异常，同时掌握枚举的使用。

学习目标

知识目标
（1）了解反射的机制和实现。
（2）熟悉异常的概念和处理方法。
（3）熟悉枚举的使用。

能力目标
（1）能够理解反射机制相关代码的功能。
（2）能够捕捉程序中的异常并进行处理。
（3）能够使用枚举定义固定数量的值。

素质目标
（1）通过反射机制的学习与应用，培养代码动态扩展与灵活设计能力。
（2）通过异常处理和自定义异常实践，培养程序健壮性设计与问题应对能力。

思维导图

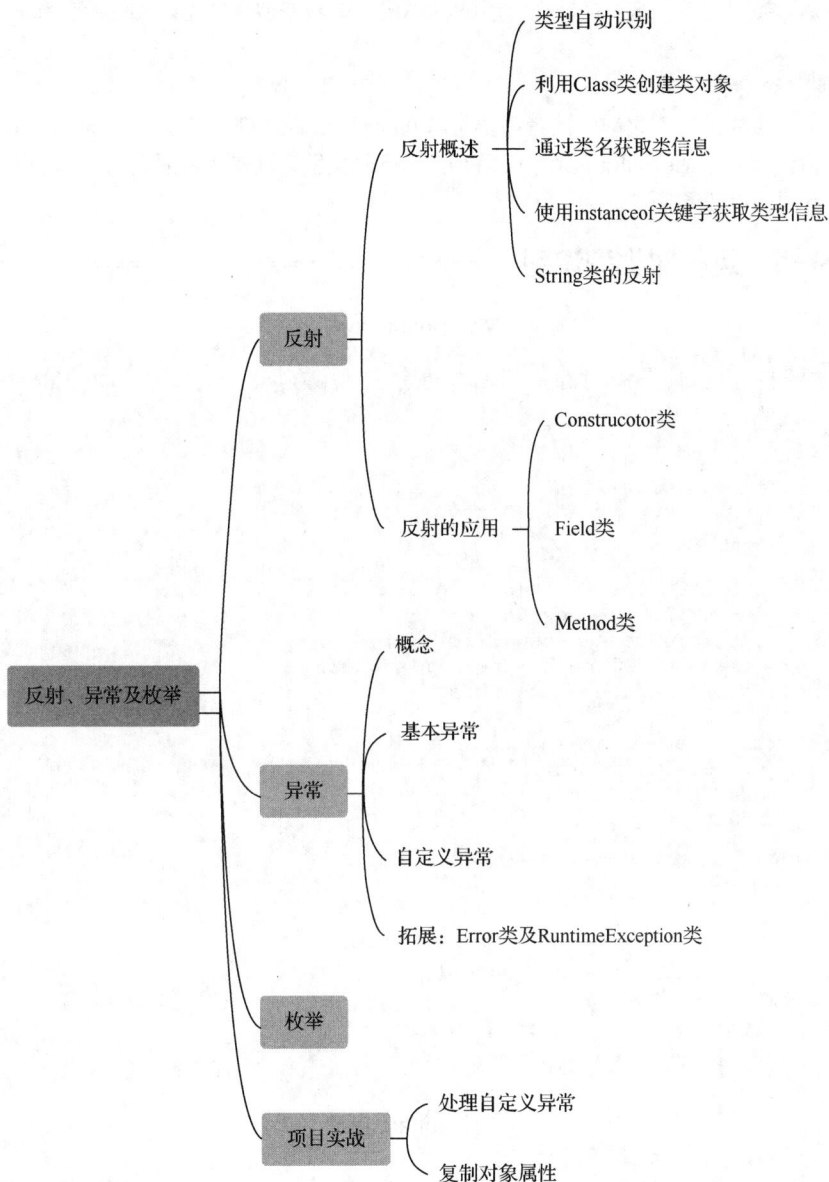

　　反射（Reflection）是 Java 程序设计语言的特征之一，它允许 Java 在运行时添加新的类或创建指定类的对象，并将属性值动态地赋给对象。

9.1.1 反射概述

　　反射允许运行中的 Java 程序对自身进行检查，并能直接操作程序的内部属性。例如，使用它能获取 Java 类中各成员的名称，并将名称显示出来。

反射

Java 的反射被大量应用于 JavaBeans 中。利用反射，Java 可以支持 RAD（Rapid Application Development，快速应用程序开发）工具。在设计或运行中添加新类时，应用 RAD 工具，能够动态地查询新添加类的功能。这一特性在一般的程序设计语言中很少使用，但在架构和基础组件设计中不可或缺。

1. 类型自动识别

在熟悉 Java 中的反射之前，读者需要了解面向对象编程中的一个重要概念——运行时类型识别（Run-Time Type Identification，RTTI）。运行时类型识别是所有面向对象编程语言都必须提供的功能。下面请看任务 9-1。

任务 9-1　运行时类型识别

文件 Shape.java

```java
public class Shape {
    public static void drawShape(Shape shape){
        shape.draw();
    }

    public void draw(){
        System.out.println("draw shape!");
    }

    public static void main(String[] args) {
        Shape shape = new Shape();
        Circle circle = new Circle();
        Triangle triangle = new Triangle();
        Square square = new Square();

        drawShape(shape);
        drawShape(circle);
        drawShape(triangle);
        drawShape(square);

    }
}
```

文件 Circle.java

```java
public class Circle extends Shape {
    public void draw(){
        System.out.println("draw circle! ");
    }
}
```

文件 Square.java

```java
public class Square extends Shape {
    public void draw(){
        System.out.println("draw square! ");
    }
}
```

文件 Triangle.java

```java
public class Triangle extends Shape {
    public void draw(){
        System.out.println("draw triangle! ");
    }
}
```

运行结果如图 9-1 所示。

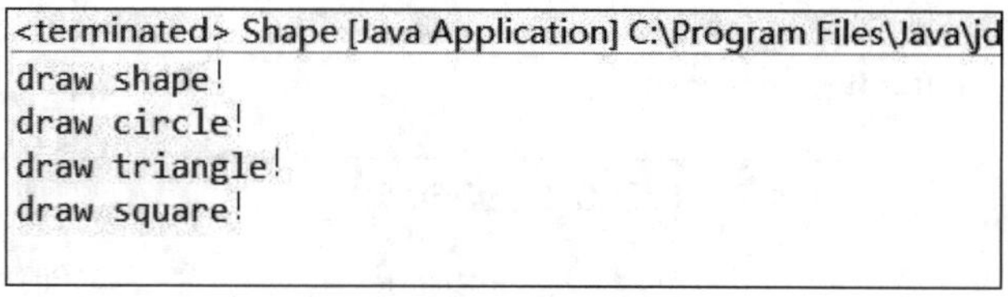

```
<terminated> Shape [Java Application] C:\Program Files\Java\jd
draw shape!
draw circle!
draw triangle!
draw square!
```

图 9-1　运行结果

从任务 9-1 可以看出，drawShape()实际上会执行 4 种不同的方法，它会根据实际执行时 shape 对象的真正类型来决定调用哪种方法。这个特性被称为运行时多态。如果想要对圆形进行着色，那么程序就需要知道每个类型的准确信息，此时就需要使用运行时类型识别技术，用它来查询某个 shape 对象的准确类型。那么，如何确定某个对象的类型到底是什么呢？

运行时类型识别的类型识别功能是基于 Class 类的。Class 是一个特殊形式的对象，其中包含与类相关的信息。在 Java 中，任何一个作为程序一部分的类都是一个 Class 对象。换言之，每次写一个新类时，同时会创建一个 Class 对象。在程序运行期间，一旦程序员想要生成某个类的对象，JVM 会先检查该类型的 Class 对象是否载入。若未载入，则 JVM 会查找与该类型同名的.class 文件并将其载入。一旦该类型的 Class 对象载入内存，就可以使用它创建该类型的对象。当然，未使用的 Class 对象是不会载入的。这一点，Java 与许多传统编程语言都不同。

2. 利用 Class 类创建类对象

Class 类中提供了很多方法，其中 forName()就是用来加载一个类的。使用该方法时可以不必使用 new 关键字来创建对象，如任务 9-2 所示。

任务 9-2　利用 Class 类创建类对象

文件 DemoClass.java
```java
public class DemoClass {

    static {
        System.out.println("This is DemoClass!");
    }

    public static void main(String[] args) {
        System.out.println("DemoClass is Running...");
    }
}
```

文件 TestClass.java
```java
public class TestClass {

    public static void main(String[] args) {
        System.out.println("Before Loading ...");

        try {
            Class demoClass = Class.forName("chapter9.classdemo.DemoClass");
        } catch (ClassNotFoundException e) {
            e.printStackTrace();
        }

        System.out.println("Loading complete!");
    }
}
```

运行结果如图 9-2 所示。

```
<terminated> TestClass [Java Application] C:\Program Files\Java\j
Before Loading ...
This is DemoClass!
Loading complete!
```

图 9-2　运行结果

从程序的输出结果来看，通过 Class 类创建对象和使用 new 关键字创建对象似乎没有不同。但实际上两者差别很大：首先，如果 DemoClass 对象不存在，使用 new 关键字创建对象就会因为编译器的静态检查不同而无法通过编译；但使用 forName()方法的创建方式是动态加载的，即使 DemoClass 类不存在，还是能够通过编译，只是在运行时会因找不到该类而抛出异常。其次，使用 new 关键字可以直接创建 DemoClass 类型的对象，而使用 forName()方法则只能创建 Class 类型的对象。也就是说，使用 forName()方法创建的对象，无法直接使用 DemoClass 中的方法。所以，forName()方法多在加载驱动程序的情况下使用。如果需要使用 DemoClass 对象的方法，则一般会使用反射，反射的使用将在 9.1.2 小节中讲解。

需要注意的是，使用 forName()方法时，其参数必须是需要创建对象的全路径，即包路径加上类名，否则会找不到相应的类而引发异常。

3. 通过类名获取类信息

那么，现在获取到了对象的 Class 对象，应该怎样判断它的类型呢？最简单直接的方式之一是将获取到的类名与特定类名进行比较，如任务 9-3 所示。

任务 9-3　通过类名获取类信息

文件 ShapeDemo1.java

```
public class ShapeDemo1 {
     public static void drawShape(Shape shape){
          shape.draw();
     }

     public void draw(){
          System.out.println("draw shape!");
     }

     public static void showMsg(Shape shape) {
          Class c = shape.getClass();
          System.out.println("类名是: " + c.getName());
          if (c.getName().endsWith("Shape")) {
                System.out.println("This is Shape!");
          }
          if (c.getName().endsWith("Circle")) {
               System.out.println("This is Circle!");
          }
          if (c.getName().endsWith("Triangle")) {
                System.out.println("This is Triangle!");
          }
          if (c.getName().endsWith("Square")) {
                System.out.println("This is Square!");
          }

     }

     public static void main(String[] args) {
          Shape shape = new Shape();
          Circle circle = new Circle();
          Triangle triangle = new Triangle();
```

```
            Square square = new Square();

            showMsg(shape);
            showMsg(circle);
            showMsg(triangle);
            showMsg(square);
    }
}
```

运行结果如图 9-3 所示。

```
<terminated> Shape [Java Application] C:\Program Files\Java\jdk1.8.0_111\bin\java
类名是：chapter9.rttidemo.Shape
This is Shape!
类名是：chapter9.rttidemo.Circle
This is Circle!
类名是：chapter9.rttidemo.Triangle
This is Triangle!
类名是：chapter9.rttidemo.Square
This is Square!
```

图 9-3　运行结果

任务 9-3 在 Shape.java 的基础上新增了方法 showMsg()，它需传入一个 Shape 类型的参数。其中斜体部分是本次修改的内容。使用 Class 类的 getClass()方法可以获取类的信息，通过 getName()方法可以获取类的全路径，使用 endsWith()方法可以对类进行判断，从而获取类型信息。但这种判断方式的效率比较低，通常会使用类标记的方式进行判断。

在 Java 中，类标记判断方式的语法格式是：

```
Class c = Class.forName("classA");
Boolean b = ( c == T.class); // T 代表任意的 Java 类型
```

使用 Java 提供的类标记，可以将 ShapeDemo1 对象的 showMsg()方法略微修改，如下所示：

```
if (c == Shape.class) {
        System.out.println("This is Shape!");
}
if (c == Circle.class) {
        System.out.println("This is Circle!");
}
if (c == Triangle.class) {
        System.out.println("This is Triangle!");
}
if (c == Square.class) {
        System.out.println("This is Square!");
}
```

4. 使用 instanceof 关键字获取类型信息

这种方式比使用 getName()方法的方式简单一些，而且效率更高。不过，这样仍需产生一个 Class 对象。Java 还提供了一个更加简单的方式，即使用 instanceof 关键字，如任务 9-4 所示。

任务 9-4　使用 instanceof 关键字获取类型信息

文件 ShapeDemo2.java

```
public class ShapeDemo2 {
    public static void drawShape(Shape shape){
        shape.draw();
    }

    public void draw(){
        System.out.println("draw shape!");
    }

    public static void showMsg(Shape shape) {
```

```
        if (shape instanceof Circle) {
            System.out.println("This is Circle!");
            return;
        }
        if (shape instanceof Triangle) {
            System.out.println("This is Triangle!");
            return;
        }
        if (shape instanceof Square ) {
            System.out.println("This is Square!");
            return;
        }
        if (shape instanceof Shape) {
            System.out.println("This is Shape!");
            return;
        }

    }

    public static void main(String[] args) {
        Shape shape = new Shape();
        Circle circle = new Circle();
        Triangle triangle = new Triangle();
        Square square = new Square();

        showMsg(shape);
        showMsg(circle);
        showMsg(triangle);
        showMsg(square);
    }
}
```

运行结果如图 9-4 所示。

instanceof 关键字是专门用于对类型进行匹配的，其语法格式是：

```
obj instanceof T; // T 表示任意的 Java 类型
```

```
<terminated> ShapeDemo2 [Java Application] C:\Program F
This is Shape!
This is Circle!
This is Triangle!
This is Square!
```

图 9-4　运行结果

虽然使用 instanceof 关键字很简单，但它也有缺点，那就是 instanceof 关键字只对类型进行判断，无法获取对象的其他属性信息。在某些复杂场景下，instanceof 关键字的单一性功能非常有限，不如其他方式有效。具体的使用，读者可以根据具体情况决定。

5. String 类的反射

了解了运行时类型识别，Java 的反射就很好理解了。Java 的反射就是利用 Class 类来进行一系列的操作，相较于运行时类型识别的简单载入功能，Java 的反射可以做更多的事情。为了理解反射能做什么，下面给出一个简单的反射任务，如任务 9-5 所示。

任务 9-5　String 类的反射

文件 SimpleReflDemo.java

```
public class SimpleReflDemo {

    public static void main(String[] args) {
        try {
            Class c = Class.forName("java.lang.String");
            Method[] ms = c.getDeclaredMethods(); // 获取类中声明的方法
            for (Method m : ms) {
                System.out.println(m);
```

```
            }
        } catch (ClassNotFoundException e) {
            e.printStackTrace();
        }
    }
}
```

运行结果如图 9-5 所示。

```
<terminated> SimpleReflDemo [Java Application] C:\Program Files\Java\jdk1.8.0_111\bin\javaw.e
public boolean java.lang.String.equals(java.lang.Object)
public java.lang.String java.lang.String.toString()
public int java.lang.String.hashCode()
public int java.lang.String.compareTo(java.lang.String)
public int java.lang.String.compareTo(java.lang.Object)
public int java.lang.String.indexOf(java.lang.String,int)
public int java.lang.String.indexOf(java.lang.String)
public int java.lang.String.indexOf(int,int)
public int java.lang.String.indexOf(int)
static int java.lang.String.indexOf(char[],int,int,char[],int,int,int)
static int java.lang.String.indexOf(char[],int,int,java.lang.String,int)
public static java.lang.String java.lang.String.valueOf(int)
public static java.lang.String java.lang.String.valueOf(long)
public static java.lang.String java.lang.String.valueOf(float)
public static java.lang.String java.lang.String.valueOf(boolean)
```

图 9-5　运行结果

9.1.2　反射的应用

反射应用最广泛的场景之一是依赖注入，这在 Spring 中非常实用。在一些基础构架中，反射是被应用得最普遍的 Java 技术之一。

Java 中与反射有关的类都放在 java.lang.reflect 包中，其中有 3 个类较为重要，即 Field、Method 和 Constructor，它们分别用来描述类的成员属性（域）、方法和构造方法。这 3 个类都有 getName()方法，可以用于返回各自对应条目的名称。

1. Constructor 类

下面通过任务 9-6 了解如何获取类的构造方法。

任务 9-6　获取类的构造方法

文件 ConstructorDemo.java

```java
public class ConstructorDemo {
    public ConstructorDemo(){

    }

    public ConstructorDemo(int a , String str) {

    }

    public static void main(String[] args) {
        try {
            Class cla = Class.forName("chapter9.reflection.ConstructorDemo");
            // 获取构造方法
            Constructor[] constrs = cla.getDeclaredConstructors ();
            for (Constructor c : constrs) {
                System.out.println("\n 开始输出一个新的构造方法: ");
                System.out.println(" name = " + c.getName());
                System.out.println(" desclaring class = " +
c.getDeclaringClass());

                // 获取参数类型
                Class[] paramsT = c.getParameterTypes();
```

```
                        System.out.print(" param ");
                        for(Class p : paramsT) {
                                System.out.print(" " + p);
                        }

                        // 获取异常类型
                        Class[] exceptions = c.getExceptionTypes();
                        System.out.print("\n exception ");
                        for (Class e : exceptions) {
                                System.out.print(" " + e);
                        }
                }
        } catch (ClassNotFoundException e) {
                e.printStackTrace();
        }
    }
}
```

运行结果如图9-6所示。

有时候需要获取构造方法的信息，则可使用getDeclaredConstructors()方法来实现。因为构造函数没有返回值类型，所以 Constructor 类中没有 getReturnType()方法。

获取类的构造函数就是为了使用构造方法创建对象，其构造函数的实现使用 newInstance()方法，而且它不需要返回值。下面通过任务 9-7 了解如何使用反射创建一个类的对象。

```
<terminated> ConstructorDemo [Java Application] C:\Program Files\Java\jdk1.8.
开始输出一个新的构造方法:
 name = chapter9.reflection.ConstructorDemo
 desclaring class = class chapter9.reflection.ConstructorDemo
 param
 exception
开始输出一个新的构造方法:
 name = chapter9.reflection.ConstructorDemo
 desclaring class = class chapter9.reflection.ConstructorDemo
 param  int class java.lang.String
 exception
```

图 9-6　运行结果

任务 9-7　使用反射创建一个类的对象

文件 ConstructorDemo1.java

```java
import java.lang.reflect.Constructor;
import java.lang.reflect.InvocationTargetException;

public class ConstructorDemo1 {
    public ConstructorDemo1(){
        System.out.println("无参构造函数构造完成！");
    }

    public ConstructorDemo1(int a, int b) {
        System.out.println("有参构造函数构造完成，传入参数: a = " + a + ", b = " + b);
    }

    public static void main(String[] args) {
        try {
            Class cla = Class.forName("chapter9.reflection.ConstructorDemo1");
            // 获取构造方法

            Class[] paramTypes = new Class[2];
            paramTypes[0] = Integer.TYPE;
            paramTypes[1] = Integer.TYPE;

            Constructor c = cla.getConstructor(paramTypes);

            Object[] params = new Object[2];
            params[0] = new Integer(12);
            params[1] = new Integer(21);
```

```
                Object obj = c.newInstance(params);

        } catch (ClassNotFoundException e) {
            e.printStackTrace();
        } catch (NoSuchMethodException e) {
            e.printStackTrace();
        } catch (SecurityException e) {
            e.printStackTrace();
        } catch (InstantiationException e) {
            e.printStackTrace();
        } catch (IllegalAccessException e) {
            e.printStackTrace();
        } catch (IllegalArgumentException e) {
            e.printStackTrace();
        } catch (InvocationTargetException e) {
            e.printStackTrace();
        }
    }
}
```

运行结果如图 9-7 所示。

```
<terminated> ConstructorDemo1 [Java Application] C:\Program F
有参构造函数构造完成，传入参数：a = 12, b = 21
```

图 9-7　运行结果

实际的反射应用场景会比以上复杂，因为可能只知道类名，但不知道参数列表的参数类型和个数。此时就需要对参数列表进行判断和组装，对应的参数列表也需要动态地创建和组装。这是反射中比较复杂的内容，有兴趣的读者可以查阅对应的文档资料进行学习，此处不再赘述。

2. Field 类

Java 类一般都会有构造函数、成员属性和成员方法。在一些情况下，需要查看类的成员属性，如任务 9-8 所示。

任务 9-8　查看类的成员属性

文件 FieldDemo.java

```
import java.lang.reflect.Field;
import java.lang.reflect.Modifier;

public class FieldDemo {
    public int age ;
    public String name;
    public String gender;

    public static void main(String[] args) {
        try {
            Class cla = Class.forName("chapter9.reflection.FieldDemo");
            Field[] fields = cla.getDeclaredFields();
            for (Field f : fields) {
                System.out.println("开始展示一个属性: ");
                // 获取属性名
                System.out.println(" name = " + f.getName());
                // 获取声明的类
                System.out.println(" decl = " + f.getDeclaringClass());
                // 获取声明的数据类型
                System.out.println(" type = " + f.getType());
```

```
                                    // 显示访问修饰符
                                    int modifier = f.getModifiers();
                                    System.out.println(" modifiers = " + Modifier.toString
(modifier));
                            }
                    } catch (ClassNotFoundException e) {
                        e.printStackTrace();
                    }
            }

    }
```

运行结果如图 9-8 所示。

获取成员属性的方式与获取构造方法的方式类似，此处多使用了一个新类：Modifier。它也是一个反射类，用来描述字段的访问修饰符，如 public 和 private 等。这些访问修饰符本身使用整型描述，使用 toString()方法会返回以 Java 官方顺序排列的字符串，如 static 会在 final 前面，而 static 又会在访问修饰符后面。

成员变量也可以修改，运行时可根据名称找到对象的成员变量并修改，其程序实际上是比较简单的，如任务 9-9 所示。

```
<terminated> FieldDemo [Java Application] C:\Program Files\Java\jdk
开始展示一个属性：
  name = age
  decl = class chapter9.reflection.FieldDemo
  type = int
  modifiers = public
开始展示一个属性：
  name = name
  decl = class chapter9.reflection.FieldDemo
  type = class java.lang.String
  modifiers = public
开始展示一个属性：
  name = gender
  decl = class chapter9.reflection.FieldDemo
  type = class java.lang.String
  modifiers = public
```

图 9-8   运行结果

任务 9-9   改变成员变量的值

文件 FieldDemo1.java

```java
import java.lang.reflect.Field;

public class FieldDemo1 {
    public int age ;
    public String name;
    public String gender;

    public static void main(String[] args) {
        try {
            Class cla = Class.forName("chapter9.reflection.FieldDemo1");
            // 根据成员变量的名称获取成员变量
            Field f = cla.getField("gender");

            // 获取 gender 的值
            FieldDemo1 demo = new FieldDemo1();
            System.out.println("gender = " + demo.gender);

            // 修改 gender 的值
            f.set(demo, "F");
            System.out.println("gender = " + demo.gender);

        } catch (ClassNotFoundException e) {
            e.printStackTrace();
        } catch (NoSuchFieldException e) {
            e.printStackTrace();
        } catch (SecurityException e) {
            e.printStackTrace();
        } catch (IllegalArgumentException e) {
            e.printStackTrace();
```

```
        } catch (IllegalAccessException e) {
            e.printStackTrace();
        }
    }

}
```

运行结果如图 9-9 所示。

```
<terminated> FieldDemo1 [Java Application] C:\Program Files
gender = null
gender = F
```

图 9-9　运行结果

成员属性的修改非常简单，基本类型都有对应的设置方法，完成之后设置就会生效。但是需要先创建一个相应类型的对象，用于接收修改后的值。

3. Method 类

Java 还提供了对成员方法的获取。成员方法的获取方式同构造函数、成员属性一样，都通过 Class 对象获取。下面通过任务 9-10 了解如何获取类的成员方法。

任务 9-10　获取类的成员方法

文件 MethodDemo.java

```java
import java.lang.reflect.Method;

public class MethodDemo {
    private int age;
    private String name;

    public int getAge() {
        return age;
    }

    public void setAge(int age) {
        this.age = age;
    }

    public String getName() {
        return name;
    }

    public void setName(String name) {
        this.name = name;
    }

    public static void main(String[] args) {
        try {
            Class cla = Class.forName("chapter9.reflection.MethodDemo");

            // 获取方法列表
            Method[] methods = cla.getDeclaredMethods();

            for (Method m : methods) {
                System.out.println("\n开始输出一个成员方法的信息: ");

                // 输出方法名称
                System.out.println(" name = " + m.getName());
                System.out.println(" decl = " + m.getDeclaringClass());
```

```
                            // 输出参数类型
                            Class[] paramTypes = m.getParameterTypes();
                            System.out.print(" params ");
                            for (Class c : paramTypes) {
                                System.out.print(" - " + c);
                            }

                            // 显示方法抛出的异常
                            Class[] exceps = m.getExceptionTypes();
                            System.out.print("\n expcetions ");
                            for (Class e : exceps) {
                                System.out.print(" - " + e);
                            }
                        }

                } catch (ClassNotFoundException e) {
                        e.printStackTrace();
                }catch (SecurityException e) {
                        e.printStackTrace();
                } catch (IllegalArgumentException e) {
                        e.printStackTrace();
                }
        }
}
```

运行结果如图 9-10 所示。

```
<terminated> MethodDemo [Java Application] C:\Program Files\Java\jdk1.8.
开始输出一个成员方法的信息：
 name = main
 decl = class chapter9.reflection.MethodDemo
 params  - class [Ljava.lang.String;
 expcetions
开始输出一个成员方法的信息：
 name = getName
 decl = class chapter9.reflection.MethodDemo
 params
 expcetions
开始输出一个成员方法的信息：
 name = setName
 decl = class chapter9.reflection.MethodDemo
 params  - class java.lang.String
 expcetions
开始输出一个成员方法的信息：
 name = getAge
```

图 9-10 运行结果

需要注意的是，getDeclaredMethods()方法并不能获取父类的方法，这可以使用 getMethods()方法来实现。但是 getMethods()方法只能获取所有的 public 类型的方法。

获取类的成员方法之后可以根据方法名称来调用成员方法，如任务 9-11 所示。

任务9-11　调用类的成员方法

文件 MethodDemo1.java

```
import java.lang.reflect.InvocationTargetException;
import java.lang.reflect.Method;

public class MethodDemo1 {
    private int age;
    private String name;

    public int getAge() {
```

```java
            return age;
        }

        public void setAge(int age) {
            this.age = age;
        }

        public String getName() {
            return name;
        }

        public void setName(String name) {
            this.name = name;
        }

        public static void main(String[] args) {
            try {
                Class cla = Class.forName("chapter9.reflection.MethodDemo1");

                // 获取 setName() 方法
                Method m1 = cla.getMethod("setName", String.class);
                Method m2 = cla.getMethod("getName", null);

                // 使用无参构造函数创建一个 cla 类的对象
                Object obj = cla.newInstance();

                // 使用 invokde() 方法调用类的 setName() 方法，并使用其类对象接收执行结果
                m1.invoke(obj, "MyName");
                Object reValue = m2.invoke(obj, null);

                System.out.println("name = " + reValue);

            } catch (ClassNotFoundException e) {
                e.printStackTrace();
            }catch (SecurityException e) {
                e.printStackTrace();
            } catch (IllegalArgumentException e) {
                e.printStackTrace();
            } catch (NoSuchMethodException e) {
                e.printStackTrace();
            } catch (InstantiationException e) {
                e.printStackTrace();
            } catch (IllegalAccessException e) {
                e.printStackTrace();
            } catch (InvocationTargetException e) {
                e.printStackTrace();
            }
        }
    }
```

运行结果如图 9-11 所示。

本任务中调用了两个方法。首先，因为 Java 类会在类中没有声明构造方法的时候自动创建一个无参构造函数，所以先使用 newInstance() 方法创建一个相应类型的对象；其次，因为本任务

```
<terminated> MethodDemo1 [Java Applic
name = MyName
```

图 9-11　运行结果

调用了两个方法，所以使用 Class 类的 getMethod() 方法分别获取了 setName() 方法和 getName() 方法；最后，调用 setName() 方法给类的 name 成员属性赋值为 "MyName"，并使用 getName() 方法获取该值。

Java 反射的本质就是在程序的运行过程中动态地创建对象并调用其方法或者修改其属性等。只要了解其最基本的使用方式，就可以根据需求和规则进行更加丰富的反射应用。

9.2 异常

异常

Java 的垃圾回收机制让程序员不再为莫名其妙的内存溢出而焦头烂额，异常机制则极大地方便了程序员对错误的处理。异常信息可以指明错误的来源，让程序员可以快速地定位错误并缩小异常代码范围，大大提升了程序员的开发效率。

9.2.1 概念

Java 的异常处理是面向对象的。也就是说，Java 可以将异常当作对象来处理。当程序在运行过程中出现异常情况时，异常会被触发并交给运行时系统处理。运行时系统通过寻找对应的代码来处理异常，从而确保系统不会宕机或受到损害。

在 Java 程序中，当异常出现时，系统就会创建代表异常的对象，并在出现错误的地方抛出。异常的类型有两种，一种是运行时系统自己产生的异常，一种是用户代码中使用 throw 语句时产生的异常。

Java 提供了 try、catch、finally、throw 和 throws 5 个关键字来处理异常。一般 try、catch、finally 会配套使用，用来捕获异常，throw 用于抛出异常，throws 用于声明抛出异常。在异常捕获过程中，try 是必须存在的，catch 和 finally 可以同时存在且必须至少存在一个。try 用于包裹需要进行异常处理的代码块，catch 则用于捕获异常并根据需要进行特殊处理，finally 用于包裹资源保护代码块。无论是否产生异常或者异常是否被捕获，finally 中的代码块都会执行。

异常捕获语句的一般语法格式如下：

```
try {
        code;
} catch (异常类型 1 异常对象 1 {
        // 异常处理代码块
} catch(异常类型 2 异常对象 2) {
        // 异常处理代码块
} finally {
        // 资源保护代码块
}
```

在 JDK 1.7 及之后的版本中，Java 用于异常处理的 catch 语句有了新的变化，如下所示：

```
try (resource) {
        code;
} catch (异常类型 1,异常类型 2,…,异常对象) {
        // 异常处理代码块
} finally {
        // 特殊处理代码块
}
```

try-with-resource 语句会在执行结束之后自动关闭资源，而无须每次都手动关闭资源。其条件是对应资源直接或间接实现了 AutoCloseable 接口。

异常的捕获是顺序向下的。也就是说，异常发生时，捕获代码会默认从最近的异常开始匹配。一旦匹配成功就结束匹配，执行异常处理代码。所以在捕获异常的时候需要将更具体的异常最先进行捕获并处理，否则，可能被其父类异常捕获而导致无法处理。

Java 异常可以分为运行时异常（非检测性异常）、非运行时异常（检测性异常）和自定义异常。运行时异常不遵循处理或声明规则，大多是由程序设计不当而引发的，通常只有在运行期间才能被发现，如数组下标越界、访问空对象、类型转换异常等。这些异常完全可以通过改进程序加以避免，一般不对其进行捕获。对于这类异常，系统可以自动进行处理并给出提示，帮助程序员修改。非运行时异常是指除了运行时异常外的所有异常。对于这类异常，编译器会强制用户处理，否则会导致编译不通过。这类异常一般都需要进行捕获或者强制声明抛出。自定义异常是指开发者为了满足系统的需求，根据系统特性自定义的一系列异常。这类异常必须是 Throwable 类的直接或者间接子类，一般情况下，自定义异常会继承 Exception 类。

对于异常的处理，一般有以下几点要求。

① 尽可能地处理异常。如条件不允许，无法在自己的代码中完成异常的处理，就要考虑声明异常。

② 具体问题具体解决。异常的优点在于能为不同类型的问题提供不同的处理操作。有效异常处理的关键是识别特定故障场景，并开发应对此场景的特定相应行为。

③ 记录可能影响应用程序运行的异常。要采取一些永久性的方式记录可能影响程序运行的异常。

④ 根据情形将异常转换为业务上下文。若要通知一个应用程序特有的问题，没有必要将应用程序转换为不同形式。若用业务特定状态表示异常，则代码更便于维护。

9.2.2 基本异常

Java 提供了很多异常类，每个异常类代表一种运行错误，类中包含相应的错误信息及处理错误的方法等内容。这些由 Java 原生提供的异常类又称为标准异常类，这些异常类都是由 Throwable 类派生出来的。

Throwable 类有两个重要的子类：Exception（异常）类和 Error（错误）类，它们各自包含大量的子类。

Exception 异常是应用程序中出现的可预测、可恢复的问题，一般是在特定环境下产生的，通常出现在代码的特定方法和操作中。一般情况下的 Exception 异常不会对系统运行产生影响，不会妨碍程序的继续运行。

Error 异常表示应用程序中较严重的问题，大多数错误与程序中编写的代码无关，而是 JVM 在运行中出现问题导致的，无法通过程序的代码进行处理。例如，JVM 需要更多的内存资源时，服务器资源已经被抢占光了，就会抛出 OutOfMemoryError 异常。

Exception 类有一个重要的子类 RuntimeException。该类及其子类包含 JVM 常用操作引发的错误。例如，数组下标越界时使用空引用会抛出 ArrayIndexOutOfBoundsException 异常和 NullPointException 异常等。

下面通过任务 9-12 了解数组下标越界异常。

任务 9-12 数组下标越界异常

文件 ArrayOutOfBoundDemo.java

```java
public class ArrayOutOfBoundDemo {

    public static void main(String[] args) {
        // 创建一个字符串数组，共有 3 个元素
        String[] strs = new String[]{"222","345","777"};
        // 输出字符串数组的第 3 个元素
        System.out.println(strs[2]);
        // 输出字符串数组的第 4 个元素
        System.out.println(strs[3]);
    }
}
```

运行结果如图 9-12 所示。

```
<terminated> ArrayOutOfBoundDemo [Java Application] C:\Program Files\Java\jdk1.8.0_111\bin\javaw.ex
777
Exception in thread "main" java.lang.ArrayIndexOutOfBoundsException: 3
        at chapter9.exception.ArrayOutOfBoundDemo.main(ArrayOutOfBoundDemo.java:11)
```

图 9-12　运行结果

异常的捕获依据异常的先后顺序。一旦某个异常被捕获了，其他的异常将不做处理，如任务 9-13 所示。

任务 9-13　异常的捕获顺序

文件 CatchOrderDemo.java

```java
public class CatchOrderDemo {

    public static void main(String[] args) {
        String[] strs = new String[]{"111"};
        try {
            String str = strs[3];
        } catch (ArrayIndexOutOfBoundsException e) {
            System.out.println("IndexOutOfBoundsException 异常被捕获！");
        } catch (Exception e) {
            System.out.println("Exception 异常被捕获！");
        }
    }
}
```

运行结果如图 9-13 所示。

```
<terminated> CatchOrderDemo [Java Application] C:\Program
IndexOutOfBoundsException 异常被捕获！
```

图 9-13　运行结果

从任务 9-13 可以看出，当异常被 ArrayIndexOutOfBoundsException 异常捕获后，将直接进入该异常处理代码块，其后的异常将不再处理。Java 也有异常类型检查，一般情况下，如果 A 异常是 B 异常的直接或者间接父类，则 A 不能在 B 异常之前被捕获，否则编译会报错。

Java 给异常提供了 finally 关键字，该关键字一般与 try 关键字一起使用。finally 语句块中的语句一定会被执行，无论 try 语句块中的语句是否抛出异常或异常是否被捕获，如任务 9-14 所示。

任务 9-14　finally 语句块

文件 FinallyDemo.java

```java
public class FinallyDemo {

    public static void main(String[] args) {
        try {
            String str = "123456789";
            System.out.println(str.charAt(5));
        } catch (NullPointerException e) {
            System.out.println("抛出异常并捕获！");
        } finally {
            System.out.println("finally 代码块 0，执行正常！");
        }

        try {
            String str = null;
```

```
                System.out.println(str.charAt(5));
        } catch (NullPointerException e) {
                System.out.println("抛出异常并捕获! ");
        } finally {
                System.out.println("finally 代码块 1, 执行正常! ");
        }

        try {
                String str = null;
                System.out.println(str.charAt(5));
        } finally {
                System.out.println("finally 代码块 2, 执行正常! ");
        }
    }
}
```

运行结果如图 9-14 所示。

```
<terminated> FinallyDemo [Java Application] C:\Program Files\Java\jdk1.8.0_111\bin
6
finally代码块0, 执行正常!
抛出异常并捕获!
finally代码块1, 执行正常!
finally代码块2, 执行正常!
Exception in thread "main" java.lang.NullPointerException
        at chapter9.exception.FinallyDemo.main(FinallyDemo.java:26)
```

图 9-14 运行结果

从任务 9-14 可以看出，finally 语句块中的语句都会被执行。在抛出异常未被捕获的情况下，该语句块的内容仍会执行。一般该语句块用于多种资源链接的释放，它包含无论程序是否正常运行都需要执行的代码片段。

对于可能会抛出异常的代码片段，调用者既可以使用捕获的方式进行处理，也可以将异常抛出。Java 中的异常抛出使用 throw 关键字，声明抛出异常则使用 throws 关键字。抛出的异常可以是 Java 提供的标准异常，也可以是用户自定义异常。抛出异常的一般语法格式是：

```
throw 异常对象;
```

或者：

```
throw new 异常名称();
```

两种语法格式本质上是一样的，因第一种需要先构造异常对象，故我们一般使用第二种。throw 语句一旦被执行，程序立即转入相应的异常处理程序段，其后的语句将不执行。下面请看任务 9-15。

任务 9-15　异常抛出

文件 ThrowDemo.java

```java
public class ThrowDemo {

    // 声明抛出异常
    public void getString(String str) throws Exception {
        try {
            System.out.println("getString - 传入的对象是 str = " +
str.toLowerCase());
        } catch (NullPointerException e) {
            throw e;
        }

    }

    // 自己处理异常
```

```
        public void getString2(String str) {
            try {
                System.out.println("getString2 - 传入的对象是 str = " +
str.toLowerCase());
            } catch (NullPointerException e) {
                System.out.println("getString2 - 传入的字符串是空值，自行处理。");
            }
        }

        public static void main(String[] args) {
            ThrowDemo td = new ThrowDemo();
            String str = "Not Null";
            String strNull = null;

            // 自行处理的异常，没有抛出，无须进行异常捕获
            td.getString2(strNull);
            td.getString2(str);

            // 强制用户处理该方法声明抛出的异常
            try {
                td.getString(strNull);
            } catch (Exception e) {
                e.printStackTrace();
            }

            // 强制用户处理该方法声明抛出的异常
            try {
                td.getString(str);
            } catch (Exception e) {
                e.printStackTrace();
            }
            System.out.println("程序运行结束! ");
        }
    }
```

运行结果如图 9-15 所示。

```
getString2 - 传入的字符串是空值，自行处理。
getString2 - 传入的对象是str = not null
getString - 传入的对象是str = not null
程序运行结束!
java.lang.NullPointerException Create breakpoint
    at ThrowDemo.getString(ThrowDemo.java:5)
    at ThrowDemo.main(ThrowDemo.java:32)

Process finished with exit code 0
```

图 9-15 运行结果

从任务 9-15 可以看出，如果使用 throws 关键字声明抛出异常，则调用方法时，调用者需要对该异常进行处理、声明抛出，或是进行捕获处理。对于使用 throw 关键字抛出的异常，可以由方法自己捕获处理，或是继续声明抛出。

9.2.3 自定义异常

Java 虽然提供了很多的标准异常，但实际的程序开发中这些标准异常并不能覆盖所有的场景，此时就需要自定义一些异常来处理与业务相关的一些场景。

例如，有一个异常检查，要求传入的整型参数不能超过 100，否则就抛出异常，如任务 9-16 所示。

任务 9-16   自定义异常

文件 TestSelfException.java

```
public class TestSelfException {

    // 如果传入的整型参数大于 100，则抛出自定义异常
    public void getNum(int i) throws SelfException {
        if (i > 100) {
            throw new SelfExcetpin("整型参数不能大于100! ");
        } else {
            System.out.println("传入的参数是: " + i);
        }
    }

    public static void main(String[] args) {
        TestSelfException tse = new TestSelfException();
        int num = 99;
        // 调用方法传入 99，不会抛出异常
        try {
            tse.getNum(num);
        } catch (SelfExcetpin e) {
            e.printStackTrace();
        } finally {
            System.out.println("num = " + num);
            num - 101;
        }

        // 调用方法传入 101，抛出异常
        try {
            tse.getNum(num);
        } catch (SelfExcetpin e) {
            e.printStackTrace();
        } finally {
            System.out.println("num = " + num);
        }
    }
}
```

运行结果如图 9-16 所示。

```
<terminated> TestSelfException [Java Application] C:\Program Files\Java\jdk1.8.0_111\bin\javaw.exe
传入的参数是: 99
num = 99
chapter9.exception.SelfExcetpin: 整型参数不能大于100!
num = 101
        at chapter9.exception.TestSelfException.getNum(TestSelfException.java:8)
        at chapter9.exception.TestSelfException.main(TestSelfException.java:27)
```

图 9-16   运行结果

　　自定义异常同标准异常一样，都必须直接或者间接继承 Throwable 类，一般情况下自定义的异常类会继承 Exception 类。继承之后可以重写其构造方法，如果需要实现额外的逻辑，也可以在代码中添加对应的逻辑内容。

9.2.4   拓展: Error 类及 RuntimeException 类

　　Error 指错误，这些错误一般是程序无法处理的且可能会导致程序异常终止的问题。这类问题大部分与 JVM 相关，或者与系统相关，一般是应该在系统级别上被捕获的异常，程序本身无法解决。这类问题一般是系统错误或底层资源错误，会导致程序的运行被终止。

181

Error 类的子类有 IOError、InternalError、ThreadDeath 和 VirtualMachineError 等，Error 类的直接父类是 Throwable 类。

RuntimeException 类是 Exception 类下不受检查的异常类型。在一个方法中抛出 RuntimeException 类或其子类，方法可以不进行捕获且无须声明抛出。其子类常用的有 NullPointException、SystemException、ParseException 和 ClassCastException 等。不受检查的异常因为不需要进行强制捕获或者声明抛出，减少了代码的书写。但是，因为少了强制检查，在一些重要的场景下可能会导致程序产生运行事故等。所以，一般情况下，自定义异常不要使用 RuntimeException 类或者其子类作为父类。

9.3 枚举

枚举是一个"小而美"的技术。它的魅力在于你可以使用枚举优雅而干净地解决问题。枚举的概念类似于数学中的穷举，就是将所有的类型都进行囊括，在实际编程中，需要开发者自己判断枚举的类型和其值及数量等。

枚举的关键字是 enum。该关键字可以将一组具有别名的值的有限集合创建成一种新的类型。例如，可以将一年的 12 个月作为一种类型，在使用前就对数据的有效性进行控制，加上其对应的说明，非常便于理解。同时，它能与 Java 的其他功能结合使用，例如在 9.1 节中介绍的反射。

所有的枚举类型都是 Enum 类的子类。Enum 类是一个抽象类，所有枚举类型的值都会被映射到 protected Enum(String name, int ordinal)构造函数中，其中，每个枚举类型中值的名称都被转换成一个字符串，并设置序号表示创建的顺序。Enum 类的值默认使用大写，每个值之间使用逗号","隔开。其创建方式也非常简单，只需要使用 enum 关键字即可：

```
enum WeekDays {
    MON, TUE, WED, THU, FRI
}
```

Java 帮助开发者避免了很多麻烦。例如，本次声明只使用 enum 关键字创建了几个用逗号隔开的值，但实际上 Java 做了很多。在创建每一个值时，Java 都会调用 Enum 类的有参构造方法：

```
new Enum<WeekDays>("MON", 0);
…
new Enum<WeekDays>("FRI", 4);
```

同时，Java 会为其创建 toString()方法，方便返回枚举实例的名称。可以使用 values()方法遍历 enum 实例。values()方法返回的是 enum 实例的数组，该数组中的元素严格按照 enum 中声明的顺序返回。同时 Java 会自动创建 ordinal()方法，用于返回实例在枚举中声明的序号。这个序号是 int 类型的值，其初始常量的序号为 0。

下面通过任务 9-17 了解枚举的简单使用。

任务 9-17 枚举的简单使用

文件 WeekDays.java

```
enum WeekDays {
    MON, TUE, WED, THU, FRI
}
```

文件 SimpleEnumDemo.java

```
public class SimpleEnumDemo {

    public static void main(String[] args) {
        // 遍历 WeekDays
```

```
for (WeekDays w : WeekDays.values()) {
    // 输出 WeekDays 中的值及其创建序号
    System.out.println("名称： " + w + "; 序数: " + w.ordinal());
}

    }
}
```

运行结果如图 9-17 所示。

```
<terminated> SimpleEnumDemo [Java Application] C:\Program Files\Java\jdk1
名称： MON; 序数: 0
名称： TUE; 序数: 1
名称： WED; 序数: 2
名称： THU; 序数: 3
名称： FRI; 序数: 4
```

图 9-17　运行结果

以上结果并不是很直观，例如在显示的时候，"MON"并不是一个很好的值。如果使用"星期一"去替换，那么对于程序来说就非常好了。值得注意的是，Enum 虽然不是使用 class 声明的，其内部也可以创建普通方法和入口方法，即 main()方法。如果你使用反编译工具查看 Enum 的.class 文件就会发现，Enum 实际上就是一个类，只不过 Java 编译器帮助我们做了语法的解析和编译而已。所以，Enum 可以有入口方法也就变得合理了。

下面通过任务 9-18 了解如何向 Enum 中添加新方法。

任务 9-18　向 Enum 中添加新方法

文件 SuperWeekDays.java

```
public enum SuperWeekDays {

    MON("星期一"), TUE("星期二"), WED("星期三"), THU("星期四"), FRI("星期五");
    private String desc;
    private SuperWeekDays(String desc) {
        this.desc = desc;
    }
    public String getDesc() {
        return desc;
    }

    public static void main(String[] args) {
        // 遍历枚举
        for (SuperWeekDays s : SuperWeekDays.values()) {
            System.out.println("名称: " + s + "; 说明: " + s.getDesc() + ";
序数: " + s.ordinal());
        }
    }
}
```

运行结果如图 9-18 所示。

这样自定义的说明属性更加清楚地标识了每个枚举常量的含义。

Enum 继承自 java.lang.Enum 类。由于 Java 不支持多继承，所以 Enum 是不能继承其他类的。不过，可以通过接口的方式扩展 Enum，如任务 9-19 所示。

```
<terminated> SuperWeekDays [Java Application] C:\Program Fi
名称: MON; 说明: 星期一; 序数: 0
名称: TUE; 说明: 星期二; 序数: 1
名称: WED; 说明: 星期三; 序数: 2
名称: THU; 说明: 星期四; 序数: 3
名称: FRI; 说明: 星期五; 序数: 4
```

图 9-18　运行结果

任务 9-19　使用 Enum 实现接口

文件 EnumImpl.java

```java
public enum EnumImpl implements IteratorI{
    TOM,JACK,JOHN,TIMMY,HOBBY;

    @Override
    public EnumImpl next() {
        return values()[(this.ordinal() + 1) % EnumImpl.values().length];
    }

    public static void main(String[] args) {
        EnumImpl e = EnumImpl.JACK;
        for (int i = 0 ; i < 10 ; i++) {
            e = e.next();
            System.out.println("name = " + e);
        }
    }

}

interface IteratorI {
    IteratorI next();
}
```

运行结果如图 9-19 所示。

此处使用 Enum 对象实现了一个可以获取下一个元素的遍历接口。通过实现该接口，Enum 具有了获取下一个元素的功能。

EnumSet 可通过位模式创建一种替代品，用以替代传统的基于 int 类型的"标志位"。EnumSet 是非常高效的，无须担心其性能。EnumSet 的创建和使用也比较简单，可以通过 allOf()方法将一个 enum 的所有值都添加到一个 EnumSet 中：

图 9-19　运行结果

```java
EnumSet<SuperWeekDays> es = EnumSet.allOf(SuperWeekDays.class);
```
也可以通过 removeAll()方法删除数据：
```java
es.removeAll(EnumSet.of("MON","FRI"));
se.removeAll(EnumSet.range("TUE","FRI"));
```
需要注意的是，EnumSet 的元素必须来源于一个 Enum。

有时，会碰到这样的情况，我们需要使用一个子类对 Enum 中的元素进行分组，但是 Enum 是无法被继承的，那么应该怎么做才能达到目的呢？

可以使用接口的方式来实现。定义一个接口，然后在接口内部定义多个实现该接口的枚举就可以了：

```java
public interface Animals {
    enum Cat implements Animals {
        LITTLECAT,MIDCAT,BIGCAT
    }
    enum Dog implements Animals {
        LITTLEDOG,MIDDOG,BIGDOG
    }
    enum Snake implements Animals {
        LITTLESNAKE,MIDSNAKE,BIGSNAKE
    }
    …
}
```

枚举比较小巧，而且对数据有保护功能。如果你定义了一个工作日的枚举，这个枚举只有周一到周五的数据，那么，从枚举中你无法获取周六和周日的数据，这样就避免了因为一些特殊情况而导致的问题。例如，一个员工在周末突然收到了签到提示的问题。

分组强化了枚举的功能，虽然无法直接通过子类的形式进行分组，但通过接口是可行的。枚举的使用不仅便于理解，而且使代码非常干净整洁。

9.4 项目实战

项目 9-1 处理自定义异常

项目实战

在第 7 单元的项目实战中，我们对于文件的读写异常没有做特殊处理，直接通过 e.printStackTrace()方法输出相关内容。但是在实际的开发过程中，应用并不会暴露最原始的异常信息（原始异常信息会暴露内部的实现细节，降低代码的安全性）。另外，我们可以对不同类型的异常进行分类，以便相同的错误可以统一处理，并显示相同的错误提示信息。实现步骤如下。

① 定义一个枚举，用于表示错误的类型，代码如下：

```
public enum ErrCode {
  FILE_RW_ERR  // 表示文件读写错误
}
```

② 创建 CustomException 类，用于实现自定义异常，具体如下。

文件 CustomException.java

```
public class CustomException extends Exception {

    private ErrCode errCode;
    private String message;

    public CustomException(ErrCode errCode, String message) {
        this.errCode= errCode;
        this.message = message;
    }

    public ErrCode getErrCode() {
        return errCode;
    }

    public void setErrCode(ErrCode errCode) {
        this.errCode = errCode;
    }

    public String getMessage() {
        return message;
    }

    public void setMessage(String message) {
        this.message = message;
    }

}
```

CustomException 类有两个成员变量，errCode 用于表示当前异常的错误类型，message 用于表示错误的具体消息。

③ 在 InputSplit 类中，当文件操作发生错误的时候，就可以抛出自定义异常，具体如下。

文件 InputSplit.java

```
public List<String> split(long blockSize) throws CustomException {
    long startTime = System.currentTimeMillis();
    List<String> files = new ArrayList<>();
```

```
        int seq = 0;
        try (
             BufferedReader br = Files.newBufferedReader(Paths.get(inputFile),
StandardCharsets.UTF_8)) {
            long size = 0L;
            String line;
            Path filePath = getFilePath(seq);
            BufferedWriter bw = Files.newBufferedWriter(filePath, StandardCharsets.
UTF_8);
            files.add(filePath.toString());
            bw.write(String.valueOf(seq));
            bw.newLine();
            while ((line = br.readLine()) != null) {
              bw.write(line);
              bw.newLine();
              size += line.getBytes(StandardCharsets.UTF_8).length;
              if (size >= blockSize) {
                 bw.close();
                 ++seq;
                 filePath = getFilePath(seq);
                 bw = Files.newBufferedWriter(filePath, StandardCharsets.UTF_8);
                 bw.write(String.valueOf(seq));
                 bw.newLine();
                 files.add(filePath.toString());
                 size = 0L;
              }
            }
        } catch (Exception e) {
            // 错误发生的时候抛出自定义异常
            throw new CustomException(ErrCode.FILE_RW_ERR, "read or write file error
in split stage.");
        }
        System.out.println(
            String.format("split input file cost time:[%d]ms", System.
currentTimeMillis() - startTime));
        return files;
    }
```

项目 9-2　复制对象属性

　　Spring 框架中提供了 BeanUtils 类，它专门用于在两个对象间复制具有相同属性域的值，通常用于业务对象和数据库对象的转换，其实现借助了反射技术。BeanUtils 类利用反射技术获取目标对象的域方法，找到对应的 setter() 方法的参数类型和域字段名称；然后从源对象中获取对应域字段的 getter() 方法，判断域的类型是否一致，如果一致，则进行值复制。实现步骤如下。

　　① 定义 3 个类，用于抽象业务对象和数据库对象，并实现域字段的 setter() 和 getter() 方法，具体如下。

文件 PersonBO.java

```
package com.lw.chapter9.refdemo;

public class PersonBO {

    private String name;
    private String gender;
    private int age;

    public String getName() {
        return name;
    }
```

```
        public void setName(String name) {
            this.name = name;
        }
        public String getGender() {
            return gender;
        }
        public void setGender(String gender) {
            this.gender = gender;
        }
        public int getAge() {
            return age;
        }
        public void setAge(int age) {
            this.age = age;
        }

        @Override
        public String toString() {
            return "PersonBO [name=" + name + ", gender=" + gender + ", age=" + age + "]";
        }
}
```

文件 PersonDO.java

```
package com.lw.chapter9.refdemo;

public class PersonDO {

    private String name;
    private String gender;
    private int age;

    public String getName() {
        return name;
    }
    public void setName(String name) {
        this.name = name;
    }
    public String getGender() {
        return gender;
    }
    public void setGender(String gender) {
        this.gender = gender;
    }
    public int getAge() {
        return age;
    }
    public void setAge(int age) {
        this.age = age;
    }

    @Override
    public String toString() {
        return "PersonDO [name=" + name + ", gender=" + gender + ", age=" + age + "]";
    }
}
```

文件 PersonPO.java

```
package com.lw.chapter9.refdemo;

public class PersonPO {

    private String name;
    private int gender;
```

```
        private int age;

        public String getName() {
            return name;
        }
        public void setName(String name) {
            this.name = name;
        }
        public int getGender() {
            return gender;
        }
        public void setGender(int gender) {
            this.gender = gender;
        }
        public int getAge() {
            return age;
        }
        public void setAge(int age) {
            this.age = age;
        }

        @Override
        public String toString() {
            return "PersonPO [name=" + name + ", gender=" + gender + ", age=" + age + "]";
        }
    }
```

② 创建 CopyUtil 类，模拟 Spring 框架中的 BeanUtils 类，实现对象间相同属性域的值的复制，具体如下。

文件 CopyUtil.java

```
package com.lw.chapter9.refdemo;

import java.lang.reflect.InvocationTargetException;
import java.lang.reflect.Method;
import java.math.BigDecimal;

public class CopyUtil {

    private static final String GETTER_PREFIX = "get";
    private static final String SETTER_PREFIX = "set";

    public static void copyProperties(Object objSrc, Object objTarget) {
        // 获取 Class 类
        Class target = objTarget.getClass();
        Class src = objSrc.getClass();

        // 获取目标对象的所有方法
        Method[] methods = target.getDeclaredMethods();
        for(Method m : methods) {
            // 获取目标对象的 setter() 方法
            if(m.getName().startsWith(SETTER_PREFIX)) {
                // 获取 setter() 方法的参数类型
                Class clz = m.getParameterTypes()[0];
                String srcMethodName = getGetterMethod(m.getName());

                // 获取源对象的目标方法
                Object value = getValue(objSrc, srcMethodName);
                try {
                    setValue(objTarget, m, clz, value);
                } catch (SecurityException | IllegalArgumentException e) {
```

```
                }
            }
        }
    }

    /**
     * 获取目标对象的值
     * @param objSrc
     * @param methodName
     * @return
     */
    public static Object getValue(Object objSrc, String methodName) {
        Object value = null;
        try {
            // 获取方法，如果方法存在，则获取其返回值
            Method method = objSrc.getClass().getMethod(methodName, null);
            if(null != method) {
                value = method.invoke(objSrc, null);
            }

            // 根据返回值类型，返回对应的类型
            if(method.getReturnType() == BigDecimal.class) {
                return new BigDecimal(value.toString());
            } else if(method.getReturnType() == Boolean.class) {
                return Boolean.valueOf(value.toString());
            } else if(method.getReturnType() == Integer.class) {
                return Integer.valueOf(value.toString());
            } else if(method.getReturnType() == String.class) {
                return String.valueOf(value);
            }
            return value;
        } catch (NoSuchMethodException | SecurityException e) {
            e.printStackTrace();
        } catch (IllegalAccessException | IllegalArgumentException |
InvocationTargetException e) {
            e.printStackTrace();
        }
        return null;
    }

    /**
     * 反射，调用类方法
     * @param objTarget
     * @param m
     * @param clz
     */
    public static void setValue(Object objTarget, Method m, Class clz, Object
value) {
        try {
            // 基本类型一般都是对象类型，所以，此处将基本类型转换成对象类型
            if(clz == int.class) {
                clz = Integer.class;
            } else if(clz == Boolean.class) {
                clz = Boolean.class;
            }
            if(clz == value.getClass()) {
                m.invoke(objTarget, value);
            }
        } catch (IllegalAccessException | IllegalArgumentException |
InvocationTargetException e) {
```

```
                e.printStackTrace();
        }
    }

    /**
     * 获取方法名称
     * @param name
     * @return
     */
    public static String getGetterMethod(String name) {
        return GETTER_PREFIX.concat(name.substring(3));
    }
}
```

③ 在主类 main()方法中进行测试，具体如下。

文件 CopyTest.java

```
package com.lw.chapter9.refdemo;

public class CopyTest {

    public static void main(String[] args) {
        // 对象声明
        PersonBO personBO = new PersonBO();
        PersonDO personDO = new PersonDO();
        PersonPO personPO = new PersonPO();

        personBO.setAge(20);
        personBO.setGender("F");
        personBO.setName("reflect");


        // 参数复制，域声明类型一致，全部复制
        CopyUtil.copyProperties(personBO, personDO);
        // 参数复制，域声明类型部分不一致，部分复制
        CopyUtil.copyProperties(personBO, personPO);

        // 输出
        System.out.println(personBO);
        System.out.println(personDO);
        System.out.println(personPO);
    }
}
```

运行结果如图 9-20 所示。

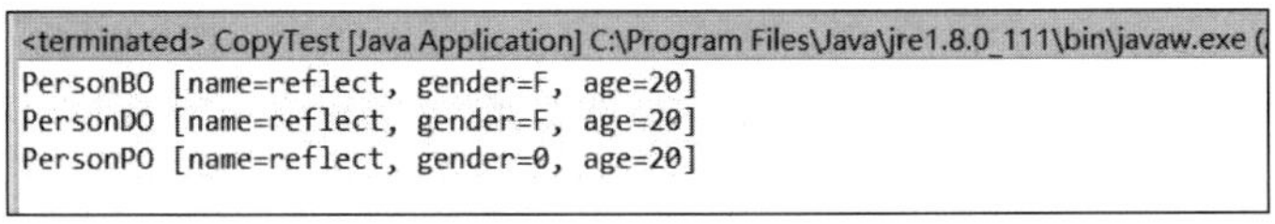

```
<terminated> CopyTest [Java Application] C:\Program Files\Java\jre1.8.0_111\bin\javaw.exe (
PersonBO [name=reflect, gender=F, age=20]
PersonDO [name=reflect, gender=F, age=20]
PersonPO [name=reflect, gender=0, age=20]
```

图 9-20　运行结果

9.5　单元小结

本单元主要介绍了反射、异常和枚举 3 个知识点。9.1 节介绍的反射是通过类名找到类信息并对其进行处理的一种技术，这种技术的优点是可以在运行时执行逻辑，简化了代码，方便了程序的开发。反射在目前流行的 Spring 框架中应用广泛，Spring 的对象管理就是通过反射实现的。9.2 节介绍的异常是 Java 的一大开发利器。如果说垃圾回收机制让开发者真正解决了内存泄露问题，

那么异常则让开发者摆脱了通篇阅读代码找问题的无奈。Java 的异常栈信息包含问题出现的代码所在类和异常抛出的行数，同时会提示开发者异常是因何产生的。9.3 节介绍的枚举是 Java 中一个特殊类型，它具有"小而美"的特点，通过使用枚举能避免一些因疏忽或者其他原因导致的小问题。例如，使用枚举标记月份，就可避免面临因为数据而导致的 13 月这样尴尬的局面。9.4 节通过两个项目分别演示了自定义异常的处理和反射的应用。

反射技术在实际的开发过程中使用不是太多，但是在开源框架中使用较多，读者需要掌握反射的机制，以便更好地理解和使用一些开源框架。对于异常处理技术，完善的异常提醒机制会让问题的发现与解决更加高效。在开发过程中如果多使用枚举类型，则会简化代码的结构，使代码变得更容易阅读。

9.6 课后习题

1. 关于反射机制，下列说法错误的是（   ）。
   A. 反射可以获取类中所有的属性和方法
   B. 反射可以构造类的对象，并获取其私有属性的值
   C. 反射指的是在程序编译期间，通过 .class 文件加载并使用一个类的过程
   D. 反射可以获取类中私有的属性和方法

2. 使用反射机制获取一个类的属性，下列关于 getField() 方法的说法正确的是（   ）。
   A. 该方法需要一个 String 类型的参数来指定要获取的属性名
   B. 该方法只能获取私有属性
   C. 该方法能够获取所有属性
   D. 该方法可以获取私有属性，但使用它前必须先调用 setAccessible(true) 方法

3. Java 中用来抛出异常的关键字是（   ）。
   A. try   B. catch   C. throw   D. finally

4. 异常将终止（   ）。
   A. 整个程序   B. 只终止抛出异常的方法
   C. 产生异常的 try 块   D. 以上说法都不对

5. Throwable 类有两个子类，分别是（   ）和（   ）。

6. 定义枚举类型使用（   ）关键字。

7. 尝试查找 Class 类中定义的方法并了解其作用。

8. 异常（Exception）和错误（Error）的区别和联系是什么？

9. 枚举都有哪些使用场景？应如何使用？

第10单元
并发编程

10

情景引入

　　支持多线程是现代操作系统的一大特点，它可以实现真正意义上的多任务同时运行，极大地提升了操作系统的处理速度。例如，一个电子商城应用后台的服务程序必然是多线程的，可以同时处理多个请求。跨平台的特性导致Java无法像C、C++这些语言一样通过调用系统类来实现多线程，所以它本身提供了对多线程的支持。这些功能都以面向对象的方式来实现，更加易于理解和使用。本单元主要介绍Java中多线程的实现。通过对本单元的学习，读者可以使用Java进行多线程的开发，提高程序的并发能力。

学习目标

知识目标
（1）熟悉线程的创建和使用。
（2）熟悉线程的调度。
（3）熟悉Java中关于并发的类。

能力目标
（1）能够熟练使用线程池进行多线程的开发。
（2）理解线程的同步与互斥问题。

素质目标
（1）通过多线程编程实践，培养并发控制与资源协调能力。
（2）通过处理线程死锁等问题，培养分析和解决复杂问题的能力。

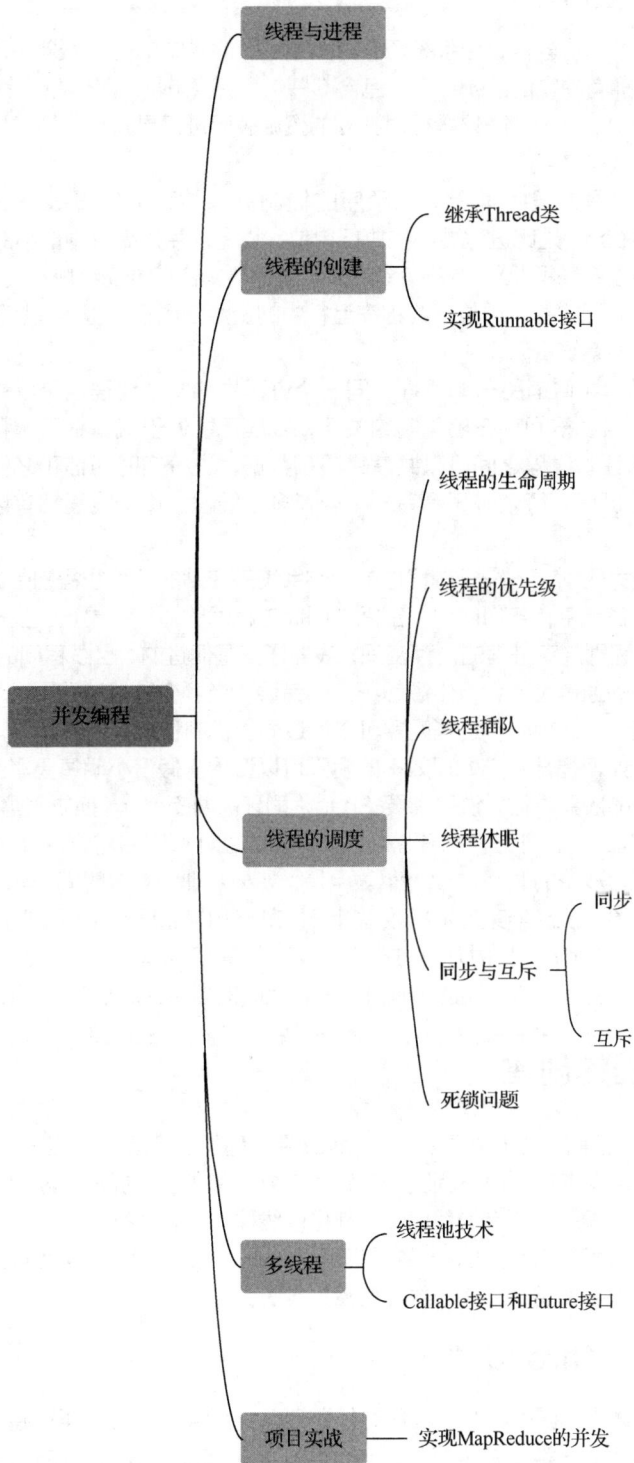

思维导图

```
                              ┌──────────┐
                              │ 线程与进程 │
                              └──────────┘

                              ┌──────────┐        继承Thread类
                              │ 线程的创建 │
                              └──────────┘        实现Runnable接口


                                                  线程的生命周期


                                                  线程的优先级


              ┌────────┐                          线程插队
              │ 并发编程 │
              └────────┘      ┌──────────┐
                              │ 线程的调度 │        线程休眠
                              └──────────┘
                                                                    同步
                                                  同步与互斥
                                                                    互斥

                                                  死锁问题


                              ┌────────┐          线程池技术
                              │ 多线程  │
                              └────────┘          Callable接口和Future接口


                              ┌────────┐
                              │ 项目实战 │──── 实现MapReduce的并发
                              └────────┘
```

10.1　线程与进程

　　在操作系统中，通常将进程看作系统资源分配和运行的基本单位，一个任务就是一个进程。进程拥有独立的系统资源，包含 CPU、内存和输入输出端口等，例如打开的浏览器和 Word 文档，这些相对独立的资源表明进程具有动态性、并发性、独立性和异步性等特点。

　　线程（Thread）是进程中某个单一顺序的控制流，被称为轻量级进程（Lightweight Process），是比进程更小的执行单位，也是程序执行流中最小的单位。一个标准的线程由线程 ID、当前指令指针、寄存器集合和堆栈组成。线程是进程中的实体，是被系统独立调度和分配的基本单位。线程在运行中的资源归属于进程，同属于一个进程的所有线程共享该进程所拥有的系统资源。

　　一个线程可以创建和撤销另一个线程，同一个进程中的多个线程也可以并发执行。由于进程的所有资源是固定的且线程间存在相互制约关系，线程可能处于就绪、阻塞和运行等状态，令线程的执行呈现出间断性。线程之间可以共享代码和数据，进行实时通信和必要的同步操作等。一个程序至少拥有一个进程，每个进程拥有一个或者多个线程。每个线程都有自己独立的资源和生命周期。

　　进程和线程的最大区别之一在于进程是由操作系统来控制的，而线程则是由进程来控制的。进程都是相互独立的，各自享有各自的内存空间，因此进程间的通信是昂贵且受限的，进程间的转换也是需要开销的；线程则共享进程的内存空间，线程通信是便宜的，且线程间的转换也是低成本的，但这种低成本低开销的通信可能会产生意想不到的错误：当多个线程访问同一个变量时，获取到的值是不一样的。不过也不必担心，这些问题可以通过同步机制和锁机制来解决。

　　那么，多线程是如何提升系统处理效率的呢？可以试想，假设小明每天早上上班前需要洗漱、研磨咖啡并查看昨日的股票收益，洗脸需要 3min，刷牙需要 5min，换衣服需要 5min，研磨咖啡需要 18min，查看股票收益时打开计算机需要 2min，收益计算程序需要运行 2min。如果小明将这些事情进行线性处理，耗费的时间是 35min。但是，如果合理地安排时间，如在起床后先研磨咖啡并打开计算机，再洗脸；洗脸结束后进行收益计算，刷牙和换衣服结束后看收益计算结果；等咖啡研磨结束时，只用了 18min，耗时几乎减少了一半。计算机也是如此，当计算机在进行网络数据接收的时候，CPU 的使用率非常低，此时执行一些耗时的复杂计算任务，可以让程序更加高效。

10.2　线程的创建

　　多线程是 Java 语言的重要特性之一，Java 平台提供了一套功能强大的 API、工具和技术。Java 编写的程序都运行在 JVM 中。在 JVM 内部，程序的多任务是通过线程来实现的，所有的程序代码都是以线程方式来运行的。

　　Java 中的线程有两种实现方式，一种是继承 Thread 类，一种是实现 Runnable 接口。但是无论采用哪种方式，都要使用 Thread 类及其相关方法。

10.2.1　继承 Thread 类

　　Thread 类是实体类，该类封装了线程的行为。想要利用 Thread 类创建一个线程，必须创建一个从 Thread 类导出的子类，并实现 Thread 类的 run() 方法。在 run() 方法内部可以根据需要编写相应的实现逻辑，最后调用 Thread 类的 start() 方法来执行。

　　Thread 类的构造方法有很多种，每种构造方法的用途各异，如表 10-1 所示。

表 10-1　Thread 类的构造方法

构造方法	说明
Thread()	构造一个线程对象
Thread(Runnable target)	构造一个线程对象，其中 target 是要创建线程的目标对象，它实现了 Runnable 接口中的 run()方法
Thread(String name)	以指定名称构造一个线程对象
Thread(ThreadGroup group, Runnable target)	在指定线程组中构造一个线程对象,使用目标对象 target 的 run()方法
Thread(Runnable target, String name)	以指定名称构造一个线程对象，使用目标对象 target 的 run()方法
Thread(ThreadGroup group, Runnable target, String name)	在指定的线程组中创建一个指定名称的线程，使用目标对象 target 的 run()方法
Thread(ThreadGroup group, Runnable target, String name, long stackSize)	在指定线程组中构造一个线程对象，用 name 指定线程的名字，使用目标对象 target 的 run()方法作为线程的执行体，用 stackSize 指定堆栈大小

Thread 类也提供了很多辅助方法，以让线程正常运行和方便程序员对线程的控制，其常用方法如表 10-2 所示。

表 10-2　Thread 类的常用辅助方法

辅助方法	说明
static int activeCount()	返回线程组中正在运行的线程的数目
void checkAccess()	确定当前运行的线程是否有权限修改线程
static Thread currentThread()	返回当前正在执行的线程
void destroy()	销毁线程，但不回收资源
static void dumpStack()	显示当前线程的堆栈信息
long getId()	返回当前线程的 ID
String getName()	返回当前线程的名称
int getPriority()	返回当前线程的优先级
Thread.State getState()	返回当前线程的状态
ThreadGroup getThreadGroup()	返回当前线程所属的线程组
void interrupt()	中断线程
boolean isAlive()	判断当前线程是否存活
boolean isDaemon()	判断当前线程是否是守护线程
boolean isInterrupted()	判断当前线程是否被中断
void join()	等待直到线程死亡
void join(long millis)	最多等待 millis ms，直到线程死亡
void run()	如果类是使用单独的 Runnable 对象构造的，将调用 Runnable 对象的 run()方法，否则本方法不进行操作直接返回
void setDaemon(boolean on)	将当前线程设置为守护线程
void setName(String name)	将当前线程名称修改为 name
void setPriority(int newPriority)	设置当前线程的优先级
static void sleep(long millis)	线程休眠 millis ms
void start()	启动线程，JVM 会自动调用当前线程的 run()方法
static void yield()	暂停当前线程，同时允许其他线程运行

在以前的案例中，当需要执行当前类时，每个类都有一个 main()方法。该方法是类的入口方法，JVM 会找到该入口方法并运行。此时会产生一个线程，该线程便是主线程。当 main()方法运行结

束后，主线程运行完成，JVM 也就随即退出。JVM 负责对进程、线程进行管理，JVM 负责分配时间片（CPU 时间）给线程。线程按照系统的设定轮流获取时间片执行，其切换时间很短，在对线程运行效率要求不高的场景下可以忽略不计。

下面通过任务 10-1 了解如何使用 Thread 类实现多线程。

任务 10-1　使用 Thread 类实现多线程

文件 ThreadDemo.java

```java
public class ThreadDemo {

    public static void main(String[] args) {
        for (int i = 0 ; i < 10 ; i++) {
                // 创建 10 个 MyThread 类的对象并运行
                MyThread thread = new MyThread();
                thread.start();
        }
    }
}

// 继承了 Thread 类的类
class MyThread extends Thread {
    @Override
    public void run() {                         // 重写父类的 run()方法
        for (int i = 0 ; i < 3 ; i++) { // 循环输出信息
                System.out.println(Thread.currentThread().getName() + " - 正
在执行! ");
        }
    }
}
```

运行结果如图 10-1 所示。

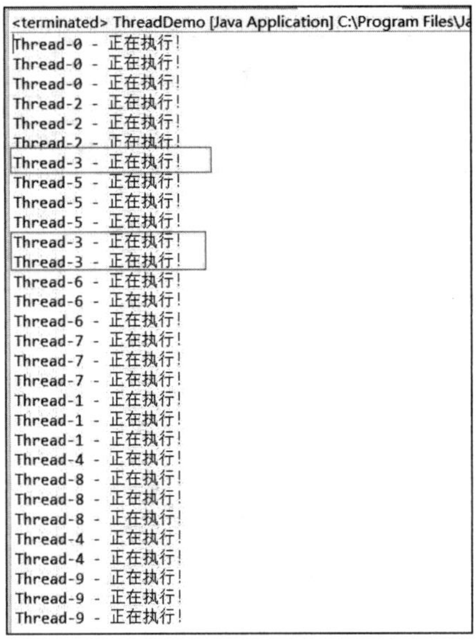

图 10-1　运行结果

由于每个线程运行的次数较少，所以在线程默认优先级下的运行随机性不是很明显。但从图 10-1 中方框标注的线程 Thread-3 的运行可以看出，实际上线程运行并不是顺序的。

下面通过任务 10-2 了解 Thread 类部分方法的使用。

任务 10-2　Thread 类部分方法的使用

文件 ThreadUsageDemo.java

```java
public class ThreadUsageDemo extends Thread {

    public static void main(String[] args) {
        // 创建一个线程并运行
        ThreadUsageDemo thread = new ThreadUsageDemo();
        thread.start();

        System.out.println("线程名称: " + thread.getName());
        thread.setName("myThread 1");
        System.out.println("线程名称: " + thread.getName());

        System.out.println("线程的 ID: " + thread.getId());

        System.out.println("线程的优先级: " + thread.getPriority());
        thread.setPriority(3);
        System.out.println("线程的优先级: " + thread.getPriority());

        System.out.println("线程是否是存活状态: " + thread.isAlive());

        System.out.println("线程是否是守护线程: " + thread.isDaemon());

        long start = System.currentTimeMillis();
        try {
            Thread.currentThread().sleep(2000);
        } catch (InterruptedException e) {
            e.printStackTrace();
        }
        long end = System.currentTimeMillis();
        System.out.println("等待时间: " + (end - start));
    }
}
```

运行结果如图 10-2 所示。

```
<terminated> ThreadUsageDemo [Java Application] C:\P
线程名称: Thread-0
线程名称: myThread 1
线程的ID: 10
线程的优先级: 5
线程的优先级: 5
线程是否是存活状态: false
线程是否是守护线程: false
等待时间: 2000
```

图 10-2　运行结果

start()方法和 run()方法的具体应用如任务 10-3 所示。

任务 10-3　start()方法和 run()方法

文件 ThreadUsageDemo1.java

```java
public class ThreadUsageDemo extends Thread {
    public static void main(String[] args) {
        ThreadUsageDemo1 thread = new ThreadUsageDemo1();
        thread.start();
        for (int i = 0 ; i < 10 ; i++) { // 循环输出主线程正在运行的信息
            System.out.println(Thread.currentThread().getName() + " - 正在运行");
```

```
            }

            try {
                Thread.sleep(1000);
            } catch (InterruptedException e) {
                e.printStackTrace();
            }
            System.out.println("**************************************************");
            /** 调用 start()方法重新启动一个线程，run()在主线程中运行*/
            thread.run();
            for (int i = 0 ; i < 30; i++) { // 循环输出主线程正在运行的信息
                System.out.println(Thread.currentThread().getName() + " - 正在运行! ");
            }


        }

        @Override
        public void run() {
            // 循环输出当前线程正在运行的信息
            for (int i = 0 ; i < 10 ; i++) {
                System.out.println(Thread.currentThread().getName() + " - 正在运行! ");
            }
        }
    }
```

运行结果如图 10-3 所示。

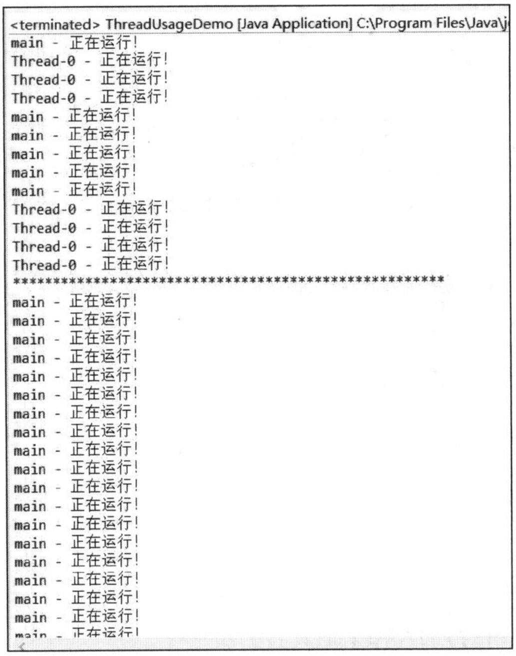

图 10-3　运行结果

启动 Thread 类时，必须要使用 start()方法启动一个线程。如果直接调用 run()方法，则 JVM 会认为这只是一次普通的方法调用，不需要启动一个线程执行 run()方法内部的逻辑，读者在使用线程的时候切记。在 start()方法调用后也可以看出，系统运行的是两个线程的代码，而且它们之间互不干扰地同时执行。所以把一些工作交给线程执行的时候，启动新线程的主线程可以继续执行其他操作，而无须等到新线程执行结束。

10.2.2 实现 Runnable 接口

实现多线程的另一个方式是实现 Runnable 接口。Runnable 接口只有一个方法，即 run() 方法，该方法需要由一个实现了此接口的类来实现。实现了 Runnable 接口的类的对象需要由 Thread 类的一个实例在其内部运行，其本身不能直接运行。

下面通过任务 10-4 了解如何使用 Runnable 接口实现多线程。

任务 10-4 使用 Runnable 接口实现多线程

文件 RunnableDemo.java

```java
public class RunnableDemo implements Runnable {

    @Override
    public void run() {
        for (int i = 0 ; i < 8 ; i++) {
            System.out.println(Thread.currentThread().getName() + "正在运行");
        }
    }

    public static void main(String[] args) {
        for (int i = 0 ; i < 10 ; i++) {
            RunnableDemo runnable = new RunnableDemo();
            Thread t = new Thread(runnable); // 将 Runnable 对象包装成 Thread 对象
            t.setName("runnable " + i);      // 设置线程名称
            t.start();                        // 启动线程
        }
    }
}
```

运行结果如图 10-4 所示。

图 10-4 只截取了部分输出内容。从输出内容上看，实现 Runnable 接口和继承 Throad 类都能达到相同目的，都能启动一个新线程。两者唯一的区别是 Runnable 对象必须包装成 Thread 对象后才能运行。如果查看 Thread 类和 Runnable 接口的源代码会发现，Thread 类实际上是 Runnable 接口的一个实现类。由于 Java 支持单继承，如果一个类继承 Thread 类后创建线程，则该类不能再继承其他类，功能会有限制。而通过 Runnable 接口则不会出现该问题，因为 Java 支持一个类实现多个接口。

```
runnable 2正在运行
runnable 7正在运行
runnable 1正在运行
runnable 3正在运行
runnable 8正在运行
runnable 9正在运行
runnable 0正在运行
runnable 4正在运行
runnable 5正在运行
runnable 6正在运行
runnable 8正在运行
runnable 3正在运行
```

图 10-4 运行结果

10.3 线程的调度

在 JVM 中，线程只有在获取了 CPU 分配的时间片后才会真正地执行。线程在从创建到死亡的这个过程中还有其他的状态，这些状态组成了线程的生命周期。

线程的调度

10.3.1 线程的生命周期

如同生命体一般，线程也有生命周期。线程的生命周期从线程创建开始，一直持续到线程死亡。在创建和死亡之间，线程还有就绪、阻塞和运行状态。一个线程会在这 5 种状态间转换，最终完成自己的使命。

线程的状态及转换关系如图 10-5 所示。

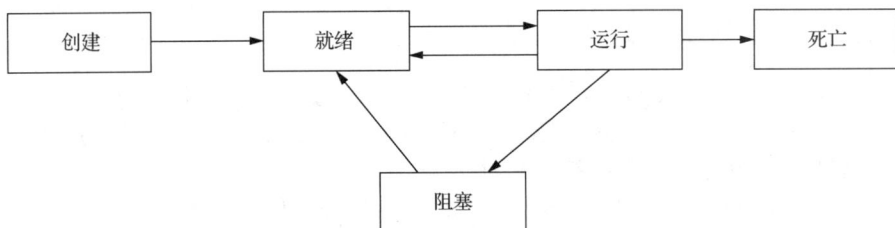

图 10-5　Java 线程状态及转换关系

线程各个状态的说明如下。

- 创建：当创建一个 Thread 类和它的子类、对象后，线程就处于创建状态。这种状态的线程并不具备运行的能力。创建线程对于系统而言仅消耗普通对象创建时会消耗的非 CPU 资源。
- 就绪：当处于创建状态的线程调用 start()方法被启动之后，线程将进入线程队列，等待 CPU 分配时间片，以开始执行。此时的线程才具备运行的能力。一旦获取了时间片，线程就会执行。
- 运行：就绪状态的线程获取了时间片之后，就进入运行状态，此时线程会执行 run()方法内的代码逻辑。线程一旦进入运行状态，就与启动它的线程没有任何关系了，两者平行运行，互不影响。
- 阻塞：线程在运行的过程中，可能会因为资源不足、前驱任务没有完成或者调用了阻塞方法等而进入阻塞状态。阻塞状态的线程会让出 CPU 资源并进入等待状态。直到引起阻塞的条件被解除时，线程才会重新进入就绪状态，等待 CPU 分配时间片。
- 死亡：不具备继续运行能力的线程就处于死亡状态。线程在运行完毕后会自然进入死亡状态正常死亡，在运行过程中也会因为异常退出而导致非正常死亡。

需要说明的是，大部分系统都支持线程优先级的设定。在相同的情况下，优先级高的线程会优先获得 CPU 时间片并执行。

10.3.2　线程的优先级

线程也是有优先级的，线程的优先级可以通过 getPriority()方法获取。为了使重要的任务优先完成，Java 提供了 setPriority()方法给线程设定优先级。但是需要指出的是，JVM 是运行在所属系统上的一个线程，线程的创建和执行需要基于对应的系统。所以，在一些不支持线程优先级策略的系统中，Java 设定的优先级并不起作用，这一点读者一定要注意。

线程优先级的具体应用如任务 10-5 所示。

任务 10-5　线程优先级

文件 ThreadPriorityDemo.java

```java
public class ThreadPriorityDemo extends Thread {

    private Random rm = new Random();


    @Override
    public void run() {
        System.out.println(this.getName() + " - 优先级 > " + this.getPriority() +
"开始执行! ");
        StringBuilder sBuilder = new StringBuilder();
        for (int i = 0 ; i < 100 ; i++) {
            sBuilder.append(rm.nextInt(1000) + ", ");
        }
        for (int j = sBuilder.length() - 1 ; j >= 0 ; j--) {
```

```
                    if (j % 2 == 0) {
                        sBuilder.deleteCharAt(j);
                    }
            }
        }

        public static void main(String[] args) throws InterruptedException {
            System.out.println("不设定优先级执行！");
            List<Thread> list = new LinkedList<>();
            for (int i = 0 ; i < 10 ; i++) {
                    // 创建 10 个默认优先级的线程对象并放入链表中
                    ThreadPriorityDemo thread = new ThreadPriorityDemo();
                    list.add(thread);
            }
            for (Thread t : list) {
                    // 从链表中取出线程并执行
                    t.start();
            }

            Thread.sleep(2000);
            list.clear();        // 清空链表
            System.out.println("*********************************************");
            System.out.println("设定优先级执行！");

            for (int i = 0 ; i < 10 ; i++) {
                    // 创建 10 个线程对象
                    ThreadPriorityDemo thread = new ThreadPriorityDemo();
                    if ((i + 1) % 3 == 0 ) {
                            // 能被 3 整除的对象的优先级设置为 10
                            thread.setPriority(10);
                    } else if ((i + 1) % 2 == 0) {
                            // 能被 2 整除的对象的优先级设置为 1
                            thread.setPriority(1);
                    }
                    // 否则使用默认优先级
                    list.add(thread);
            }
            for (Thread t : list) {
                    t.start(); // 执行线程
            }
        }
    }
```

运行结果如图 10-6 所示。

从任务 10-5 的输出结果可以看出，在 Java 中线程是有默认优先级的，默认情况下线程的优先级为 5，是普通优先级。Java 中定义了线程的优先级为 1～10，数字越大，优先级越高。对于优先级，读者需要注意以下几点。

① 并不是优先级高的线程一定会比优先级低的线程先执行，它只是会比优先级低的线程有更多的机会先执行。

② Java 的线程优先级取决于 JVM 运行的系统，线程优先级策略也依赖于系统，这可能导致在一个系统中优先级不同的线程在另一个系统中优先级相同。甚至对于某些不支持线程优先级调度策略的系统，Java 定义的优先级完全无效。

```
<terminated> ThreadPriorityDemo [Java Application] C:\Program
不设定优先级执行！
Thread-0 - 优先级 > 5开始执行！
Thread-2 - 优先级 > 5开始执行！
Thread-1 - 优先级 > 5开始执行！
Thread-4 - 优先级 > 5开始执行！
Thread-3 - 优先级 > 5开始执行！
Thread-5 - 优先级 > 5开始执行！
Thread-6 - 优先级 > 5开始执行！
Thread-9 - 优先级 > 5开始执行！
Thread-7 - 优先级 > 5开始执行！
Thread-8 - 优先级 > 5开始执行！
*********************************************
设定优先级执行！
Thread-10 - 优先级 > 5开始执行！
Thread-12 - 优先级 > 10开始执行！
Thread-15 - 优先级 > 10开始执行！
Thread-16 - 优先级 > 5开始执行！
Thread-14 - 优先级 > 5开始执行！
Thread-18 - 优先级 > 10开始执行！
Thread-11 - 优先级 > 1开始执行！
Thread-13 - 优先级 > 1开始执行！
Thread-17 - 优先级 > 1开始执行！
Thread-19 - 优先级 > 1开始执行！
```

图 10-6 运行结果

10.3.3　线程插队

线程的魅力在于能够高效利用 CPU 资源,使得程序在单位时间内充分地利用 CPU 而提升处理效率。但线程运行顺序的不确定性以及现代操作系统核心数的增加，导致在某些情况下线程无法明确前驱任务是否完成。为了保证前驱任务完成后才执行当前线程，可以调用 join() 方法。join() 会阻塞当前线程，直到插队线程执行完毕之后才会继续执行，如任务 10-6 所示。

任务 10-6　线程插队

文件 JoinDemo.java

```java
public class JoinDemo {

    public static void main(String[] args) {
        System.out.println("主线程开始! ");
        List<Integer> list = new LinkedList<>();

        // 线程初始化
        ThreadB thread = new ThreadB(list);
        ThreadA threadA = new ThreadA(list, thread);

        // 线程运行
        thread.start();
        threadA.start();

        // 线程插队
        try {
            threadA.join();
        } catch (InterruptedException e) {
            e.printStackTrace();
        }

        System.out.println("主线程结束! ");
    }
}

class ThreadA extends Thread {

    private List<Integer> list;
    private ThreadB threadB;

    public ThreadA (List<Integer> linkedList, ThreadB thread) {
        list = linkedList;
        threadB = thread;
    }

    @Override
    public void run () {
        System.out.println(Thread.currentThread().getName() + " 开始执行! ");
        try {
            threadB.join();                 // 线程 ThreadB 插队执行
        } catch (InterruptedException e) {
            e.printStackTrace();
        }
        int count = 1;
        for (Integer i : list) {            // 遍历 list
            if (count % 10 == 0) {    // 每行输出 10 个元素
                System.out.println(i);
```

```
                } else {
                    System.out.print(i + ", ");
                }
                count++;
            }
            System.out.println(Thread.currentThread().getName() + " 执行结束! ");
        }
}

class ThreadB extends Thread {
    Random rm = new Random();
    private List<Integer> list;

    public ThreadB(List<Integer> list) {
        this.list = list;
    }

    @Override
    public void run() {
        System.out.println(Thread.currentThread().getName() + " 开始执行! ");


        for (int i = 0 ; i < 100 ; i++) {
            list.add(rm.nextInt(1000)); // 随机插入 100 个整数到 list 中
        }
        System.out.println(Thread.currentThread().getName() + " 执行结束! ");
    }
}
```

运行结果如图 10-7 所示。

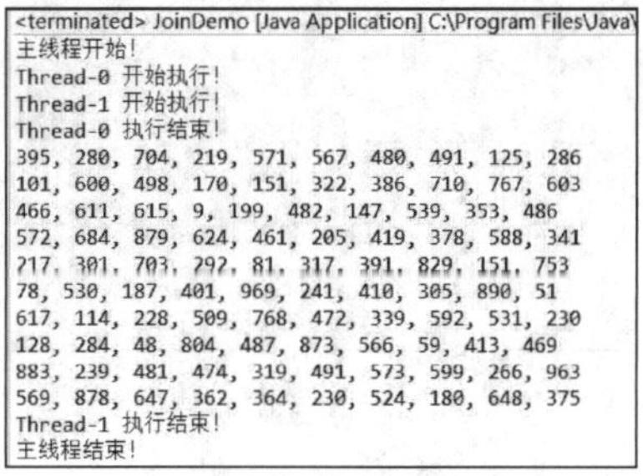

```
<terminated> JoinDemo [Java Application] C:\Program Files\Java\
主线程开始!
Thread-0 开始执行!
Thread-1 开始执行!
Thread-0 执行结束!
395, 280, 704, 219, 571, 567, 480, 491, 125, 286
101, 600, 498, 170, 151, 322, 386, 710, 767, 603
466, 611, 615, 9, 199, 482, 147, 539, 353, 486
572, 684, 879, 624, 461, 205, 419, 378, 588, 341
217, 301, 703, 292, 81, 317, 391, 829, 151, 753
78, 530, 187, 401, 969, 241, 410, 305, 890, 51
617, 114, 228, 509, 768, 472, 339, 592, 531, 230
128, 284, 48, 804, 487, 873, 566, 59, 413, 469
883, 239, 481, 474, 319, 491, 573, 599, 266, 963
569, 878, 647, 362, 364, 230, 524, 180, 648, 375
Thread-1 执行结束!
主线程结束!
```

图 10-7　运行结果

10.3.4　线程休眠

Thread 类中有 sleep()方法。该方法可以让当前线程休眠并让出 CPU，使得其他线程可以获取 CPU 并执行。对于周期性很强的系统，调用线程休眠是最好的形式。线程休眠时只会等待休眠结束，并不占用 CPU 资源。等到休眠结束后，线程会重新进入就绪状态，等待 CPU 分配时间片，以继续执行。

下面通过任务 10-7 了解线程休眠的具体应用。

任务 10-7　线程休眠

文件 SleepDemo.java

```
public class SleepDemo {

    public static void main(String[] args) {
        List<RandomThread> list = new ArrayList<>();

        long start = System.currentTimeMillis(); // 系统当前毫秒值
```

```
        // 创建 30 个 RandomThread 对象
        for (int i = 0 ; i < 30 ; i++) {
            list.add(new RandomThread(start));
        }
        for (RandomThread t : list) {
            // 执行 RandomThread 对象
            t.start();
        }
    }
}

class RandomThread extends Thread {

    private long startTime;
    public RandomThread(long time) {
        startTime = time;
    }

    @Override
    public void run() {
        Random rm = new Random();
        for (int i = 0 ; i < 10 ; i++) {
            long time = System.currentTimeMillis();
            // 随机输出一个数字
            System.out.println(Thread.currentThread().getName() + " - 第 " +
(i + 1) + "次执行 : " + rm.nextInt(100) + "; 与基准时间差值是 - " + (time - startTime));
            try {
                // 输出后休眠 1s，参数 1000 是毫秒值
                Thread.currentThread().sleep(1000);
            } catch (InterruptedException e) {
                e.printStackTrace();
            }
        }
    }
}
```

运行结果如图 10-8 所示。

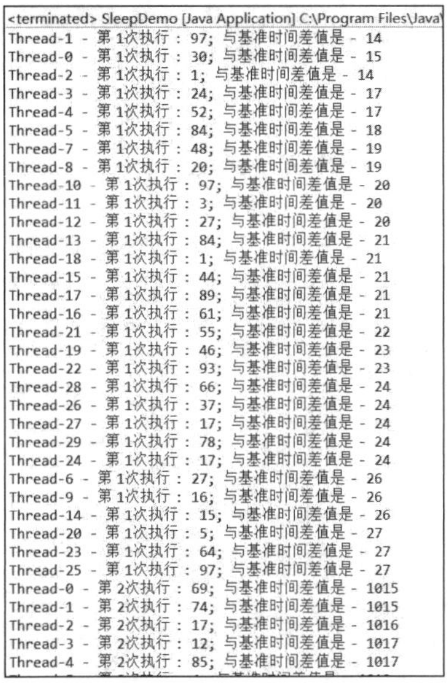

```
<terminated> SleepDemo [Java Application] C:\Program Files\Java\
Thread-1 - 第 1次执行 : 97; 与基准时间差值是 - 14
Thread-0 - 第 1次执行 : 30; 与基准时间差值是 - 15
Thread-2 - 第 1次执行 : 1; 与基准时间差值是 - 14
Thread-3 - 第 1次执行 : 24; 与基准时间差值是 - 17
Thread-4 - 第 1次执行 : 52; 与基准时间差值是 - 17
Thread-5 - 第 1次执行 : 84; 与基准时间差值是 - 18
Thread-7 - 第 1次执行 : 48; 与基准时间差值是 - 19
Thread-8 - 第 1次执行 : 20; 与基准时间差值是 - 19
Thread-10 - 第 1次执行 : 97; 与基准时间差值是 - 20
Thread-11 - 第 1次执行 : 3; 与基准时间差值是 - 20
Thread-12 - 第 1次执行 : 27; 与基准时间差值是 - 20
Thread-13 - 第 1次执行 : 84; 与基准时间差值是 - 21
Thread-18 - 第 1次执行 : 1; 与基准时间差值是 - 21
Thread-15 - 第 1次执行 : 44; 与基准时间差值是 - 21
Thread-17 - 第 1次执行 : 89; 与基准时间差值是 - 21
Thread-16 - 第 1次执行 : 61; 与基准时间差值是 - 21
Thread-21 - 第 1次执行 : 55; 与基准时间差值是 - 22
Thread-19 - 第 1次执行 : 46; 与基准时间差值是 - 23
Thread-22 - 第 1次执行 : 93; 与基准时间差值是 - 23
Thread-28 - 第 1次执行 : 66; 与基准时间差值是 - 24
Thread-26 - 第 1次执行 : 37; 与基准时间差值是 - 24
Thread-27 - 第 1次执行 : 17; 与基准时间差值是 - 24
Thread-29 - 第 1次执行 : 78; 与基准时间差值是 - 24
Thread-24 - 第 1次执行 : 17; 与基准时间差值是 - 24
Thread-6 - 第 1次执行 : 27; 与基准时间差值是 - 26
Thread-9 - 第 1次执行 : 16; 与基准时间差值是 - 26
Thread-14 - 第 1次执行 : 15; 与基准时间差值是 - 26
Thread-20 - 第 1次执行 : 5; 与基准时间差值是 - 27
Thread-23 - 第 1次执行 : 64; 与基准时间差值是 - 27
Thread-25 - 第 1次执行 : 97; 与基准时间差值是 - 27
Thread-0 - 第 2次执行 : 69; 与基准时间差值是 - 1015
Thread-1 - 第 2次执行 : 74; 与基准时间差值是 - 1015
Thread-2 - 第 2次执行 : 17; 与基准时间差值是 - 1016
Thread-3 - 第 2次执行 : 12; 与基准时间差值是 - 1017
Thread-4 - 第 2次执行 : 85; 与基准时间差值是 - 1017
```

图 10-8　运行结果

10.3.5 同步与互斥

1. 同步

寄宿学校可能会有排队打水的场景。若许多人同时等待一个开水阀准备接开水，只有前面一个人打水完毕后，后面一个人才能开始打水。如果打水的动作不是同步的，那么就会出现多人同时抢占一个开水阀的问题。

下面通过任务 10-8 模拟非同步打水的场景。

任务 10-8　非同步打水

文件 GetWaterCrushDemo.java

```java
public class GetWaterCrushDemo extends Thread {

    private PersonAsy personAsy;

    public static void main(String[] args) {
        for (int i = 0 ; i < 10 ; i++) {
            PersonAsy person = new PersonAsy();
            person.setName("王" + i);
            GetWaterCrushDemo crush = new GetWaterCrushDemo(person);
            crush.start();
        }
    }

    public GetWaterCrushDemo(PersonAsy person) {
        personAsy = person;
    }

    public void getWater(PersonAsy personAsy) {
        System.out.println(personAsy.getName() + "开始打水: ");
        try {
            Thread.currentThread().sleep(500);
        } catch (InterruptedException e) {
            e.printStackTrace();
        }
        System.out.println(personAsy.getName() + "打水结束! ");
    }

    @Override
    public void run() {
        this.getWater(personAsy);
    }
}

class PersonAsy {
    private String name;

    public String getName() {
        return name;
    }

    public void setName(String name) {
        this.name = name;
    }

}
```

运行结果如图 10-9 所示。

通过任务 10-8 不难发现，没有添加同步机制的打水场景有些莫名其妙，明明王 1 先开始打水，结果却是王 0 第一个打完水；而且，王 1 还没有打完水，后面的人就开始打水了，场面混乱不堪。

synchronized 是 Java 中的关键字，是一种同步锁。在多线程场景中，它通过控制线程对同一个代码的访问，确保同一时间只有一个线程能够执行该代码。它修饰的对象有以下几种。

* 代码块：被修饰的代码块被称为同步语句块，其作用范围是花括号{}内的代码，作用对象是调用这个代码块的对象。
* 普通方法：被修饰的普通方法称为同步方法，其作用范围是整个方法，作用对象是调用这个方法的对象。
* 静态方法：其作用范围是整个静态方法，作用对象是静态方法所属类的所有对象。

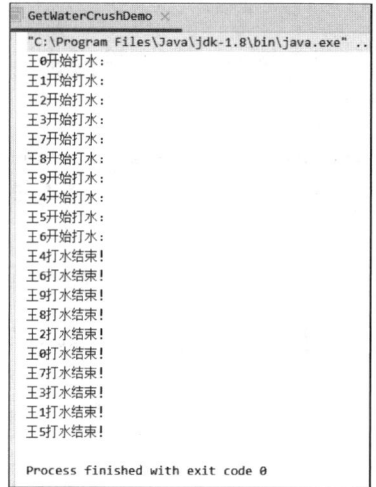

图 10-9 运行结果

* 类：其作用范围是 synchronized 关键字后面圆括号内的部分，作用对象是类的所有对象。

synchronized 关键字对普通成员变量的修饰相当于代码块修饰，它作用于类的某个实例，对其他实例不起作用；对静态成员变量的修饰类似于静态方法修饰，它作用于类的所有实例。

下面通过任务 10-9 模拟同步打水的场景。

任务 10-9 同步打水

文件 CountSycDemo.java

```java
public class CountSycDemo extends Thread {

    private PersonSyc personSyc;
    private static Object obj = new Object();

    public static void main(String[] args) {
        for (int i = 0 ; i < 10 ; i++) {
            PersonSyc person = new PersonSyc();
            person.setName("王" + i);
            CountSycDemo crush = new CountSycDemo(person);
            crush.start();
        }
    }

    public CountSycDemo(PersonSyc person) {
        personSyc = person;
    }

    public void getWater(PersonSyc person) {
        synchronized (obj) {
            System.out.println(person.getName() + "开始打水: ");
            try {
                Thread.currentThread().sleep(500);
            } catch (InterruptedException e) {
                e.printStackTrace();
            }
            System.out.println(person.getName() + "打水结束! ");
        }
    }

    @Override
```

```
public void run() {
    this.getWater(personSyc);
}
}
```

运行结果如图 10-10 所示。

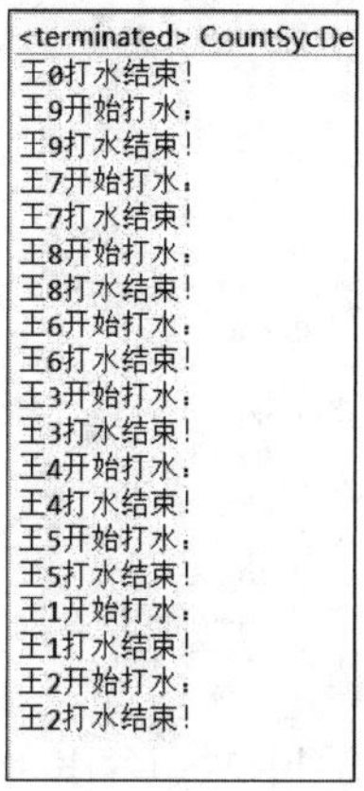

```
<terminated> CountSycDe
王0打水结束!
王9开始打水,
王9打水结束!
王7开始打水,
王7打水结束!
王8开始打水,
王8打水结束!
王6开始打水,
王6打水结束!
王3开始打水,
王3打水结束!
王4开始打水,
王4打水结束!
王5开始打水,
王5打水结束!
王1开始打水,
王1打水结束!
王2开始打水,
王2打水结束!
```

图 10-10　运行结果

该任务使用 synchronized 关键字修饰静态成员变量。使用该方式会对 CountSycDemo 类的所有对象进行同步控制。也就是说，每一次只会有一个该类的对象执行 synchronized 关键字修饰的代码，其他线程必须等待当前线程执行完毕方可执行。

2. 互斥

有时候为了实现互斥，也会使用信号量进行控制，如任务 10-10 所示。

任务 10-10　线程互斥的计数器

文件 MetuxCountDemo.java

```
public class MetuxCountDemo {

    public static void main(String[] args) {
        int times = 10;
        for (int i = 0 ; i < times ; i++) {
            MetuxThread thread = new MetuxThread();
            thread.start();
        }
    }
}

class MetuxThread extends Thread {
    private static int count = 0 ;
    private static boolean flag = true;

    @Override
    public synchronized void run() {
        if (!flag) {
            try {
                wait();
            } catch (InterruptedException e) {
                e.printStackTrace();
            }
        }
        flag = false;
        count++;
        flag = true;
```

207

```
            notifyAll();
            System.out.println(getName() + " count = " + count);
            try {
                sleep(1000);
            } catch (InterruptedException e) {
                e.printStackTrace();
            }
        }
    }
}
```

运行结果如图 10-11 所示。

```
<terminated> MetuxCountDemo [J
Thread-0 count = 1
Thread-1 count = 2
Thread-2 count = 3
Thread-4 count = 5
Thread-6 count = 5
Thread-5 count = 6
Thread-3 count = 7
Thread-7 count = 8
Thread-8 count = 9
Thread-9 count = 10
```

图 10-11 运行结果

其中 flag 相当于信号量。当有线程访问公共资源的时候会先检测信号量，如果可用，该线程会修改信号量的状态，防止其他线程进入；如果信号量被占用，则进入等待状态。访问完成之后，线程会再次修改信号量的状态，并将所有处于该信号量等待状态的线程唤醒，给其他线程获取该信号量的机会。

下面通过任务 10-11 模拟生产者–消费者模型。

任务 10-11 生产者–消费者模型

文件 Product_CustomerDemo.java

```
public class Product_CustomerDemo {

    public static void main(String[] args) {
        Product prod = new Product();
        Producer p = new Producer(prod);
        Producer p1 = new Producer(prod);
        Customer c = new Customer(prod);
        p.start();
        p1.start();
        c.start();
    }
}

class Product {
    private String[] products;              // 产品集
    private int count;                      // 产品的实际数据
    private int BUFFEREDSIZE = 5;           // 缓冲区的大小

    public Product() {
        products = new String[BUFFEREDSIZE];    // 初始化仓库容量
        count = 0;                              // 产品数目
    }

    // 获取库存
    public synchronized String get() {
        String product;
        // 检测产品库存量
```

```java
            while (count <= 0) {
                try {
                    wait();                          // 库存不足，等待
                } catch (InterruptedException e) {
                    e.printStackTrace();
                }
            }
            product = products[--count];        // 取出一个库存
            notifyAll();                             // 唤醒在该数据上等待的所有线程
            return product;
        }

        // 增加库存
        public synchronized void put(String product) {
            // 检测库存是否已满
            while (count >= BUFFEREDSIZE) {
                try {
                    wait();                          // 已满，等待，直到被唤醒
                } catch (InterruptedException e) {
                    e.printStackTrace();
                }
            }
            products[count++] = product;        // 增加库存
            notifyAll();                             // 唤醒所有在库存上等待的线程
        }
    }

// 消费者
class Customer extends Thread {

    private Product product;              // 产品

    public Customer(Product prod) {
        product = prod;
    }

    @Override
    public void run() {
        String production ;
        for (int i =1 ; i < 20 ; i++) { // 获取库存
            production = product.get();
            System.out.println("消费的数据是: " + production);
            try {
                sleep(50);
            } catch (InterruptedException e) {
                e.printStackTrace();
            }
        }
    }
}

class Producter extends Thread {

    private Product product ;

    public Producter(Product prod) {
        product = prod;
    }
```

```
        @Override
        public synchronized void run() {
            for (int i = 0 ; i < 10 ; i++) {
                String production = "第" + i + "个产品";
                product.put(production);
                System.out.println("生产的数据是: " + production );
                try {
                    sleep(50);
                } catch (InterruptedException e) {
                    e.printStackTrace();
                }
            }
        }
    }
```

运行结果如图 10-12 所示。

生产者-消费者模型是最著名的线程同步模型之一。在该模型中，生产者负责生产数据，但其数据需要在可缓存的库存数量之内；如果超出库存，则需要等待数据被消费后再插入。消费者消费库存数据则恰恰相反，如果库存空了则需要等待，等到有库存以后再进行数据消费。从任务 10-11 中可以发现，虽然消费者和生产者在消费和生产的层面上是异步进行的，但是他们之间必须保持同步，生产者不能在库存满了之后还继续增加库存，消费者也不能从一个空的库存中获取产品。

图 10-12 运行结果

10.3.6 死锁问题

在日常生活中偶尔会碰到这种情况，买肉的说："我只有拿到了肉才会给钱！"而卖肉的则说："我只有拿到了钱才会给肉！"这种争执如果得不到劝和，必然导致买肉的买不到肉，卖肉的卖不出肉。这种"死脑筋"的场景在计算机系统中被称为死锁。

死锁是指多个线程因竞争资源而造成的相互等待的僵局。如果没有外力的作用，必然导致无限的等待。例如，A 线程占用了输入设备，在释放前请求了打印机，但是打印机被 B 线程占用；B 线程在释放前需要请求输入设备。这样，A 线程和 B 线程就会无休止地等待，进入死锁状态。

死锁是由系统资源的竞争引发的，这可能是由于资源不足、资源分配不当或线程运行过程中请求和释放资源的顺序不当导致的。死锁的产生有 4 个必要条件。

- 互斥条件：一个资源每次只能被一个线程使用，即一段时间内某个资源只能被一个线程占用。其他线程请求资源时，只能等待。
- 请求与保持条件：线程已经占用了至少一个资源，但又提出了新的资源请求，而相应资源已被其他线程占用。此时请求线程被阻塞，但对自己已获得的资源保持不释放状态。
- 不可剥夺条件：线程所获得的资源在未使用完毕之前，不能被其他状态强行夺走，即只能由获得相应资源的线程自己来释放（只能是主动释放）。
- 循环等待条件：若干线程间形成首尾相接、循环等待资源的关系。

死锁只有在上述 4 个条件都满足的条件下才能产生。

下面通过任务 10-12 了解线程死锁。

任务 10-12 线程死锁

文件 DeadLockDemo.java

```
public class DeadLockDemo {
    // 两个类级别的静态成员变量
    private static Object objALock = new Object();
```

```java
        private static Object objBLock = new Object();

        public static void main(String[] args) {
            Thread t1 = new Thread(new Runnable() {

                @Override
                public void run() {
                    synchronized (objALock) {
                        try {
                            System.out.println(Thread.currentThread().
getName() + " 取得 objALock ...");
                            Thread.sleep(1000);
                            System.out.println(Thread.currentThread().
getName() + " 休眠 1s ...");
                        } catch (InterruptedException e) {
                            e.printStackTrace();
                        }
                        System.out.println(Thread.currentThread().getName() +
" 请求获取 objBLock ...");

                        synchronized (objBLock) {
                            System.out.println(Thread.currentThread().
getName() + " 取得 objBLock ");
                        }
                    }
                }
            }, "t1");
            Thread t2 = new Thread(new Runnable() {

                @Override
                public void run() {
                    synchronized (objBLock) {
                        try {
                            System.out.println(Thread.currentThread().
getName() + " 取得 objBLock ...");
                            Thread.sleep(1000);
                            System.out.println(Thread.currentThread().
getName() + " 休眠 1s ...");
                        } catch (InterruptedException e) {
                            e.printStackTrace();
                        }
                        System.out.println(Thread.currentThread().getName() +
" 请求获取 objALock ...");

                        synchronized (objALock) {
                            System.out.println(Thread.currentThread().
getName() + " 取得 objALock ");
                        }
                    }
                }
            }, "t2");

            t1.start();
            t2.start();
        }
    }
```

运行结果如图 10-13 所示。

这是比较简单的竞争导致的死锁。在任务 10-12 中，线程 t1 获得了一个对象锁 objALock，释放前请求 objBLock 锁；而 t2 线程则获取了 objBLock 锁，释放前请求 objALock 锁。双方都要求在获取对方的锁后释放锁，导致了类似于先给钱还是先给肉的矛盾。

图 10-13　运行结果

死锁产生的条件有 4 个，所以想要避免死锁，只需要不满足 4 个条件中的任意一个就能实现。例如，为避免无限期等待，可以设置等待超时时间；一次只能获取一个资源的锁，当需要获取另一个锁的时候，先释放当前锁。

10.4　多线程

多线程

理解了线程的创建、同步和死锁问题之后，就是领会多线程真正魅力的时候了。相较于串行执行的简单和耗时，多线程则是复杂而高效的。拿破仑可以同时听取数位将军的汇报并做出相应的军事部署，就是因为他具有"多线程"（即可以同时处理多个任务）的能力。

10.4.1　线程池技术

Java 中的线程池是运行场景最多的并发框架之一，几乎所有需要异步或者并发执行的程序都可以使用线程池技术。合理使用线程池技术可以降低线程创建和销毁造成的消耗，提高运行速度和线程的可管理性。

线程池的处理流程如下。

① 判断核心线程池中的线程是否都在执行任务，如果不是，创建一个新的线程来执行任务；如果核心线程池中的线程都在执行任务，则进入下一个流程。

② 判断工作队列是否已经满了，如果没有满，将新提交的任务存储到工作队列中；如果满了，则进入下一个流程。

③ 判断线程池中的线程是否都处于工作状态，如果不是，创建一个新的工作线程来执行任务；如果是，则交给饱和策略来执行任务。

Java 通过 Executors 类提供如下 4 种线程池。

① newCachedThreadPool：创建一个缓存线程池。如果线程池长度超过处理需要，可灵活回收空闲线程；如无可回收的线程，则创建新线程。

② newFixedThreadPool：创建一个定长线程池，可控制线程的最大并发数，超出的线程会在队列中等待。

③ newScheduledThreadPool：创建一个定长线程池，支持定时及周期性任务的执行。

④ newSingleThreadExecutor：创建一个单线程的线程池，它只会用唯一的工作线程来执行任务，保证所有的任务按照指定顺序（FIFO、LIFO、优先级）执行。

缓存线程池使用得比较普遍，而计划任务线程池（即使用 newScheduledThreadPool 创建的线程池）的功能比较特殊。下面就对这两个线程池进行简单说明，如任务 10-13 和任务 10-14 所示。

任务 10-13　缓存线程池

文件 CachedPoolDemo.java

```
public class CachedPoolDemo {
```

```java
public static void main(String[] args) {
    ExecutorService cachedPool = Executors.newCachedThreadPool(); // 创
建缓存线程池
    for (int i = 0 ; i < 15 ; i++) {
        final int index = i;
        cachedPool.execute(new Runnable() {    // 向线程池提交任务

            @Override
            public void run() {
                System.out.println(Thread.currentThread().
getName() + " 正在执行! index = " + index);
            }
        });
    }
    cachedPool.shutdown();                              // 关闭线程池
    }
}
```

运行结果如图 10-14 所示。

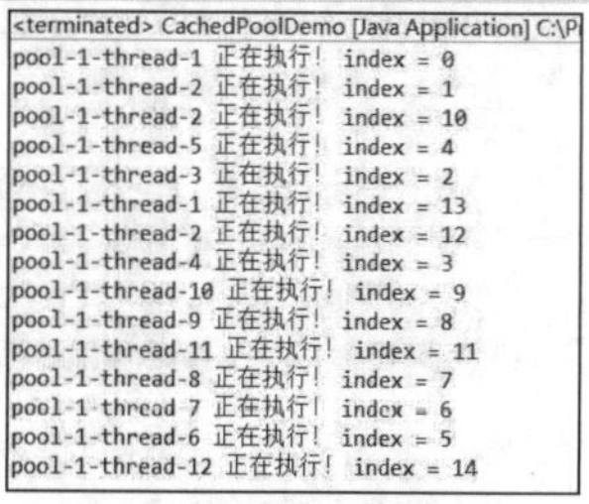

从运行结果可以看出，缓存线程池的线程在执行完一个任务之后，会继续执行下一个任务，其中 pool-1-thread-1 和 pool-1-thread-2 执行了不止一次。缓存线程池的工作原理大致是：如果有空闲线程，使用空闲线程执行新任务，否则判断线程池的线程数是否已经是最大线程数；如果不是，则创建一个新线程执行任务，否则进入等待队列。

图 10-14　运行结果

任务 10-14　计划任务线程池

文件 SchedulePoolDemo.java

```java
public class SchedulePoolDemo {
    public static void main(String[] args) {

        ScheduledExecutorService es = Executors.newScheduledThreadPool(1);
// 创建一个计划任务线程池，newScheduledThreadPool()的参数表示线程池的个数

        es.scheduleAtFixedRate(new Runnable() {

            @Override
            public void run() {
                System.out.println("每 1 秒执行一次: " + System.
currentTimeMillis());

            }
        }, 2, 1, TimeUnit.SECONDS);
    }

}
```

运行结果如图 10-15 所示。

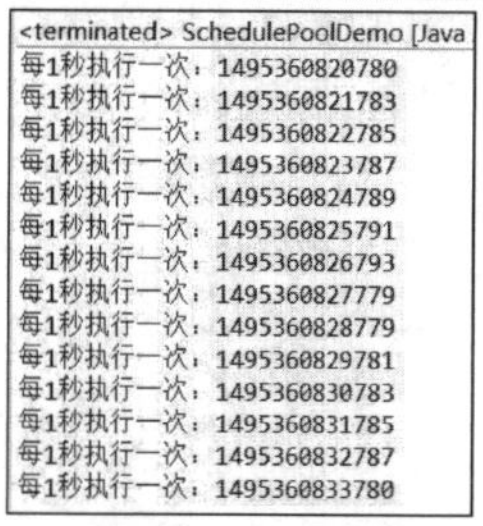

任务 10-14 使用的是固定周期执行的计划任务线程池。其中 scheduleAtFixedRate()方法的第 1 个参数是执行任务的线程（一般是 1 个线程），第 2 个参数是多久后进行第一次任务执行，第 3 个参数是其后每次执行间隔是多久，最后一个参数用于设置时间单元。本任务中使用的单位是秒，读者可以参考自己的需求，修改成分钟或小时。

图 10-15　运行结果

213

10.4.2　Callable接口和Future接口

在第 10 单元的前面部分中，所有的线程都是执行完毕之后就结束了。如果仅仅如此，多线程的魅力可能并不会如此巨大。试想，如果拿破仑只是能够同时听取数位将军的汇报，但是不能同时给出相应的军事部署方案，而是需要一个个地回想并给出部署方案，或许他所散发出来的光芒就不会如此耀眼。多线程亦如此。

1. Callable 接口

并发编程一般将 Runnable 接口交给线程池处理，这种情况下是不需要知道线程执行结果的。但是万一将军汇报完了还想知道对应军事部署方案怎么办？这时候可以试试 Callable 接口。Callable 接口的用法和 Runnable 接口类似，只不过调用的是 call()方法，而不是 run()方法。该方法有一个泛型返回值类型，可根据需要指定。

下面通过任务 10-15 了解 Callable 接口的具体应用。

任务10-15　Callable接口的用法

文件 CallableDemo.java

```java
public class CallableDemo {
    public static void main(String[] args) {
        ExecutorService es = Executors.newSingleThreadExecutor(); // 创建一个单线程
        for (int i = 0 ; i < 10 ; i++) {
            try {
                System.out.println(es.submit(new RunAndReturn(i)).get());
            } catch (InterruptedException | ExecutionException e) {
                e.printStackTrace();
            }
        }
        es.shutdown();                               // 关闭线程池
    }
}

class RunAndReturn implements Callable<String> {
    private Integer id ;

    public RunAndReturn(Integer serno) {
        id = serno;                                  // 初始化私有变量
    }

    @Override
    public String call() throws Exception {
        return "RunAndReturn with result : " + id;   // 返回数据
    }
}
```

运行结果如图 10-16 所示。

Callable 接口支持返回值，且可以被 ExecutorService 接口运行，ExecutorService 接口继承自 Executors 类。ExecutorService 提供了 submit()方法来执行 Callable 接口的任务；对于不需要返回值的任务，可直接使用 execute()方法执行。Executors 类的 submit()方法会返回一个 Future 类型的对象。

```
<terminated> CallableDemo [Java Application]
RunAndReturn with result : 0
RunAndReturn with result : 1
RunAndReturn with result : 2
RunAndReturn with result : 3
RunAndReturn with result : 4
RunAndReturn with result : 5
RunAndReturn with result : 6
RunAndReturn with result : 7
RunAndReturn with result : 8
RunAndReturn with result : 9
```

图 10-16　运行结果

2. Future 接口

Future 接口用于存放 Callable 接口执行后的返回值。这个返回值可以使用 get()方法获取。get()方法是阻塞的，它会一直等待，直到 Callable 接口的执行结果得出。如果不想阻塞当前进程，可以调用 isDone()方法来查询 Callable 接口的执行结果是否已经得出。

下面通过任务 10-16 了解 Future 接口的用法。

任务 10-16　Future 接口的用法

文件 FutureDemo.java

```java
public class FutureDemo {
    public static void main(String[] args) {
        ExecutorService es = Executors.newCachedThreadPool(); // 创建一个缓存线程池
        List<Future<String>> list = new LinkedList<>();    // 创建一个链表，用
于存放 Future 接口对象
        for (int i = 0 ; i < 10 ; i++) {
            final int index = i;
            list.add(es.submit(new Callable<String>() { // 添加一个
Callable 接口并将返回结果存放到链表中

                @Override
                public String call() throws Exception {
                    String name = Thread.currentThread().getName();
                    System.out.println(name + "开始执行! index = " + index);
                    return name + "开始执行! index = " + index;
                }
            }));
        }
        int count = 10;
        while (true) {
            for (Future<String> f : list) { // 遍历 list，获取返回对象 Future
                if (f.isDone()) {            // 如果已经计算完成
                    try {
                        System.out.println("计算结束，计算结果是: " +
f.get());                            // 获取结果
                        count--;    // 计数器减 1
                    } catch (InterruptedException | ExecutionException e) {
                        e.printStackTrace();
                    }
                }
            }
            // 遍历结束后，获取了所有的数据，跳出 while 循环，否则休眠 10ms
            if (0 == count) {
                break;                         // 如果所有的数据都已经获取到，则跳出循环
            }
            try {
                Thread.sleep(10); // 如果还有数据未获取到，休眠 10ms 后继续获取
            } catch (InterruptedException e) {
                e.printStackTrace();
            }
        }
        es.shutdown();                         // 关闭线程池
    }
}
```

运行结果如图 10-17 所示。

```
<terminated> FutureDemo [Java Application] C:\Program Files\Java\jdk1.8.0_111\bin\javaw.exe (20
pool-1-thread-1开始执行! index = 0
pool-1-thread-2开始执行! index = 1
pool-1-thread-3开始执行! index = 2
pool-1-thread-5开始执行! index = 4
pool-1-thread-1开始执行! index = 9
pool-1-thread-8开始执行! index = 7
pool-1-thread-6开始执行! index = 5
pool-1-thread-4开始执行! index = 3
pool-1-thread-9开始执行! index = 8
pool-1-thread-7开始执行! index = 6
计算结束，计算结果是：pool-1-thread-1开始执行! index = 0
计算结束，计算结果是：pool-1-thread-2开始执行! index = 1
计算结束，计算结果是：pool-1-thread-3开始执行! index = 2
计算结束，计算结果是：pool-1-thread-4开始执行! index = 3
计算结束，计算结果是：pool-1-thread-5开始执行! index = 4
计算结束，计算结果是：pool-1-thread-6开始执行! index = 5
计算结束，计算结果是：pool-1-thread-7开始执行! index = 6
计算结束，计算结果是：pool-1-thread-8开始执行! index = 7
计算结束，计算结果是：pool-1-thread-9开始执行! index = 8
计算结束，计算结果是：pool-1-thread-1开始执行! index = 9
```

图 10-17　运行结果

10.5　项目实战

项目 10-1　实现 MapReduce 的并发

在具备了线程的知识以后，就可以实现 MapReduce 框架的全流程了。第
5 单元的项目实战中提到过，在真实的场景中，MapReduce 框架中的 Map 任
务和 Reduce 任务是运行在多台机器上的，我们可以通过多线程进行模拟，步骤如下。

① 对 JobClient 类进行具体的实现，如下所示。

文件 JobClient.java

```java
public class JobClient {
    public void runJob(JobConf jobConf) throws InterruptedException,
CustomException {
        ExecutorService executorService = Executors.newFixedThreadPool(jobConf.
getThreadPoolSize());

        // Split 阶段
        InputSplit inputSplit = new InputSplit(jobConf.getInputFile(),
jobConf.getTmpDir());
        List<String> splits = inputSplit.split(jobConf.getBlockSize());
        // Map 阶段
        CountDownLatch countDownLatch = new CountDownLatch(splits.size());
        for (int i = 0; i < splits.size(); ++i) {
          executorService.submit(new MapRunnable(i, splits.get(i), jobConf,
countDownLatch));
        }
        countDownLatch.await(5, TimeUnit.MINUTES);
        // Reduce 阶段
        countDownLatch = new CountDownLatch(jobConf.getReducerNumber());
        for (int i = 0; i < jobConf.getReducerNumber(); i++) {
          executorService.submit(new ReduceRunnable(i, jobConf, countDownLatch));
        }
        countDownLatch.await(5, TimeUnit.MINUTES);
        executorService.shutdown();
    }
}
```

在 JobClient 的开始部分定义一个 ExecutorService 线程池，用于线程的调度和运行。根据
MapReduce 框架，任务首先对输入的文件进行拆分，然后将拆分的结果分给不同的 Map 任务去执

行，每个 Map 任务都在 MapRunnable 中运行。需要说明的是，Shuffle 阶段也在 MapRunnable 中同步实现。因为需要等待 Map 阶段完成之后才可以进行下一步的任务，所以通过 CountDownLatch 类实现了对每个线程任务的等待。在所有的 Map 任务完成之后，就向线程池提交 Reduce 任务，每个 Reduce 任务都在 ReduceRunnable 中实现。

② 对 MapRunnable 类进行具体的实现，如下所示。

文件 MapRunnable.java

```java
public class MapRunnable implements Runnable {

    private int index;
    private String inputFile;
    private JobConf jobConf;
    private CountDownLatch countDownLatch;

    /**
     * @param index 第 i 个 Map 任务
     * @param inputFile 输入文件，即 Split 任务输出的结果文件
     * @param jobConf 任务的配置
     * @param countDownLatch 用于等待 Map 任务结束
     */
    public MapRunnable(int index, String inputFile, JobConf jobConf,
CountDownLatch countDownLatch) {
        this.index = index;
        this.inputFile = inputFile;
        this.jobConf = jobConf;
        this.countDownLatch = countDownLatch;
    }

    @Override
    public void run() {
        Map<Integer, BufferedWriter> writers = new HashMap<>();
        try (
            BufferedReader br = Files.newBufferedReader(Paths.get(inputFile),
StandardCharsets.UTF_8)) {
            String seq = br.readLine();
            String line;
            while ((line = br.readLine()) != null) {
                Map<String, String> result = jobConf.getMapper().map(seq, line);
                for (Map.Entry<String, String> entry : result.entrySet()) {
                    String key = entry.getKey();
                    String value = entry.getValue();
                    // 对单词进行哈希操作，然后和 Reduce 任务的总数取余，这样，相同哈希值的单词将会被
分到同一个文件中，从而完成 Shuffle 阶段的任务
                    int bucket = Math.abs(key.hashCode()) % jobConf.getReducerNumber();
                    BufferedWriter bw = writers.computeIfAbsent(bucket, k -> {
                        try {
                            return Files.newBufferedWriter(
                                Paths.get(jobConf.getTmpDir(), String.format("shuffle_%d_%d",
bucket, index)),
                                StandardCharsets.UTF_8);
                        } catch (IOException e) {
                            e.printStackTrace();
                        }
                        return null;
                    });
                    bw.write(key + "\t" + value);
                    bw.newLine();
                }
```

```
      }
      for (BufferedWriter bw : writers.values()) {
        bw.close();
      }
    } catch (Exception e) {
      e.printStackTrace();
    }
    countDownLatch.countDown();
  }
}
```

    MapRunnable 类继承自 Runnable 类，用于接收 Split 阶段生成的文件，然后读取这些文件，并调用 map()方法统计当前文件中每个单词出现的次数；对每个单词进行哈希操作，和 Reduce 任务的总数进行取余运算，将余数相同的单词和对应的统计结果输出到同一个文件中。这样，相同单词的统计结果都会在同一个文件中，Reduce 阶段就可以对结果进行聚合。

    ③ 对 ReduceRunnable 类进行具体实现，如下所示。

文件 ReduceRunnable.java

```
public class ReduceRunnable implements Runnable {

  private int index;
  private JobConf jobConf;
  private CountDownLatch countDownLatch;

  /**
   * @param index 第 i 个 Reduce 任务
   * @param jobConf 任务的配置
   * @param countDownLatch 用于等待当前任务结束
   */
  public ReduceRunnable(int index, JobConf jobConf, CountDownLatch
countDownLatch) {
    this.index = index;
    this.jobConf = jobConf;
    this.countDownLatch = countDownLatch;
  }

  @Override
  public void run() {
    Map<String, List<String>> collects = new HashMap<>();
    // 获取 Map 阶段的输出文件
    String filePrefix = "shuffle_" + index;
    File file = new File(jobConf.getTmpDir());
    File[] files = file.listFiles(new FilenameFilter() {
      @Override
      public boolean accept(File dir, String name) {
        return name.startsWith(filePrefix);
      }
    });
    // 读取 Map 阶段的输出结果
    for (File f : files) {
      try (BufferedReader br = Files.newBufferedReader(f.toPath(),
StandardCharsets.UTF_8)) {
        String line;
        while ((line = br.readLine()) != null) {
          String[] sa = line.split("\t");
          String key = sa[0];
          String value = sa[1];
          List<String> values = collects.computeIfAbsent(key, k -> new
ArrayList<>());
          values.add(value);
```

```
      }
    } catch (Exception e) {
      e.printStackTrace();
    }
  }
  // 对 Map 阶段的输出结果进行聚合，并将聚合结果输出到文件中
  try (BufferedWriter bw = Files.newBufferedWriter(
      Paths.get(jobConf.getOutputDir(), String.format("output_%d.txt",
index)),
      StandardCharsets.UTF_8)) {
    for (Map.Entry<String, List<String>> entry : collects.entrySet()) {
      Map<String, String> result = jobConf.getReducer().reduce(entry.getKey(),
entry.getValue());
      for (Map.Entry<String, String> e : result.entrySet()) {
        bw.write(e.getKey() + "\t" + e.getValue());
        bw.newLine();
      }
    }
  } catch (Exception e) {
    e.printStackTrace();
  }
  countDownLatch.countDown();
  }
}
```

ReduceRunnable 类同样继承自 Runnable 类，用于接收 Map 阶段生成的文件；从文件中读取 Map 阶段的输出结果，将同一个单词的多个统计结果放入 List 集合中；然后对同一个单词的多个结果进行聚合，并将结果输出到文件中。

至此，使用 MapReduce 处理 WordCount 任务的全流程就实现了。可以在主方法中调用 JobClient 运行任务，如下所示。

文件 WordCount.java

```
public class WordCount {

  private void run() throws InterruptedException, CustomException {
    JobConf jobConf = new JobConf();
    jobConf.setMapper(new CustomMapper());
    jobConf.setReducer(new CustomReducer());
    jobConf.setMapperNumber(5);                          // 设置 Map 任务的个数
    jobConf.setReducerNumber(5);                         // 设置 Reduce 任务的个数
    jobConf.setInputFile("work-dir\\input_file.txt");// 设置输入文件路径
    jobConf.setTmpDir("work-dir\\tmp");                  // 设置用于保存中间结果的路径
    jobConf.setOutputDir("work-dir\\output");           // 设置结果输出目录
    jobConf.setBlockSize(1 * 1024L);                    // 设置分割的大小
    jobConf.setThreadPoolSize(5);                       // 设置线程池大小
    new JobClient().runJob(jobConf);                    // 运行任务

  }

  public static void main(String[] args) throws InterruptedException,
CustomException {
    new WordCount().run();
  }
```

10.6 单元小结

本单元主要介绍并发编程。10.1 节讲解了进程与线程的区别和联系。10.2 节讲解了线程的创

建方式，一种是继承 Thread 类，另一种是实现 Runnable 接口。继承 Thread 类后可以直接调用 start()方法启动线程，而实现 Runnable 接口则需要使用 Thread 类进行包装后方可调用 start()方法。10.3 节讲解了线程的调度问题，梳理了线程的 5 种状态：创建、就绪、阻塞、运行以及死亡，涉及线程的休眠、同步和死锁等问题也都做了讲解。10.4 节讲解了线程池技术以及带有返回值的 Callable 接口和接收返回值的 Future 接口，并对 Future 接口的 isDone()方法和 get()方法进行了简单介绍。10.5 节通过具体的示例演示了线程池的使用。

　　线程的创建和销毁都需要耗费资源，且多线程是需要进行上下文切换的；并且，对于一些系统，线程的优先级是不可用的，这些都需要读者斟酌。虽然多线程有其巨大的优势，但是好的不一定就是适合的，读者应当根据自己的需求进行合理的规划和选择。

10.7 课后习题

1. 有 3 种原因可能导致线程不能运行，它们是（　　）。
   A. 等待　　　　　　　　　　　　　B. 阻塞
   C. 休眠　　　　　　　　　　　　　D. 挂起及由于输入输出操作而阻塞
2. 用（　　）方法可以改变线程的优先级。
   A. run()　　　　　B. setPriority()　　　C. yield()　　　　D. sleep()
3. 线程通过（　　）方法可以使具有相同优先级的线程获得 CPU 资源。
   A. run()　　　　　B. setPriority()　　　C. yield()　　　　D. sleep()
4. 方法 resume()负责重新开始（　　）线程的执行。
   A. 被 stop()方法停止的　　　　　　　B. 被 sleep()方法停止的
   C. 被 wait()方法停止的　　　　　　　D. 被 suspend()方法停止的
5. 线程通过（　　）方法可以休眠一段时间，然后恢复运行。
6. （　　）方法可以用来暂时停止当前线程的运行。
7. 线程和进程有什么区别？
8. 继承 Thread 类或实现 Runnable 接口是 Java 中创建线程的两种方法，简述两者的异同。
9. Runnable 和 Callable 有什么不同？
10. Thread 类中的 start()和 run()方法有什么区别？
11. 查找 API 文档，了解 Executors.newCachedThreadPool()方法的参数，并理解参数的含义。
12. 线程的休眠和等待有什么区别？
13. 简述 notify()和 notifyAll()方法的区别，为何文中的生产者-消费者模型使用的是 notifyAll()方法而不是 notify()方法？如果使用 notify()方法会不会产生问题？如果会，产生的是什么问题？
14. 参考寄宿学校打水问题，编写代码模拟 3 个窗口的多线程售票场程，要求售票效果同真实的火车站售票效果一致。
15. 是不是线程的个数越多，程序执行就越快？为什么？

第11单元
网络编程

11

情景引入

在日常生活中，我们经常会通过网络浏览网页，通过通信工具和好友在网上交流，这些都需要通过网络传输数据。Java成功应用的一个重要领域就是网络。同Java的集合一样，Java在JDK中也加入了大量和网络相关的类，将多种网络协议封装在这些类中，这也让Java网络程序的编写更加容易。与网络相关的功能集中在java.net包中，开发者无须深入地了解相关的协议也能实现网络应用中的多种C/S（Client/Server，客户端/服务器端）和B/S（Browser/Server，浏览器/服务器）通信程序。通过对本单元的学习，读者可以使用Java的API完成客户端和服务器端的网络通信。

学习目标

知识目标

（1）熟悉URL的概念。

（2）熟悉Java中关于TCP和UDP通信的API。

能力目标

（1）可以通过Java的API实现网络通信。

（2）掌握TCP通信和UDP通信的区别。

素质目标

（1）通过网络协议学习和通信程序开发，培养网络应用开发与网络原理理解能力。

（2）通过TCP、UDP通信编程实践，培养不同网络通信方式的应用与调试能力。

思维导图

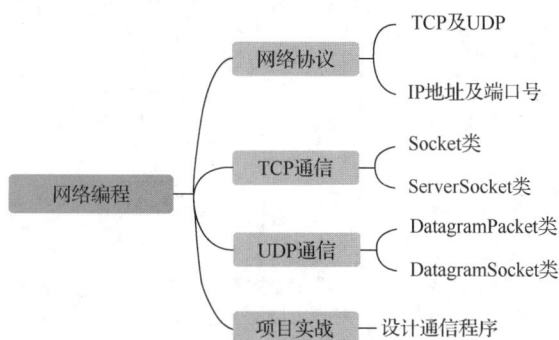

11.1 网络协议

构建网络的目的就是通信，但要实现不同计算机之间的通信存在着很大的困难。为了克服这些困难，就需要构建统一的网络通信标准，即网络协议。网络协议就是计算机通信双方在通信时必须遵循的一组规范。

Java 的网络包简化了网络程序的开发。为了更好地使用这些包中的类，需要对网络开发中可能会涉及的名词（如 TCP/IP、UDP、套接字、URL 等）有初步的了解。

11.1.1 TCP 及 UDP

TCP/IP（Transmission Control Protocol/Internet Protocol）叫作传输控制协议/互联网协议，又叫作网络通信协议，是互特网中使用的基本通信协议。该协议包含两个保证数据完整传输的重要协议，即 TCP 和 IP，同时包含上百种其他功能的协议。通常说的 TCP/IP 是网络协议簇。

UDP 是 User Datagram Protocol 的简称，中文名是用户数据报协议，是 OSI（Open System Interconnection，开放系统互连）参考模型中一种无连接的传输层协议，提供面向事务的简单不可靠信息传送服务。不同于 TCP/IP 的可靠信息传送，UDP 无须三次握手确保连接双方都已准备就绪就可以传输数据。即使目标地址不可达，这种不可靠的数据传送服务也可在无须确保数据完整性和实时反馈的场景下使用。因为免去了三次握手，所以其消耗的服务器负载要远小于 TCP/IP。

套接字（Socket）是 TCP/IP 中的基本概念，负责将 TCP/IP 包发送到指定的 IP 地址。它可以看作两个程序通信连接中的端点。数据被写入套接字中后，该套接字将数据发送到另一个套接字中，使数据能够传送给其他程序。

URL 是对可以从互联网上得到的资源位置和访问方法的一种简洁表示，是互联网上资源的标准地址。互联网上的每个文件都有一个唯一的 URL，它包含的信息指出文件的位置以及浏览器应该怎么处理它。URL 由 Internet 资源类型（http 或 ftp 等）、服务器地址（host）、端口（port）和资源在服务器上的位置组成。Java 中有对应的 URL 类和 URLConnection 类，其使用如任务 11-1 所示。

任务 11-1　URL 类和 URLConnection 类的使用

文件 URLDemo.java

```java
public class URLDemo {

    public static void main(String[] args) {
        try {
            URL url = new URL("http://www.baidu.com/index.html");
            System.out.println("默认端口是: " + url.getDefaultPort());

            // 打开一个 URLConnection 类对象
            URLConnection urlConn = url.openConnection();
            // 获取请求头
            Map<String, List<String>> map = urlConn.getHeaderFields();
            for (Entry<String, List<String>> entry : map.entrySet()) {
                System.out.println(entry.getKey() + " : " + entry.getValue());
            }

            System.out.println("content-type :" + urlConn.getContentType());
            System.out.println("是否获取用户缓存: " + urlConn.getDefaultUseCaches());
```

```
        } catch (MalformedURLException e) {
            e.printStackTrace();
        } catch (IOException e) {
            e.printStackTrace();
        }
    }
}
```

运行结果如图 11-1 所示。

```
<terminated> URLDemo [Java Application] C:\Program Files\Java\jdk1.8.0_111\bin\javaw.exe {201
默认端口是：80
Accept-Ranges : [bytes]
null : [HTTP/1.1 200 OK]
Cache-Control : [private, no-cache, no-store, proxy-revalidate, no-transform]
Server : [bfe/1.0.8.18]
ETag : ["588604c1-94d"]
Connection : [Keep-Alive]
Set-Cookie : [BDORZ=27315; max-age=86400; domain=.baidu.com; path=/]
Pragma : [no-cache]
Last-Modified : [Mon, 23 Jan 2017 13:27:29 GMT]
Content-Length : [2381]
Date : [Wed, 03 May 2017 13:05:31 GMT]
Content-Type : [text/html]
content-type :text/html
是否获取用户缓存：true
```

图 11-1　运行结果

在实际开发中，用户可以设定请求头的键值对和获取响应头的键值对数据，这些操作都可通过 URLConnetcion 类来完成，不过请求头信息的添加键值对操作必须在连接还未建立之前进行。

11.1.2　IP 地址及端口号

IP 是为计算机网络通信设计的协议。任何厂家生产的计算机系统，只要遵守 IP 就可以与因特网互连互通。IP 地址具有唯一性，用于唯一标识网络中的一台设备。由于现行网络设备过多，导致 IPv4（Internet Protocol Vesion 4，网际协议版本 4，现行的 IP 版本）地址分配收紧，IETF（Internet Engineeving Task Force，因特网工程任务组）设计了 IPv6（Internet Protocol Version 6，网际协议版本 6）来解决此问题。IPv4 地址由 4 个小于 256 的字节组成，这些字节通过以"."连接的 32 位字符串来表示，如 212.32.1.124；IPv6 则使用 8 个 16 位的无符号整数，通过用冒号"："隔开表示，例如 6dfe:3312:1123:12df:dfdd:123s:fed2:ss4e。Java 网络包中提供了 Inet4Address 类和 Inet6Address 类，分别对应 IPv4 和 IPv6 地址。

由于 IP 地址是数字标识，难于记忆和书写，所以在 IP 地址的基础上又发展出一种符号化的地址方案，来代替数字型的 IP 地址，每一个符号化的地址与特定的 IP 地址对应。因为符号化的地址有其对应的意义和内容，所以记忆和书写都非常方便。这些符号化的地址就是域名，例如人民邮电出版社的域名就是 www.ptpress.com.cn。但域名不能直接被网络设备所识别，需要域名服务器（Domain Name Server，DNS）对域名与 IP 地址做对应的转换。

计算机端口对应的英文是 port。硬件中的端口也称接口；在软件中，端口一般是指网络中面向连接服务和无连接服务的通信协议识别代码，是一种抽象的软件结构，包括一些数据结构和输入输出缓冲区。计算机在通信时需要指定端口，以传递信息。端口号可以是 0～65535 之间的任意一个整数。1024 以内的端口号在一些系统中被保留给系统服务使用，其他的端口号供其他程序使用。每个服务都需要跟一个特定的端口关联在一起，通信时客户端和管理端都需要先知道通信的端口号。

下面通过任务 11-2 了解 IP 类的使用。

任务 11-2　IP 类的使用

文件 IPDemo.java

```
public class IPDemo {

    public static void main(String[] args) {
```

```
        try {
            InetAddress ip = InetAddress.getByName("www.baidu.com");
            System.out.println("主机名是: " + ip.getHostName() + "，  地址
是: " + ip.getHostAddress());
            System.out.println("地址是否可达: " + ip.isReachable(1000));

            InetAddress[] ads = InetAddress.getAllByName("www.ptpress.com.cn");
            System.out.println("开始获取当前域名对应的所有 IP 地址: ");
            for (InetAddress ad : ads) {
                System.out.println("" + ad.getHostName() + " : " +
ad.getHostAddress());
            }
            System.out.println("结束获取当前域名对应的所有 IP 地址。");
            System.out.println("当前主机的地址: " + InetAddress.getLocalHost());

        } catch (UnknownHostException e) {
            e.printStackTrace();
        } catch (IOException e) {
            e.printStackTrace();
        }
    }
}
```

运行结果如图 11-2 所示。

```
<terminated> IPDemo [Java Application] C:\Program Files\Java\jre1.8.0_111\
主机名是: www.ptpress.com.cn ，  地址是: 59.110.9.128
地址是否可达: true
开始获取当前域名对应的所有IP地址:
www.ptpress.com.cn : 59.110.9.128
结束获取当前域名对应的所有IP地址。
当前主机的地址: shadow/192.168.1.107
```

图 11-2　运行结果

11.2　TCP 通信

　　在日常生活中，大家都会打电话。打电话这个场景就是一个可靠的通信场景，这个场景下你说的每一句话都会被对方听到。如果听不清楚，你还可以再说一遍，以确保对方听到了你说的话。还有一种通信，例如文件共享，你给你的朋友发了一个文件，但是你只确定你发了文件，无法确定对方有没有收到以及收到的文件是否完整。这就涉及 11.3 节介绍的 UDP 通信，即不可靠通信。

TCP 通信

11.2.1　Socket 类

　　当两个程序想要通信的时候，可以使用 Socket 类建立套接字连接，使呼叫的一方成为客户端，接收的一方成为服务器端。服务器端使用的套接字是 ServerSocket。Socket 类和 ServerSocket 类使用的 IP 地址和端口号必须相同，端口号在服务器端和客户端必须一致才能通信。
　　一个典型的客户端/服务器端对话过程如下。
　　① 服务器端开启监听功能，监听指定端口。
　　② 客户端对指定的端口发起请求。
　　③ 服务器端接收到请求，进行处理并返回给客户机处理结果。
　　④ 客户端接收结果，进行后续处理。
　　当一次对话过程结束之后，一定要关闭套接字。

在 Java 中，Socket 类的创建有两种方式，一种是非阻塞式创建（这种方式可以设置超时时间）：

```
Socket so = new Socket();
SocketAddress saddr = new InetSocketAddress(InetAddress.getByName
("www.baidu.com"), 80);
so.connect(saddr, 3000);
```

另一种是阻塞式创建：

```
Socket so = new Socket("www.baidu.com", 80);
```

或者

```
Socket so = new Socket(InetAddress.getByName("www.baidu.com"), 80);
```

这两种创建方式会在创建 Socket 类的时候一直阻塞，直到有连接响应。具体使用哪种方式创建套接字，可按实际情况进行选择。

11.2.2　ServerSocket 类

ServerSocket 类是服务器端套接字，用于对指定的端口进行监听。当监听到请求之后，可以使用 accept() 方法接收客户端发来的消息。该方法是阻塞的，直到有连接响应，才会返回一个 Socket 对象。服务器可以使用该 Socket 类与客户端进行通信。

在 Java 中，Socket 类的通信模型如图 11-3 所示。

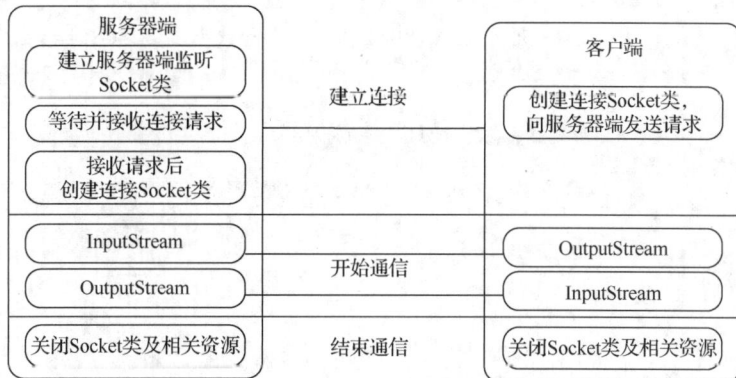

图 11-3　Socket 类的通信模型

下面通过任务 11-3 了解端到端通信。

任务 11-3　端到端通信

文件 SocketClientDemo.java

```
public class SocketClientDemo {

    public static void main(String[] args) {

        try (Socket socket = new Socket("localhost", 8182);InputStream is =
socket.getInputStream();OutputStream os = socket.getOutputStream()) {

            System.out.println("已经连接上服务器，等待服务器端返回数据: ");
            byte[] buf = new byte[2048];
            int i = 0 ;
            StringBuilder sb = new StringBuilder();

            while ((i = is.read(buf)) != -1) {
                sb.append(new String(buf, "UTF-8"));
            }
```

```
                System.out.println("服务器端返回数据: " + sb);


        } catch (IOException e) {
            e.printStackTrace();
        }
    }

}
```

文件 SocketServerDemo.java

```
public class SocketServerDemo {

    public static void main(String[] args) throws IOException {

        try (ServerSocket ss = new ServerSocket(8182)) {
            while (true) {
                try (Socket so = ss.accept(); OutputStream os =
so.getOutputStream();PrintWriter pw = new PrintWriter(os);InputStream is =
so.getInputStream()) {

                    System.out.println("客户端地址【: " + so.getInetAddress() + ",
端口号: " + so.getPort() + " 】已经连接到服务器! ");

                    pw.write("Hello, " + so.getInetAddress() + ",非常感谢您
的本次连接。");

                    pw.write("连接成功! ");
                    pw.flush();
                    System.out.println("服务器端数据返回成功! 开始后续数据的交
流步骤! ");

                }
            }
        }
    }
}
```

运行结果如图 11-4 所示。

因为 Socket 类和 ServerSocket 类均实现了 Closeable 接口，所以此处使用 try() {...}的方式进行创建。这种方式一方面可避免流在关闭时可能会因特殊情况无法正常关闭的问题，另一方面省去了手动实现 close()的步骤，使得代码更加精简。

通过任务 11-3 可以看出，客户端和服务器端实际上都在使用 Socket 类进行通信。服务器端使用 ServerSocket 类调用 accept()方法阻塞监听客户端的请求，并返回一个与之对应的 Socket 类来实现数据的交互。

Socket 类使用 getInputStream()方法获取 Socket 类中的数据，使用 getOutputStream()方法将数据放进 Socket 类中供对方读取。

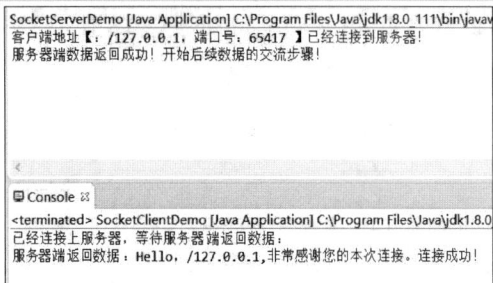

图 11-4　运行结果

11.3　UDP 通信

同 TCP 通信不同的是 UDP 通信，UDP 是一种面向无连接的协议，无须通

UDP 通信

信双方建立连接即可进行通信。就像 QQ 和微信，用户之间无须进行打电话一样的联通就可以进行通信。当然其时效性与 TCP 通信相比较差，可能 A 向 B 发送了一条消息，数天后 B 才收到并回复。如果对时效性要求不高，那么这种方式比打电话强制中断 B 正在忙碌的事情让 B 更加容易接受。

11.3.1 DatagramPacket 类

与 UDP 通信相关的处理类是 DatagramPacket 类，该类位于 java.net 包下。该类在接收方和发送方创建的对象是不同的，当发送的时候，发送方不仅要将需要发送的数据告诉 DatagramPacket 对象，还需要将数据要发送的地址和端口号告诉 DatagramPacket 对象；接收方则只需声明要获取的数据即可。

DatagramPacket 类中常用的方法如表 11-1 所示。

表 11-1　DatagramPacket 类中常用的方法

方法	功能描述
DatagramPacket(byte[] buf, int length)	创建时指定封装的字节数据和长度大小，用于数据接收方
DatagramPacket(byte[] buf, int offset, int length)	创建时指定封装的字节数据、数据的偏移量和读取长度，用于数据接收方
DatagramPacket(byte[] buf, int length, InetAddress addr, int prot)	创建时指定封装的字节数据、封装数据的大小、指定数据包的 IP 地址和端口号，用于数据发送方
DatagramPacket(byte[] buf, int offset, int length, InetAddress addr, int prot)	创建时指定封装的字节数据、数据的偏移量、封装数据的大小、指定数据包的 IP 地址和端口号，用于数据发送方
InetAddress getAddress()	返回 DatagramPacket 对象的 IP 地址。如果是发送方，则返回接收方的 IP 地址；如果是接收方，则返回发送方的 IP 地址
int getOffset()	返回要发送数据的偏移量或要接收数据的偏移量
int getPort()	同 getAddress()方法类似，用于返回端口号
void setPort()	设置发送数据包的远程主机端口号
byte[] getData()	用于返回将要发送或者接收的数据，发送方返回发送数据，接收方返回接收数据
byte[] setData(byte[] buf)	设置数据包的数据缓冲区
int getLength()	返回将要发送或接收数据的长度

Packet 是打包的意思，仅使用打包对象只能将数据打包，数据的发送和接收则需要使用另一个对象——DatagramSocket。

11.3.2 DatagramSocket 类

DatagramSocket 类专用于发送和接收使用 DatagramPacket 类打包的数据。两者分工明确，前者负责接收和发送经过后者打包的数据，后者则专门负责数据的打包工作。DatagramSocket 类中常用的方法如表 11-2 所示。

表 11-2　DatagramSocket 类中常用的方法

方法	功能描述
DatagramSocket(int port)	构造数据包套接字并将其绑定到本地主机上的指定端口
DatagramSocket(int port, InetAddress laddr)	创建一个数据包套接字，绑定到指定的本地地址
DatagramSocket(SocketAddress bindaddr)	创建一个数据包套接字，绑定到指定的本地套接字地址
void connect(InetAddress address, int port)	将套接字连接到其远程地址

方法	功能描述
void disconnect()	断开连接
int getReceiveBufferSize()	获取 DatagramSocket 类的 SO_RCVBUF 参数的值，即平台在 DatagramSocket 类上输入的缓冲区大小
int getSendBufferSize()	获取 DatagramSocket 类的 SO_SNDBUF 参数的值，即平台在 DatagramSocket 类上输出的缓冲区大小
int getSoTimeout()	检索 SO_TIMEOUT 的设置
void setSoTimeout(int timeout)	以指定的超时时间（以毫秒为单位）启用/禁用 SO_TIMEOUT
void receive(DatagramPacket p)	从指定套接字接收数据包
void send(DatagramPacket p)	从指定套接字发送数据包

下面通过任务 11-4 了解 UDP 通信模型。

任务 11-4　UDP 通信模型

文件 UDPSendDemo.java

```java
package com.lw.chapter11;

import java.io.IOException;
import java.net.DatagramPacket;
import java.net.DatagramSocket;
import java.net.InetAddress;
import java.net.SocketException;
import java.net.UnknownHostException;

public class UDPSendDemo {

    public static void main(String[] args) {
        // 使用字符串创建一个数据字节数组
        byte[] b = "你好，服务器，这是第一个数据包".getBytes();

        // 声明发送的 DatagramSocket 对象
        DatagramSocket ds = null;
        try {
            // 创建 DatagramPacket 对象，并初始化数据、长度、目标地址和端口号参数
            DatagramPacket dp = new DatagramPacket(b, b.length,
InetAddress.getByName("localhost"), 9900);
            // 创建 DatagramSocket 对象
            ds = new DatagramSocket(9901);
            // 发送数据
            ds.send(dp);
            // 输出信息
            System.out.println("发送信息: ");
            System.out.println("数据: " + new String(dp.getData(), "UTF-8") + ";
发送到: " + dp.getAddress().getHostAddress() + ";  端口号: " + dp.getPort());
        } catch (UnknownHostException e) {
            e.printStackTrace();
        } catch (SocketException e) {
            e.printStackTrace();
        } catch (IOException e) {
            e.printStackTrace();
        } finally {
            // 关闭 DatagramSocket 对象
```

```
                  if(null != ds) {
                          ds.close();
                  }
           }

    }
}
```

文件 UDPRecvDemo.java

```
package com.lw.chapter11;

import java.io.IOException;
import java.net.DatagramPacket;
import java.net.DatagramSocket;
import java.net.SocketException;

public class UDPRecvDemo {

    public static void main(String[] args) {
        // 创建一个字节数组，用于存放数据
        byte[] b = new byte[2048];
        // 创建一个 DatagramPacket 对象
        DatagramPacket dp = new DatagramPacket(b, 2048);
        // 声明 DatagramSocket 对象
        DatagramSocket ds = null;
        try {
            // 初始化 DatagramSocket 对象
            ds = new DatagramSocket(9900);
            // 接收数据
            ds.receive(dp);
            // 输出信息
            System.out.println("接收数据: ");
            System.out.println("数据: " + new String(dp.getData(),
"UTF-8").trim() + ";  来源: " + dp.getAddress().getHostAddress() + ";  端口号: " +
dp.getPort());
        } catch (SocketException e) {
            e.printStackTrace();
        } catch (IOException e) {
            e.printStackTrace();
        } finally {
            // 关闭 DatagramSocket 对象
            if (null != ds) {
                    ds.close();
            }
        }
    }
}
```

运行结果分别如图 11-5 和图 11-6 所示。

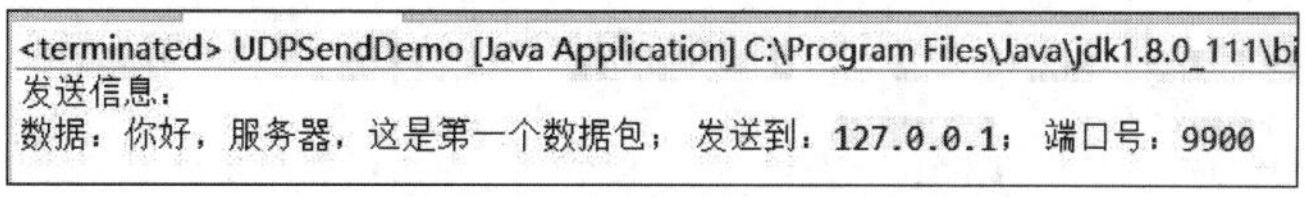

```
<terminated> UDPSendDemo [Java Application] C:\Program Files\Java\jdk1.8.0_111\bi
发送信息,
数据: 你好，服务器，这是第一个数据包；发送到: 127.0.0.1；端口号: 9900
```

图 11-5 发送信息的运行结果

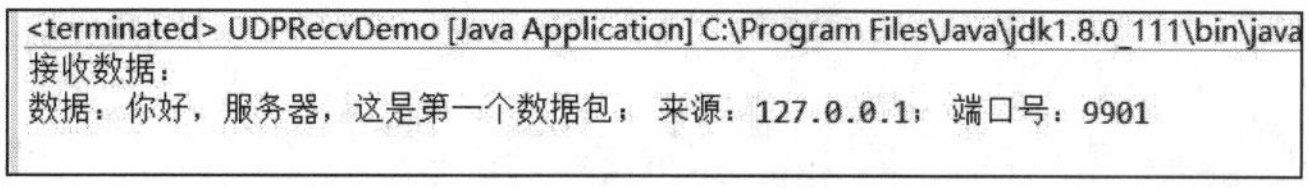

```
<terminated> UDPRecvDemo [Java Application] C:\Program Files\Java\jdk1.8.0_111\bin\java
接收数据:
数据: 你好，服务器，这是第一个数据包；来源: 127.0.0.1；端口号: 9901
```

图 11-6 接收数据的运行结果

229

任务 11-4 中，首先运行 UDPRecvDemo.java，程序会监听端口 9900；然后 UDPSendDemo.java 发送数据，接收端接收到数据，监听程序监听结束。如果想一直监听，则只要循环监听即可。另外，监听和发送数据尽量选择端口号比较大的端口，以免端口被占用。

11.4 项目实战

项目实战

项目 11-1 设计通信程序

QQ 和微信现在已经成了很多人无法离开的通信交流软件，它们方便了人们的交流和沟通。通过对 Java 的学习，再结合多线程和 UDP 通信，聊天软件的神秘面纱就可以揭开了，聊天软件的核心也就非常好理解了。本项目结合已经学习的内容模仿编写一个聊天室，实现聊天室消息的发送和接收功能，并将接收的数据显示出来。

程序运行结果如图 11-7 所示。

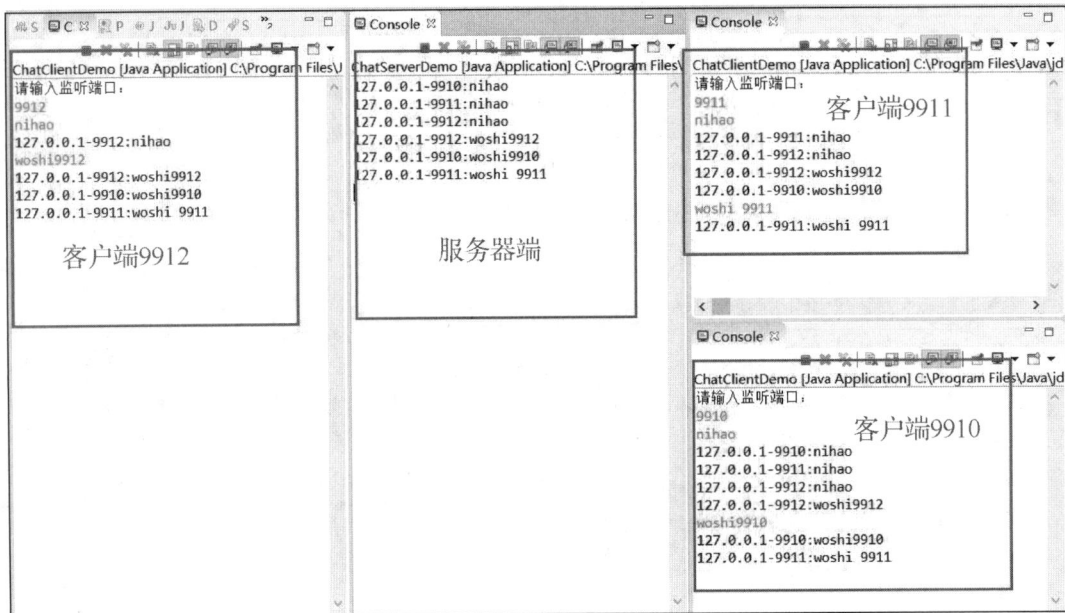

图 11-7 运行结果

客户端实现代码如下。

文件 ChatClientDemo.java

```java
package com.lw.chapter11;

import java.io.IOException;
import java.net.DatagramPacket;
import java.net.DatagramSocket;
import java.net.InetAddress;
import java.net.SocketException;
import java.net.UnknownHostException;
import java.util.Scanner;

public class ChatClientDemo {

    public static void main(String[] args) {
        @SuppressWarnings("resource")
```

```
        Scanner scan = new Scanner(System.in); // 用于获取客户端监听的端口和发送的数据

        System.out.println("请输入监听端口: ");
        String portStr = scan.nextLine();    // 获取用户监听端口
        int port = Integer.parseInt(portStr); // 转化成 int 类型的数值

        // 定义一个线程对象，异步接收服务器端的广播数据
        Runnable r = new Runnable() {

            @SuppressWarnings("resource")
            @Override
            public void run() {
                byte[] buf = new byte[1024]; // 字节数据对象
                // 初始化 DatagramPacket 对象
                DatagramPacket dp = new DatagramPacket(buf, buf.length);
                DatagramSocket ds = null;
                try {
                    // 创建 DatagramSocket 对象
                    ds = new DatagramSocket(port);
                } catch (SocketException e1) {
                    e1.printStackTrace();
                }
                // 循环监听数据
                while(true) {
                    try {
                        // 监听并接收数据
                        ds.receive(dp);
                        // 输出数据
                        System.out.println(new String(dp.getData(), "UTF-8"));
                    } catch (SocketException e) {
                        e.printStackTrace();
                    } catch (IOException e) {
                        e.printStackTrace();
                    }
                }
            }
        };
        // 启动异步线程进行数据监听
        Thread t = new Thread(r);
        t.start();

        // 通过主线程进行数据发送
        DatagramSocket ds = null;
        try {
            ds = new DatagramSocket();
            while(true) {
                // 获取用户输入数据
                String line = scan.nextLine();
                // 如果是非空数据，则发送消息，否则获取下一行的输入
                if(null != line) {
                    // 组装数据，数据格式是 port:message
                    line = port + ":" + line;
                    // 创建数据包
                    DatagramPacket dp = new DatagramPacket(line.
getBytes(), line.getBytes().length,
                            InetAddress.getByName("localhost"), 9901);
                    // 发送数据包
```

```
                              try {
                                      ds.send(dp);
                              } catch (IOException e) {
                                      e.printStackTrace();
                              }
                      } else {
                          continue;
                      }
                  }
          } catch (SocketException e) {
              e.printStackTrace();
          } catch (UnknownHostException e1) {
              e1.printStackTrace();
          } finally {
              // 关闭数据流
              if(null != ds) {
                      ds.close();
              }
          }


      }
}
```

服务器端实现代码如下。

文件 ChatServerDemo.java

```
package com.lw.chapter11;

import java.io.IOException;
import java.net.DatagramPacket;
import java.net.DatagramSocket;
import java.net.InetAddress;
import java.net.SocketException;
import java.util.HashSet;
import java.util.Set;

public class ChatServerDemo {

    public static void main(String[] args) {
        // 使用 Set 集合保存注册用户的信息
        Set<String> registerSet = new HashSet<>();

        byte[] buf = new byte[1024];            // 初始化数据数组

        // 不间断监听
        DatagramSocket ds = null;
        try {
                ds = new DatagramSocket(9901);
                while(true) {
                        // 初始化 DatagramPacket 对象
                        DatagramPacket dp = new DatagramPacket(buf, buf.length);
                        // 接收数据
                        ds.receive(dp);
                        // 处理客户端数据
                        String info = new String(dp.getData(), "UTF-8"); // 客户端数据
                        String portStr = info.substring(0, info.indexOf(":"));
// 截取端口号
                        String hostName = dp.getAddress().getHostAddress();
// 组装 host 地址信息
```

```
                            String host = hostName + "-" + portStr + ":";
                            registerSet.add(host);    // 将客户端注册到注册用户中
                            System.out.println(host + info.substring(info.indexOf
(":") + 1));

                            // 循环广播数据
                            for(String hostInfo : registerSet) {
                                    // 组装数据
                                    String msg = host + info.substring(info.indexOf(":") + 1);
                                    // 初始化 DatagramPacket 对象
                                    DatagramPacket dpHost = new DatagramPacket(msg.
getBytes(), msg.getBytes().length,
                                            InetAddress.getByName(hostInfo.substring(0,
hostInfo.indexOf("-"))),
                                            Integer.parseInt(hostInfo.substring(hostInfo.
indexOf("-") + 1, hostInfo.indexOf(":"))));
                                    // 初始化 DatagramSocket 对象
                                    DatagramSocket dsHost = new DatagramSocket();
                                    // 发送广播数据
                                    dsHost.send(dpHost);
                                    // 关闭资源
                                    dsHost.close();
                            }
                    }
            } catch (SocketException e) {
                    e.printStackTrace();
            } catch (IOException e) {
                    e.printStackTrace();
            } finally {
                    // 关闭资源
                    if(null != ds) {
                            ds.close();
                    }
            }

        }
}
```

11.5 单元小结

本单元着重讲解了 Java 中有关网络编程的 TCP 通信和 UDP 通信。11.1 节主要对 TCP 通信和 UDP 通信的概念进行了讲解，同时对通信过程中会使用到的 IP 地址和端口号等名词进行了知识补充。11.2 节着重讲解了 Java 网络编程的重点，即 TCP 通信中的 Socket 类，这是 Java 编程中机器进行通信的基础。11.3 节主要讲解了 UDP 通信中的 DatagramPacket 类和 DatgramSocket 类，并给出了使用场景。11.4 节模拟了网上聊天室，实现了一个简单的聊天室。

网络编程较为复杂，特别是套接字涉及的消息头和消息体，有兴趣的读者可以查阅计算机通信相关内容进行深入了解和学习。

11.6 课后习题

1. ServerSocket 类的监听方法 accept(   )方法的返回值类型是 (   )。
   A. Socket 对象   B. Void 对象

    C. Object 对象   D. DatagramSocket 对象

2. 在 Java 网络编程中，使用客户端套接字 Socket 对象创建对象时，需要传入（   ）和（   ）参数。

3. 在使用 UDP 套接字进行通信时，常用（   ）类把要发送的信息打包。

4. 在聊天室的服务器端程序中，用户注册信息为何使用 Set 集合接收？

5. 聊天室的客户端代码中使用了异步线程接收服务器的广播数据，这是为什么？可以在主线程中进行接收吗？为什么？

6. 请完善服务器端代码，对每一个首次登录系统的用户问好，同时提醒其他用户某用户登录了聊天室。

7. TCP 通信是可靠通信，那么为什么还要使用 UDP 通信？两种通信方式分别适用于什么场景？

第12单元

综合实训
——简易网上银行系统

12

情景引入

Java经典的应用场景是Web应用程序开发，例如常见的购物网站、OA（Office Automation，办公自动化）系统等，都可以通过Java实现。Java的跨平台特性以及丰富的API和扩展类库使其在Web应用程序开发方面占据了优势。本单元实现一个简易网上银行系统。通过对本单元的学习，读者可以了解一个完整的Web应用程序开发包含的内容以及开发步骤。

学习目标

知识目标
（1）熟悉JDBC相关的API。
（2）熟悉单元测试代码的编写。
（3）熟悉Java Web应用程序的开发流程。

能力目标
（1）可以通过JDBC API操作数据库。
（2）可以通过JUnit进行单元测试。
（3）能独立开发一个简单的Java Web应用程序。

素质目标
（1）通过完整项目开发流程实践，培养项目开发全流程把控与团队协作能力。
（2）通过遵循开发规范和实现业务功能，培养职业素养与工程实践能力。

思维导图

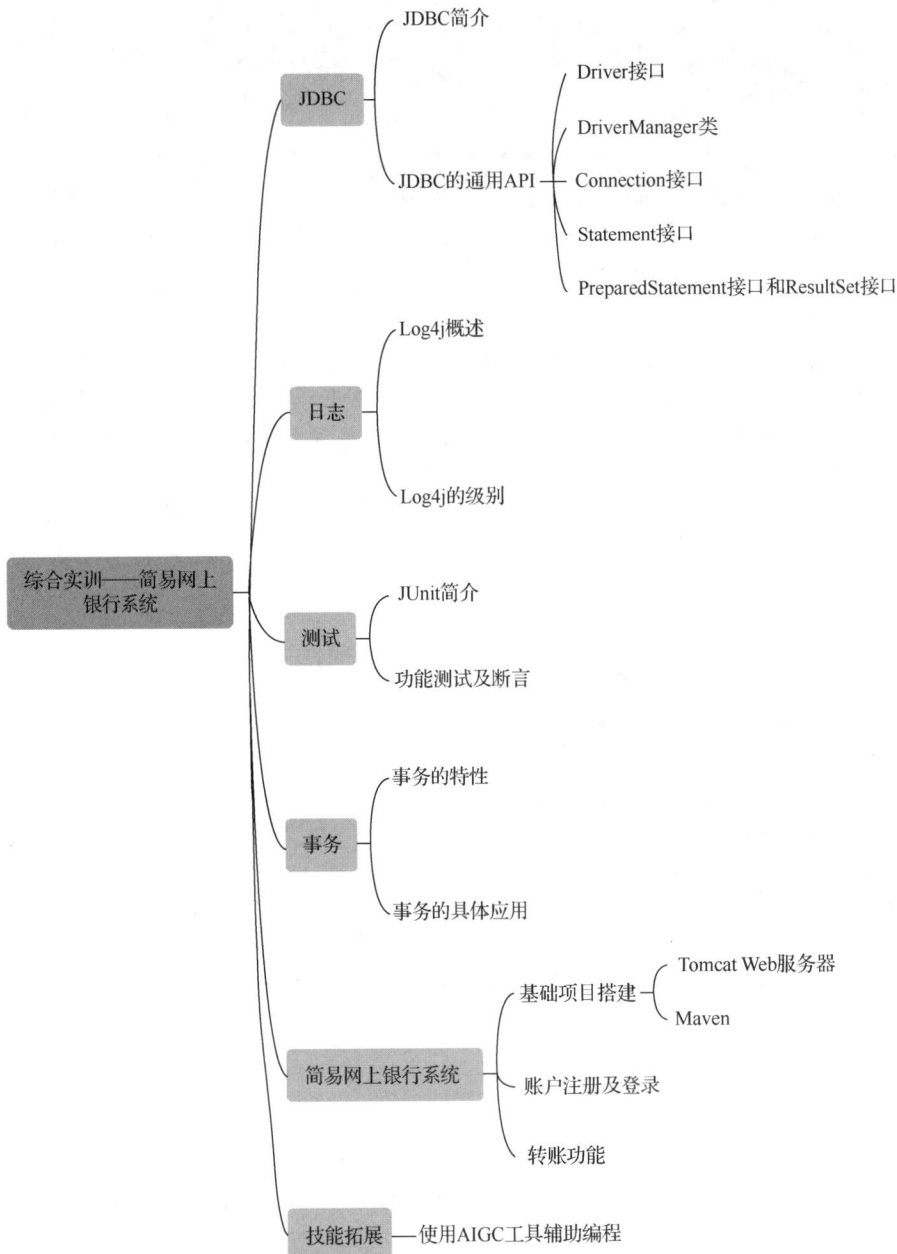

12.1 JDBC

Web 开发中不可避免地要进行数据的交互，如何管理和交互数据是 Web 开发的重点。为了方便数据的存储和使用，数据库系统应运而生。但是众多的数据库系统因为设计的差异，在切换时对项目影响巨大。为了让开发者重点关注程序开发，Java 在 1996 年推出了一套访问数据库的标准 Java 类库，即 JDBC。

JDBC

12.1.1 JDBC 简介

JDBC 的全称是 Java Database Connectivity（Java 数据库连接），它是一套用于执行 SQL（Structured Query Language，结构化查询语言）语句的 Java API。通过该 API，开发者可以快速连接到关系数据库，并使用 SQL 实现对数据库中数据的增、删、改、查功能。

由于市场上数据库系统种类繁多，出于各种原因，经常需要切换不同数据库或者根据需要使用不同的数据库来存储对应的数据，这让开发者感到非常头疼。Java 提供的 JDBC 改善了这种情况。JDBC 要求各数据库厂商按照统一的规范提供数据库驱动，用户无须直接与底层数据进行交互，大大增强了代码的可移植性。JDBC 模型示意图如图 12-1 所示。

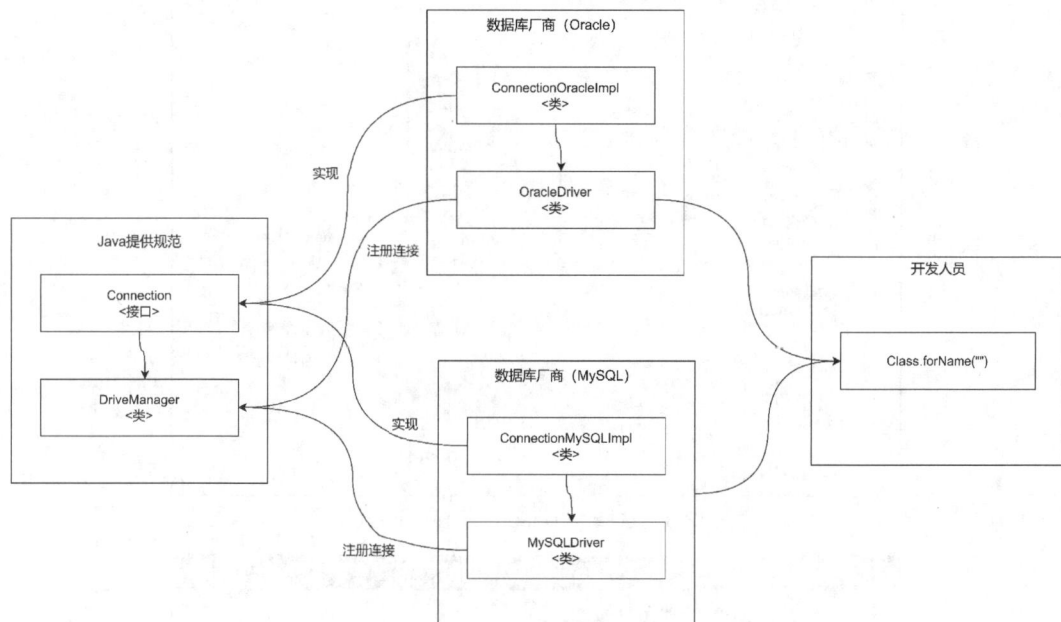

图 12-1 Java JDBC 模型示意图

通过该模型，开发者只需要修改数据库的驱动连接就可以方便快捷地完成对数据库的切换工作，而无须修改其他内容。JDBC 让开发者无须关注数据库类型，只需要关注程序的实现即可。

> **提 示**　数据库系统就是数据仓库系统，是专门用来存储数据的系统。目前主流的数据库有关系数据库和非关系数据库，其中关系数据库主要有 MySQL 和 Oracle，非关系数据库主要有 MongoDB 等。关系数据库的优点在于其高稳定性和使用简单，但因为其较为笨重，在海量数据处理方面略显吃力，而非关系数据库则优势明显。

12.1.2 JDBC 的通用 API

JDBC 的 API 主要位于 java.sql 包中，该包定义了一系列访问数据库的接口和类，其中包含与数据库连接和数据库操作相关的 Java 类和接口。

1. Driver 接口

Driver 接口是所有 JDBC 驱动程序必须实现的接口，该接口专门给提供数据库的厂商使用。在使用数据库时，需要将对应的数据库驱动程序或其类库添加到项目的 classpath 中。此处主要讲解 MySQL，所以在使用 MySQL 数据库时，需要先导入 MySQL 的驱动包。

导入 MySQL 驱动包的步骤如下。

① 右击项目名称，在弹出的快捷菜单中选择"Build Path"→"Configure Build Path"，如图 12-2 所示；进入"Java Build Path"界面，如图 12-3 所示。

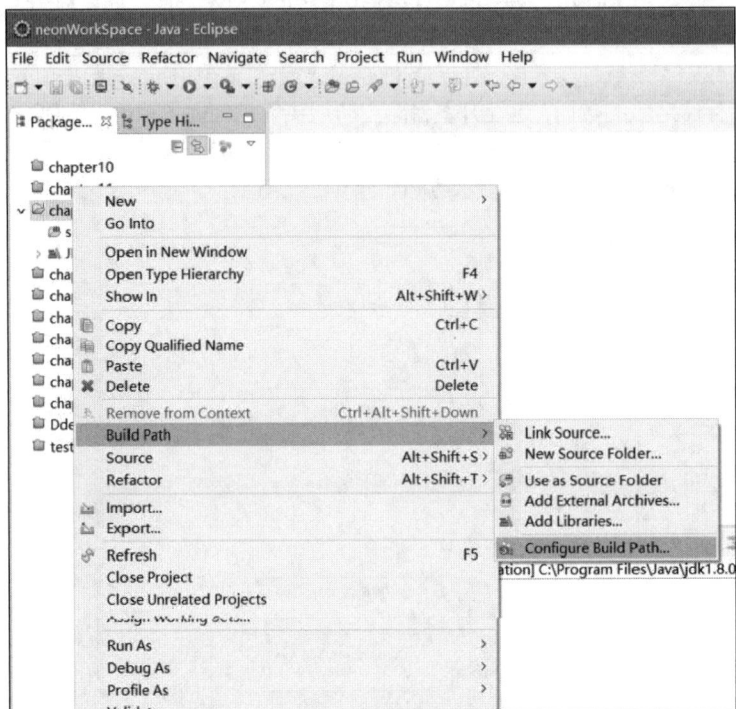

图 12-2　选择"Configure Build Path"

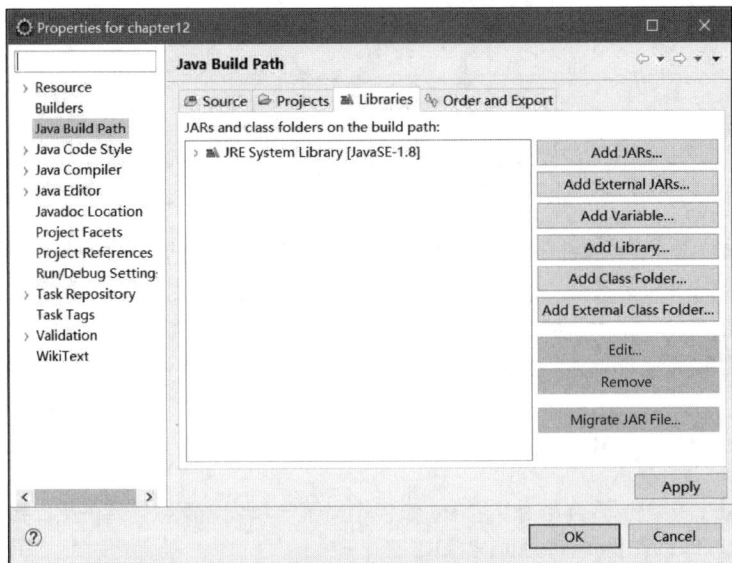

图 12-3　"Java Build Path"界面

② 在"Libraries"选项卡中单击"Add External JARs"按钮，选择源代码中的 MySQL 驱动包，如图 12-4 所示。

③ 然后单击"打开"按钮即可，如图 12-5 所示。

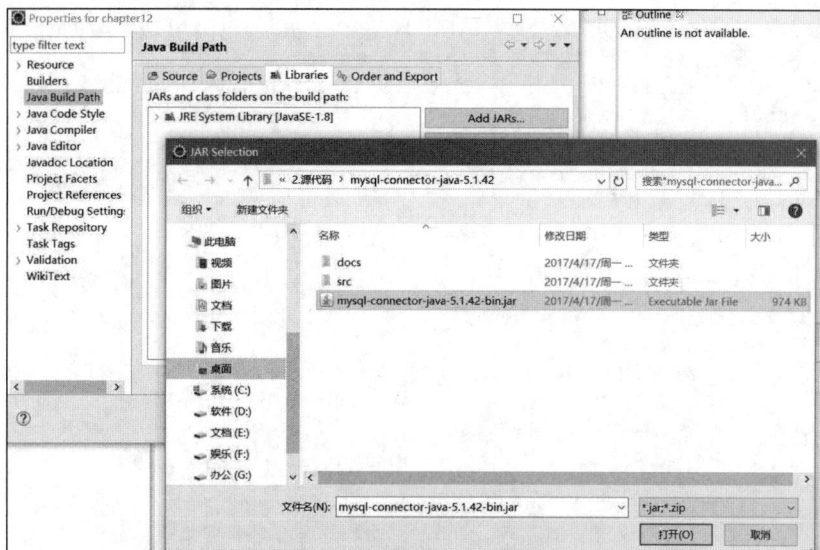

图 12-4　选择 MySQL 驱动包

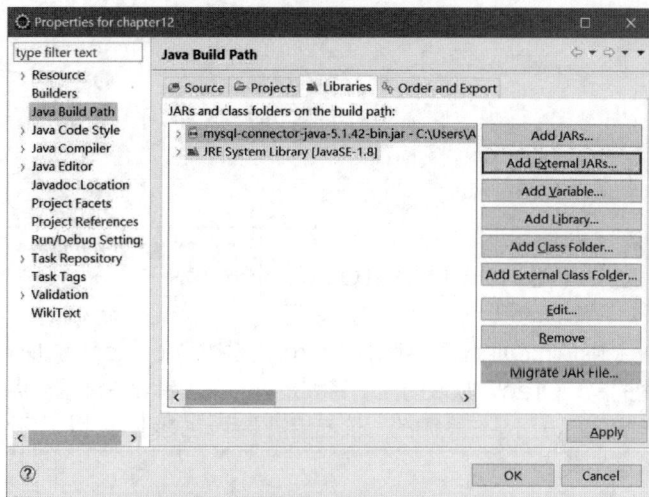

图 12-5　加入 MySQL 的驱动包

至此，就将 MySQL 的驱动包成功地添加到项目中了。

2. DriverManager 类

DriverManager 类用于加载 JDBC 驱动并创建与数据库的连接。该类有两个静态方法，一个是 registerDriver(Driver driver)方法，用于向 DriverManager 类中注册给定的 JDBC 驱动程序；另一个是 getConnection (String url, String user, String pwd)方法，用于建立用户和数据库的连接，并返回一个 Connection 对象。

下面通过任务 12-1 了解 DriverManager 类的使用。

任务 12-1　DriverManager 类的使用

文件 DriverManagerDemo.java

```java
public class DriverManagerDemo {

    public static void main(String[] args) {
```

```
            // 数据库驱动的 URL，其模式是: jdbc:MySQL://[ip]:[port]/[databaseName]
[?参数名 1][=参数值 1][&参数名 2][=参数值 2]...
            String url = "jdbc:MySQL://localhost:3306/jdbc?characterEncoding=
utf8&useSSL=true";
            // 此处使用 root 用户进行连接
            String user = "root";
            // 数据库的密码
            String pwd = "123";

            // 数据库连接对象
            Connection conn = null;
            try {
                // 使用 DriverManager 类获取一个数据库连接
                conn = DriverManager.getConnection(url, user, pwd);
                // 获取到的数据库连接
                System.out.println("数据库连接是: " + conn);
            } catch (SQLException e) {
                e.printStackTrace();
            } finally {
                if (null != conn) {
                    try {
                        conn.close();
                    } catch (SQLException e) {
                        e.printStackTrace();
                    }
                }
            }
        }
    }
```

运行结果如图 12-6 所示。

厂商不同，驱动程序也不同。如果想要使用 Oracle 数据库，就需要下载对应的驱动包。Oracle 数据库连接的 URL 是 jdbc:oracle:thin:@localhost:1521:orcl。其中，localhost 是 IP 地址，orcl 是实例名称。与 MySQL 不同的是，Oracle 默认的实例名称是 orcl，读者要注意这一点。

```
<terminated> DriverManagerDemo [Java Application]
com.mysql.jdbc.JDBC4Connection@533ddba
```

图 12-6   运行结果

另外，数据库连接是会占用系统资源的，该连接需要手动关闭。所以，每次使用的时候一定要在 finally 语句中将该连接关闭。

3. Connection 接口

Connection 接口代表 Java 程序对数据库的连接，负责对数据库的访问和操作。通过 Connection 接口，用户可以根据自己的需求进行数据库的对应操作。

Connection 接口可以创建 Statement 对象（使用 createStatement()方法）、PreparedStatement 对象（使用 prepareStatement()方法）和 CallableStatement 对象（使用 prepareCall()方法），这些对象分别用于将一个 SQL 语句、一个参数化的 SQL 语句和一个存储过程放到数据库服务器上执行。

4. Statement 接口

Statement 接口用于执行静态的 SQL 语句，并返回处理结果。Statement 接口通过 Connection 接口的 createStatement()方法获取。该接口有 3 个主要的方法：execute(String sql)、executeUpdate(String sql)和 executeQuery(String sql)。execute(String sql)方法用于执行任何 SQL 语句，其返回值是一个 boolean 类型的对象。如果返回值为 true，表明有查询结果，可以通过 Statement 接口的 getResultSet()方法获取查询结果。executeUpdate(String sql)方法用于执行 SQL 语句中的 INSERT（插入）、UPDATE（更新）和 DELETE（删除）语句。该方法返回

一个 int 类型的值，表示受该语句影响的记录数。executeQuery(String sql)方法用于执行 SQL 语句中的 SELECT（查询）语句，该方法返回一个 ResultSet 对象。

下面通过任务 12-2 了解 Statement 接口的使用。

任务 12-2　Statement 接口的使用

文件 StatementDemo.java

```java
public class StatementDemo {

    public static void main(String[] args) {

        // 创建一个表
        String createTableSql= "create table users(id int primary key,"
                + "name varchar(40),password varchar(32),shortName
varchar(40),"
                + "account varchar(1000))"
                + "character set utf8 collate utf8_general_ci;";

        // 插入一条数据
        String insertValueSql = "insert into users values(100001, \"zhangsan\", "
                + "\"123456\", \"zs\", \"****,***\")";

        // 数据库驱动的 URL，其模式是：jdbc:MySQL://[ip]:[port]/[databaseName][?
参数名 1][=参数值 1][&参数名 2][=参数值 2]...
        String url = "jdbc:MySQL://localhost:3306/jdbc?characterEncoding=
utf8&useSSL=true";
        // 此处使用 root 用户进行连接
        String user = "root";
        // 数据库的密码
        String pwd = "123";

        // 数据库的 Connection 对象
        Connection conn = null;
        // 数据库的 Statement 操作对象
        Statement statement = null;

        try {
            // 使用 DriverManager 类获取一个数据库连接
            conn = DriverManager.getConnection(url, user, pwd);
            // 设置不进行自动提交
            conn.setAutoCommit(false);

            // 获取 Statement 对象
            statement = conn.createStatement();

            // 创建一个 users 表
            statement.execute(createTableSql);
            System.out.println("表创建成功，手动提交表创建信息！");
            // 手动提交数据
            conn.commit();

            // 插入数据
            int count = statement.executeUpdate(insertValueSql);
            System.out.println("数据库插入数据条数: " + count);
            // 手动提交数据
```

```
                    conn.commit();

            } catch (SQLException e) {
                e.printStackTrace();
        }finally {
            // 关闭资源
            if (null != statement) {
                try {
                        statement.close();
                } catch (SQLException e) {
                        e.printStackTrace();
                }
            }

            if (null != conn) {
                try {
                        conn.close();
                } catch (SQLException e) {
                        e.printStackTrace();
                }
            }
        }
    }
}
```

运行结果如图 12-7 所示。

为了验证表是否创建成功并且成功插入数据，可在 MySQL Workbench 中的 users 表进行查询，如图 12-8 所示。

```
1 •   select * from users;
```

Result Grid		Filter Rows:		Export:	Wrap Cell Content:
id	name	password	shortName	account
100001	zhangsan	123456	zs	****,***

```
<terminated> StatementDemo [Java Application] C:\Program Files\Jav
表创建成功，手动提交表创建信息！
数据库插入数据条数：1
```

图12-7 运行结果 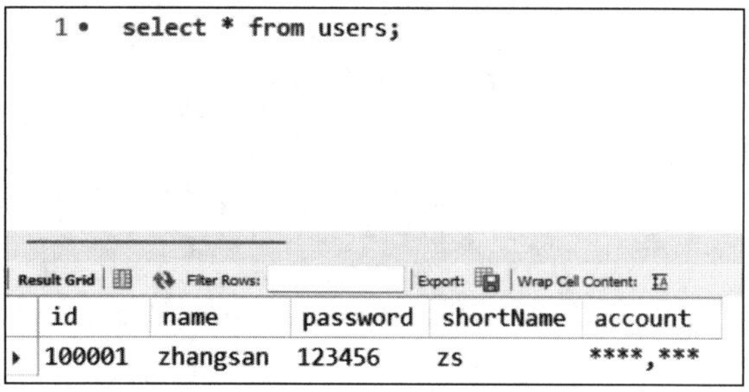　　　　　　　　图12-8 查询数据

通过查询结果可以看到，users 表已经成功地创建了，并且也成功地插入了数据。

5. PreparedStatement 接口和 ResultSet 接口

在实际开发过程中，很多查询条件都是通过变量表示的，这样使用 Statement 接口就比较烦琐。而且，如果通过 Statement 语句直接组装 SQL 语句，可能会产生 SQL 注入等安全问题。PreparedStatement 接口可规避这些问题。

PreparedStatement 接口是 Statement 接口的子接口，用于执行预编译的 SQL 语句。该语句扩展了带有参数的 SQL 语句的执行操作，使用占位符"？"来表示某处需要一个参数，并通过 set×××()方法进行参数赋值。值得注意的是，PreparedStatement 接口支持批处理操作。

ResultSet 接口用于保存 JDBC 执行查询操作时返回的结果集。该结果集封装在逻辑表格中，ResultSet 接口使用游标进行数据的获取。游标默认指向表格的第一行之前，调用 next()方法时会向下一行移动。next()方法有一个 boolean 类型的返回值。如果逻辑表格含有下一行数据，则该方法返回 true，否则返回 false。通常，数据使用 while 条件语句进行读取。

逻辑表格的每一行中都有若干列，每一列可使用 get×××()方法获取。如果列的值是字符串，则可以使用 getString(int columnIndex)方法和 getString(String columnName)方法两种方式获取。前者通过列在逻辑表格中的逻辑位置进行获取，后者使用表中的列名进行获取。

PreparedStatement 接口和 ResultSet 接口的具体应用如任务 12-3 所示。

任务 12-3　PreparedStatement 接口和 ResultSet 接口的使用

文件 QueryDemo.java

```java
public class QueryDemo {

    public static void main(String[] args) {
        // 数据库驱动的 URL, 其模式是: jdbc:MySQL://[ip]:[port]/[databaseName]
[?参数名 1][=参数值 1][&参数名 2][=参数值 2]...
        String url = "jdbc:MySQL://localhost:3306/jdbc?characterEncoding=
utf8&useSSL=true";
        // 此处使用 root 用户进行连接
        String user = "root";
        // 数据库的密码
        String pwd = "123";

        // 判断表是否存在，若存在则删除表
        String sqlDel = "drop table if exists users";
        // 创建表
        String sqlCreate = "create table users (id int primary key,name
varchar(40),"
                + "short_name varchar(40),password varchar(40),account
varchar(1000),"
                + "input_date varchar(10),input_time varchar(19),last_
update_date varchar(10),"
                + "last_update_time varchar(19))";
        // 插入数据
        String sqlInsert1 = "insert into users values(100001, \"zhangsan\",
\"zs\", \"123321\", \"*********\", \"2017-07-03\", \"2017-07-03 15:12:45\",
\"2017-07-03\", \"2017-07-03 15:12:45\")";
        String sqlInsert2 = "insert into users values(100002, \"lisi\", \"ls\",
\"123456\", \"*********\", \"2017-07-03\", \"2017-07-03 15:12:45\", \"2017-07-03\",
\"2017-07-03 15:12:45\")";
        String sqlInsert3 = "insert into users values(100003, \"wangwu\", \"ww\",
\"654321\", \"*********\", \"2017-07-03\", \"2017-07-03 15:12:45\", \"2017-07-03\",
\"2017-07-03 15:12:45\")";
        String sqlInsert4 = "insert into users values(100004, \"zhaoliu\",
\"zs\", \"123654\", \"*********\", \"2017-07-03\", \"2017-07-03 15:12:45\",
\"2017-07-03\", \"2017-07-03 15:12:45\")";

        // 查询数据
        String querySql = "select id,name,short_name from users where id > ?";

        Connection conn = null;
        Statement st = null;
        PreparedStatement ps = null;
        ResultSet rs = null;
        try {
            // 使用 DriverManager 类获取一个数据库连接
            conn = DriverManager.getConnection(url, user, pwd);

            // 获取 Statement 对象
            st = conn.createStatement();
            // 如果表存在，则将表删除
```

```
                st.execute(sqlDel);
                // 创建表
                st.execute(sqlCreate);
                // 插入预埋数据
                st.execute(sqlInsert1);
                st.execute(sqlInsert2);
                st.execute(sqlInsert3);
                st.execute(sqlInsert4);

                // 创建 PreparedStatement 对象
                ps = conn.prepareStatement(querySql);
                // 填充参数
                ps.setInt(1, 100002);
                // 进行查询
                rs = ps.executeQuery();

                // 按行读取数据
                while (rs.next()) {
                        System.out.println(rs.getString(1) + "   " + rs.getString
(3) + "   " + rs.getString(2));
                }

        } catch (SQLException e) {
            e.printStackTrace();
        } finally {
            // 关闭资源
            if (null != rs) {
                    try {
                        rs.close();
                    } catch (SQLException e) {
                        e.printStackTrace();
                    }
            }
            if (null != ps) {
                    try {
                        ps.close();
                    } catch (SQLException e) {
                        e.printStackTrace();
                    }
            }
            if (null != st) {
                    try {
                        st.close();
                    } catch (SQLException e) {
                        e.printStackTrace();
                    }
            }
            if (null != conn) {
                    try {
                        conn.close();
                    } catch (SQLException e) {
                        e.printStackTrace();
                    }
            }
        }
    }
}
```

运行结果如图 12-9 所示。

图 12-9　运行结果

　　任务 12-3 中，首先判断表是否存在，若存在则删除表，然后创建一个表，并插入数据。预埋数据有 4 条，其 ID 分别是 100001、100002、100003 和 100004。通过 ID 比 100002 大的条件查询数据，返回 100003 和 100004 两条数据，这与输出的数据一致。最后，切勿忘记关闭数据库连接。

> 提示　虽然 MySQL 和 Oracle 同属于 Oracle 公司，但两者在数据库查询语句上还是略有不同，有兴趣的读者可以查阅相关文档进行学习和比较。

12.2 日志

1. Log4j 概述

　　日志是记录程序运行信息的文本。与飞机的黑匣子和航海日志一样，可以通过程序运行的日志信息判断程序的运行情况。特别是在遇到异常时，因为程序部署在服务器上，不像在本地一样可以通过运行发现问题，日志就成了至关重要的查错手段。

　　目前使用的日志中，Log4j 是比较稳定且常用的日志之一，它是一个 Apache 开源的项目。通过使用 Log4j，我们可以控制日志信息输送的目的地是控制台、文件、GUI 组件，甚至是套接口服务器、网络终端的事件记录器、UNIX Syslog 守护进程等；也可以控制每一条日志的输出格式；通过定义每一条日志信息的级别，能够更加细致地控制日志的生成过程。Log4j 最大的特点之一就是可以通过配置修改日志输出的级别而不需要修改任何代码。

2. Log4j 的级别

　　Log4j 的日志级别一般分为 5 种，分别是 DEBUG、INFO、WARN、ERROR 和 FATAL。日志的级别是为了协助相关人员快速查询对应的问题而设定的。

　　（1）DEBUG 级别

　　DEBUG 级别的日志提供了应用程序的细粒度信息，这对于应用程序的调试是非常有用的，能够帮助开发者判断程序是否符合预期。这些日志一般只在程序开发和调试阶段使用。

　　（2）INFO 级别

　　INFO 级别用于在粗粒度级别上突出强调应用程序的运行过程。这类数据一般较为详细，能够帮助相关人员判断问题所在。

　　（3）WARN 级别

　　WARN 级别表明会出现潜在错误。一般此类日志出现得比较少，也比较少用。

　　（4）ERROR 级别

　　ERROR 级别表明虽然发生错误事件，但仍然不影响系统的继续运行。此类信息会帮助开发者定位问题所在，判断问题是否需要处理等。

　　（5）FATAL 级别

　　FATAL 级别表明每个严重的错误事件都会导致应用程序的退出。

　　Log4j 建议只使用 4 个级别，优先级从高到低分别是 ERROR、WARN、INFO、DEBUG。通过在这里设定的级别，可以控制应用程序中相应级别日志信息的输出与否。比如，当设定为 INFO 级别时，应用程序中所有 DEBUG 级别的日志信息将不被输出。也就是说，只有大于或等于 DEBUG 级别的日志才会输出。

需要注意的是，Log4j 在多线程情况下会竞争日志记录器（Logger）的锁，导致系统性能在高并发情况下吞吐量严重下降，而且，Apache 官网已经停止更新 Log4j 了，所以可以使用 Log4j2 或者 logback 等日志框架。

12.3 测试

在程序开发过程中，测试一直是一个无法规避且非常重要的环节。需要认识到的是，测试不一定能保证程序是完全正确的。但是，测试可以确保程序做了我们期望它做的事情，也能够使开发者尽早发现程序的不足和 bug。

12.3.1 JUnit 简介

说到测试，在 Java 开发实践中，大名鼎鼎的 JUnit 几乎是所有程序员都熟知的回归测试框架，是单元测试中不可或缺的框架。JUnit 是一个开源的 Java 测试框架，用于编写和运行可重复的测试。它是用于单元测试框架体系 xUnit 的一个实例（用于 Java 语言），包含以下特性。

- 用于测试期望结果的断言（Assertion）功能。
- 用于共享测试数据的测试工具。
- 用于方便组织和运行测试套件的框架。
- 支持图形和文本界面的测试运行器。

JUnit 属于白盒测试框架，程序员知道软件是如何实现相关功能的。在一般的项目中，JUnit 一般通过 Maven 工具进行版本管理。通过配置对应的仓库位置并设置对应的应用域，可以让 JUnit 的 JAR（Java Archive，Java 归档文件）包和对应的单元测试内容不会被打包到生产包中，既方便了开发者的测试，又不会影响正式程序的发布。

12.3.2 功能测试及断言

JUnit 的强大之处在于它可以对测试期望结果进行断言，这使得测试任务可以自动运行、自行验证，它会告诉我们测试是否通过，而无须开发者和维护者判断结果是否正确。

使用 JUnit 进行单元测试需要导入测试必需的 JAR 包，读者可自行下载或者使用源代码中提供的 JAR 包，其导入方式同 JDBC 驱动包的导入方式一样。

一个简单的测试任务如任务 12-4 所示。

任务 12-4 简单的 JUnit 测试任务

文件 JunitDemo.java

```java
public class JunitDemo {

    public int addDemo(int x, int y) {
        return x + y;
    }

    public int minus(int x, int y) {
        if ( x <= y) {
            return 0;
        }
        return x - y;
    }

    public int multi(int x, int y) {
        return x * y;
```

```java
        }
        public int devide(int x, int y) {
            if (y == 0) {
                throw new IllegalArgumentException("IllegalArgument: y = " + y);
            }
            return x / y;
        }
    }
```

文件 JunitDemoTest.java

```java
public class JunitDemoTest {

    private static JunitDemo junit = new JunitDemo();

    @Test
    public void testAddDemo() {
        System.out.println("addDemo 开始测试: ");
        Assert.assertEquals(junit.addDemo(10, 3), 13);
        System.out.println("测试通过! ");
    }

    @Test
    public void testMinus() {
        System.out.println("minus 开始测试: ");
        Assert.assertEquals(junit.minus(15, 2), 13);
        System.out.println("测试通过! ");
    }

    @Test
    public void testMulti() {
        System.out.println("multi 开始测试: ");
        Assert.assertEquals(junit.multi(15, 2), 30);
        System.out.println("测试通过! ");
    }

    @Test
    public void testDevide() {
        System.out.println("devide 开始测试: ");
        Assert.assertEquals(junit.devide(15, 3), 5);
        System.out.println("测试通过! ");
    }

}
```

运行结果如图 12-10 所示。

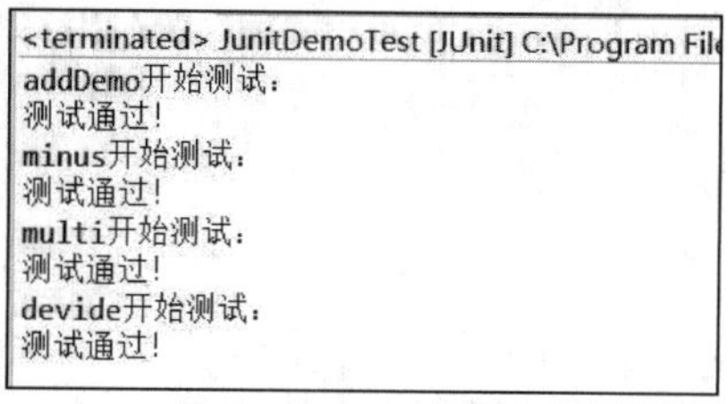

图 12-10　运行结果

在使用 JUnit 测试方法和接口时，需要使用@Test 注解来标记某个方法，表明它是一个 JUnit 测试任务。为了直观地查看测试是否成功，Eclipse 提供了"JUnit"选项卡，专门用于查看测试方法是否正确运行，如图 12-11 所示。

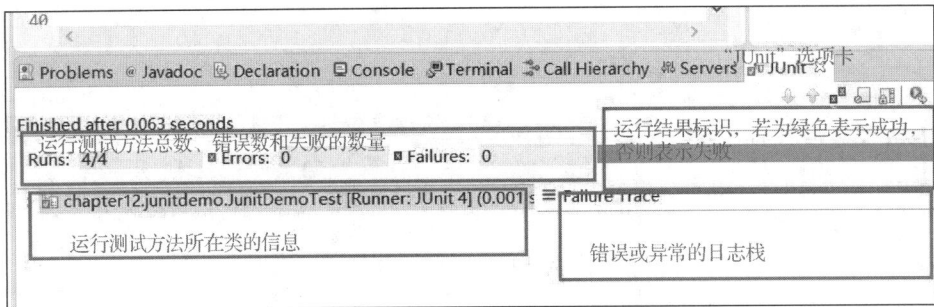

图 12-11 "JUnit"选项卡的指标及含义

为了便于测试，JUnit 提供了丰富的注解，包括@BeforeClass、@Before、@After 和 @AfterClass 等。其中@BeforeClass 和@AfterClass 是当类开始运行时执行的初始化模块和资源释放模块，它们在类执行时只运行一次。@Before、@After 与@BeforeClass、@AfterClass 不同的地方是这两个注解在每一个方法运行的时候都会执行。如果一次测试同时运行了 3 个测试方法，那么@Before 和@After 注解注释的方法会分别执行 3 次。

下面通过任务 12-5 了解 JUnit 注解的具体应用。

任务 12-5　JUnit 的注解

文件 JunitDemoTest2.java

```java
public class JunitDemoTest2 {

    private static JunitDemo junit = new JunitDemo();

    @BeforeClass
    public static void init() {
        System.out.println("开始运行 JUnit 测试任务: ");
        System.out.println("*****************************");
    }

    @AfterClass
    public static void destroy() {
        System.out.println("*****************************");
        System.out.println("完成一次 JUnit 测试任务");
    }

    @Before
    public void beginTest() {
        System.out.println(" **** 开始运行一个新的测试方法   **** ");
    }

    @After
    public void endTest() {
        System.out.println(" **** 结束一个测试方法的运行   **** ");
    }

    @Test
    public void testAddDemo() {
        System.out.println("addDemo 开始测试: ");
        Assert.assertEquals(junit.addDemo(10, 3), 13);
        System.out.println("测试通过! ");
    }

    @Test
```

```java
    public void testMinus() {
        System.out.println("minus 开始测试: ");
        Assert.assertEquals(junit.minus(15, 2), 13);
        System.out.println("测试通过! ");
    }

    @Test
    public void testMulti() {
        System.out.println("multi 开始测试: ");
        Assert.assertEquals(junit.multi(15, 2), 30);
        System.out.println("测试通过! ");
    }

    @Test
    public void testDevide() {
        System.out.println("devide 开始测试: ");
        Assert.assertEquals(junit.devide(15, 3), 5);
        System.out.println("测试通过! ");
    }

}
```

运行结果如图 12-12 和图 12-13 所示。

图 12-12 运行结果

图 12-13 运行结果

通过该任务可以发现@BeforeClass 和@Before 的异同点。@BeforeClass 注解注释的方法必须使用 static 关键字修饰,该方法只在每次执行测试方法时运行一次;而@Before 注解注释的方法不需要使用 static 关键字修饰,该方法会在测试类中的每个测试方法执行之前都运行一次。

有些读者在运行该任务时,会遇到 JUnit 选项卡抛出 initializationError 错误的情况,这是没有导入 hamcrest-core-1.3.jar 这个 JAR 包导致的,如图 12-14 所示。导入它后运行正常。

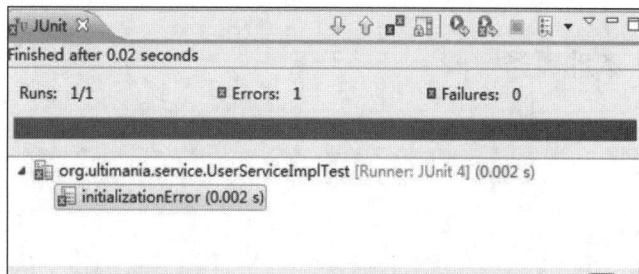

图 12-14 initializationError 错误

JUnit 还有@RunWith 注解，放在测试类名之前，用来确定类如何运行。也可以不使用该注解，使用默认的运行器。该注解可以和@SuiteClasses 注解一同使用，配合测试集功能。有兴趣的读者可以通过其他方式深入了解，因篇幅受限此处不赘述。

12.4 事务

Java 中的事务主要是指数据库事务（Database Transaction）。数据库事务是指作为单个逻辑工作单元执行的一系列操作，要么完全执行，要么完全不执行。

1. 事务的特性

一个逻辑工作单元如果要成为事务，必须满足所谓的 ACID 属性，即原子性（Atomic）、一致性（Consistent）、隔离性（Insulation）和持久性（Duration）。

（1）原子性

事务必须是原子工作单元，对于其数据修改，要么全都执行，要么全都不执行。如果系统只执行这些操作的一个子集，就会破坏事务的总体目标。原子性消除了系统只处理子集的可能性。

（2）一致性

一致性是指事务在完成时，必须使所有的数据都保持一致状态。在相关数据库中，所有规则都必须应用于事务的修改，以保持所有数据的完整性。事务结束时，所有的内部数据结构（如 B 树索引或双向链表）都必须是正确的。这些操作需要开发者强制控制已知的完整性约束。

（3）隔离性

隔离性要求由并发事务所做的修改必须与任何其他并发事务所做的修改相互隔离。事务查看数据时数据所处的状态，要么是另一并发事务修改它之前的状态，要么是另一并发事务修改它之后的状态。事务不会查看中间状态的数据，这称为隔离性。它能够重新装载起始数据，并且重播一系列事务，以使数据结束时的状态与原始事务执行的状态相同。

需要注意的是，执行一组事务获得的结果与单个执行每个事务所获得的结果是相同的，但事务的高度隔离性会限制可执行事务的数量。所以，对于一些场景，事务需要降低隔离级别或者将事务拆分成更小的事务单元，以提升系统的吞吐量。

（4）持久性

持久性是指事务完成之后，它对于系统的影响是永久的，即使出现致命的系统故障也将一直保持。

事务分为本地事务和分布式事务。相较于分布式事务，本地事务比较简单，只需要设置对应的事务单元，然后统一提交即可。

2. 事务的具体应用

为模拟事务模型，我们使用转账模型。假设有两个账户——张三账户和李四账户，张三账户向李四账户转账 500 元，则只有在张三账户余额减少 500 元且李四账户余额增加 500 元时，才认为转账成功，具体实现如任务 12-6 所示。

任务 12-6 本地事务

文件 TransferDemo.java

```
package chapter12.transactiondemo;

import java.sql.Connection;
import java.sql.DriverManager;
import java.sql.PreparedStatement;
import java.sql.ResultSet;
```

```
import java.sql.SQLException;
import java.sql.Statement;

public class TransferDemo {

    // 定义一个 Connection 对象
    private Connection conn = null;
    private Statement st = null;

    public static void main(String[] args) {
        // 创建事务模型
        TransferDemo td = new TransferDemo();

        // 创建相关表并初始化数据
        td.createTableAndInsert();

        // 查看账户及余额
        td.getAccountBalance();

        // 调用转账模型
        td.transferDemo();

        // 查看账户及余额
        td.getAccountBalance();

        // 释放资源
        td.destroy();
    }

    // 转账事务模型
    public void transferDemo() {
        // 假设张三向李四转账 500 元, 只有在张三账户减少 500 元,
        // 并且李四账户增加 500 元时转账成功。更新语句如下:
        Strinq sqlZS = "update account a set a.balance = a.balance - 500 where a.account = '6225001013452310'";
        String sqlLS = "update account b set b.balance = b.balance + 500 where b.account = '6225001013455700'";

        // 执行转账操作
        try {
            System.out.println("进入转账流程: ");
            st.execute(sqlZS);

            // 手动抛出一个异常
            String str = null;
            str = str.substring(str.indexOf("_"));

            st.execute(sqlLS);

            conn.commit(); // 转账成功, 则提交事务
            System.out.println("转账成功! ");
        } catch (SQLException e) {
            try {
                // 一旦产生异常, 则回滚数据库
                conn.rollback();
            } catch (SQLException e1) {
                e1.printStackTrace();
            }
```

```
                    e.printStackTrace();
            } catch (Exception e1) {
                    e1.printStackTrace();
            }
    }

    // 获取当前账户余额情况
    public void getAccountBalance() {

            Connection conn1 = null;
            // 查看两者账户的余额
            String sqlQuery = "select a.owner,a.balance from account a where
a.account in ('6225001013455700','6225001013452310')";

            // 创建 ResultSet 对象查看详情
            // 查询两者账户余额情况
            PreparedStatement ps = null;
            ResultSet rs = null;
            try {
                    // 获取一个新的数据库连接，并且将自动提交设置为 false
                    conn1 = getConnection();
                    conn1.setAutoCommit(false);

                    ps = conn1.prepareStatement(sqlQuery);
                    // 获取查询结果
                    rs = ps.executeQuery();
                    while (rs.next()) {
                            System.out.println("账户: " + rs.getString("owner") + " ; 余
额: " + rs.getString("balance"));
                    }
            } catch (SQLException e) {

                    e.printStackTrace();
            } catch (Exception e1) {
                    e1.printStackTrace();
            } finally {
                    // 代码片段处理结束，无论执行成功还是失败，都释放数据库资源
                    if (null != rs) {
                            try {
                                    rs.close();
                            } catch (SQLException e) {
                                    e.printStackTrace();
                            }
                    }
                    if (null != ps) {
                            try {
                                    ps.close();
                            } catch (SQLException e) {
                                    e.printStackTrace();
                            }
                    }
                    if (null != conn1) {
                            try {
                                    conn1.close();
                            } catch (SQLException e) {
                                    e.printStackTrace();
                            }
                    }
            }

    }
```

```java
    }
    // 创建一个账户表，并插入两条数据以供使用
    public void createTableAndInsert() {
        System.out.println("进入表创建及数据初始化步骤: ");
        // 如果存在账户表，则删除
        String sqlDel = "drop table if exists account";
        // 创建账户表 account
        String sqlCreate = "create table account (account varchar(20) primary key, "
                + "owner varchar(40), balance int , input_date varchar(10), input_time varchar(19), "
                + "last_update_date varchar(10),last_update_time varchar(19))";
        // 插入一条数据 zhangsan
        String sqlInsertZS = "INSERT INTO `jdbc`.`account` (`account`, `owner`, `balance`, `input_date`,"
                + " `input_time`, `last_update_date`, `last_update_time`) VALUES ('6225001013452310', "
                + "'zhangsan', '5000', '2017-07-01', '2017-07-01 10:32:12', '2017-07-01', "
                + "'2017-07-01 10:32:12')";
        // 插入一条数据 lisi
        String sqlInserLS = "INSERT INTO `jdbc`.`account` (`account`, `owner`, `balance`, `input_date`, "
                + "`input_time`, `last_update_date`, `last_update_time`) VALUES ('6225001013455700', "
                + "'lisi', '3000', '2017-07-01', '2017-07-01 10:32:12', '2017-07-01', "
                + "'2017-07-01 10:32:12')";

        try {
            // 使用 JDBC 数据库
            st.execute("use jdbc");
            // 如果表存在，则删除
            st.execute(sqlDel);
            // 创建表
            st.execute(sqlCreate);

            // 插入数据
            st.execute(sqlInsertZS);
            st.execute(sqlInserLS);

            conn.commit();
        } catch (SQLException e) {
            // 如果产生错误，则回滚
            try {
                conn.rollback();
            } catch (SQLException e1) {
                e1.printStackTrace();
            }
            e.printStackTrace();
        }
        System.out.println("表及数据初始化工作完成! ");
    }

    // 构造方法
    public TransferDemo() {
        // 初始化数据库连接
        System.out.println("数据库连接初始化开始: ");
```

```
            init();
            System.out.println("数据库连接初始化结束！");
    }

    // 初始化方法，用于初始化数据库连接
    public void init() {
        // 如果数据库连接已经被初始化了，则直接返回
        if (null != conn) {
            if (null == st) { // 如果 Statement 对象没有被创建，则创建
                try {
                    // 创建 Statement 对象
                    st = conn.createStatement();
                } catch (SQLException e) {
                    e.printStackTrace();
                }
            }
            return ;
        }
        // 若数据库连接未被初始化，进行初始化
        try {
            // 初始化数据库连接
            conn = getConnection();
            conn.setAutoCommit(false);
            // 初始化 Statement 连接
            st = conn.createStatement();
        } catch (Exception e) {
            e.printStackTrace();
        }
    }

    // 销毁方法，用于关闭数据库连接，释放资源
    public void destroy() {
        // 如果 Statement 连接没有被关闭，则关闭
        if (null != st) {
            try {
                st.close();
            } catch (SQLException e) {
                e.printStackTrace();
            }
        }
        // 如果数据库的 Connection 连接没有被关闭，则关闭
        if (null != conn) {
            try {
                conn.close();
            } catch (SQLException e) {
                e.printStackTrace();
            }
        }
    }

    // 获取数据库连接
    public Connection getConnection() throws Exception {

        // 数据库驱动的 URL，其模式是：jdbc:MySQL://[ip]:[port]/[databaseName][?
参数名 1][=参数值 1][&参数名 2][=参数值 2]...
        String url = "jdbc:MySQL://localhost:3306/jdbc?characterEncoding=
utf8&useSSL=true";
        // 此处使用 root 用户进行连接
```

```
            String user = "root";
            // 数据库的密码
            String pwd = "123456";

            // 数据库连接对象
            Connection conn = null;
            try {
                // 使用 DriverManager 类获取一个数据库连接
                conn = DriverManager.getConnection(url, user, pwd);

                // 返回数据库连接
                return conn;
            } catch (SQLException e) {
                e.printStackTrace();
            }
            return null;
        }
    }
```

运行结果如图 12-15 所示。

```
<terminated> TransferDemo [Java Application] C:\Program Files\Java
数据库连接初始化开始:
数据库连接初始化结束!
进入表创建及数据初始化步骤:
表及数据初始化工作完成!
账户: zhangsan ; 余额: 5000
账户: lisi ; 余额: 3000
进入转账流程:
转账成功!
账户: zhangsan ; 余额: 4500
账户: lisi ; 余额: 3500
```

图 12-15　运行结果

从运行结果可以看出，事务是正常执行完成的。为了模拟出错的情况，在转账步骤还未提交前手动抛出一个错误，并查看运行结果，如下所示:

```
// 转账事务模型
public void transferDemo() {
    // 假设张三向李四转账 500 元，只有在张三账户减少 500 元，
    // 并且李四账户增加 500 元时转账成功。更新语句如下:
    String sqlZS = "update account a set a.balance = a.balance - 500 where
a.account = '6225001013452310'";
    String sqlLS = "update account b set b.balance = b.balance + 500 where
b.account = '6225001013455700'";

    // 执行转账操作
    try {
        System.out.println("进入转账流程: ");
        st.execute(sqlZS);

        // 手动抛出一个异常
        String str = null;
        str = str.substring(str.indexOf("_"));

        st.execute(sqlLS);

        conn.commit(); // 转账成功，则提交事务
        System.out.println("转账成功! ");
    } catch (SQLException e) {
        try {
```

```
                    // 一旦产生异常，则回滚数据库
                    conn.rollback();
                } catch (SQLException e1) {
                    e1.printStackTrace();
                }
                e.printStackTrace();
            } catch (Exception e1) {
                e1.printStackTrace();
            }
        }
```

为了验证事务的有效性，在转账方法中手动抛出一个空指针异常，程序的运行结果如图 12-16 所示。

```
<terminated> TransferDemo [Java Application] C:\Program Files\Java\jdk1.8.0_111\bin\javaw.exe (2017年
数据库连接初始化开始：
数据库连接初始化结束！
进入表创建及数据初始化步骤：
表及数据初始化工作完成！
账户：zhangsan ；余额：5000
账户：lisi ；余额：3000
进入转账流程：
java.lang.NullPointerException
        at chapter12.transactiondemo.TransferDemo.transferDemo(TransferDemo.java:50)
        at chapter12.transactiondemo.TransferDemo.main(TransferDemo.java:27)
账户：zhangsan ；余额：5000
账户：lisi ；余额：3000
```

图 12-16　运行结果

通过运行结果可以看出，当异常抛出时，对张三账户的数据修改没有生效，对李四账户的数据修改也没有生效，符合数据修改的事务特性。

12.5　简易网上银行系统

简易网上银行系统是具有账户查询、账户存取款和转账业务功能的简单网上自助银行系统。该系统有用户登录系统和账户操作系统，其中用户登录系统有用户注册和用户登录两个模块，账户操作系统则有账户查询、账户存取款和账户转账业务三个模块，每个模块实现一个功能，共同组成一个简易网上银行系统。因篇幅受限，本书只实现用户登录系统，读者可以模仿完成账户操作系统，其中有关转账的事务控制可以参考 12.5.3 小节的样例。

简易网上银行系统

12.5.1　基础项目搭建

为了开发 Web 项目，必要的软件安装和准备工作必不可少。前期准备完成之后，就需要进行项目搭建了。本次项目搭建需要使用的软件有 Java 开发环境、Eclipse 开发工具和 Tomcat Web 服务器。其中 Java 开发环境和 Eclipse 开发工具前文都已经介绍并使用过了，下面我们大致讲解 Tomcat Web 服务器。

1. Tomcat Web 服务器

Tomcat 最初是由 Sun 公司的软件架构师詹姆斯·邓肯·戴维森开发的，后来他将其变为开源项目，并由 Sun 公司贡献给 Apache 软件基金会。它是一个免费的、开源的 Web 应用服务器，属于轻量级应用服务器，在中小型系统和并发访问用户不是很多的场合下被普遍使用，是开发和调试 JSP 程序的首选。当然，随着技术的发展，目前主流的网站已经很少使用 JSP 技术开发 Web 项目了，只因其性能不如 HTML 强。

Tomcat 是免安装的，只需要在 Tomcat 官网下载对应的 ZIP 包，解压到本地目录并添加到 Eclipse 中即可。读者可以在 Tomcat 官网下载最新版本的 Tomcat ZIP 包，下载后解压到固定目录下；打开 Eclipse 开发工具，选择工具栏上的"Window"→"Preferences"，如图 12-17 所示。

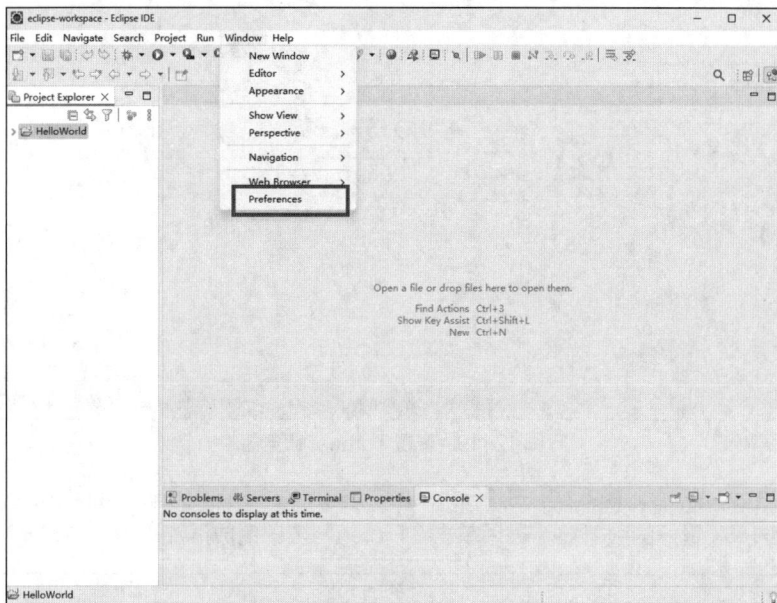

图 12-17　选择"Preferences"

在弹出的"Preferences"窗口中，首先找到"Server"，然后选择其下的"Runtime Environment"选项并单击；弹出服务器配置对话框，选择"Apache Tomcat v8.5"，如图 12-18 所示。

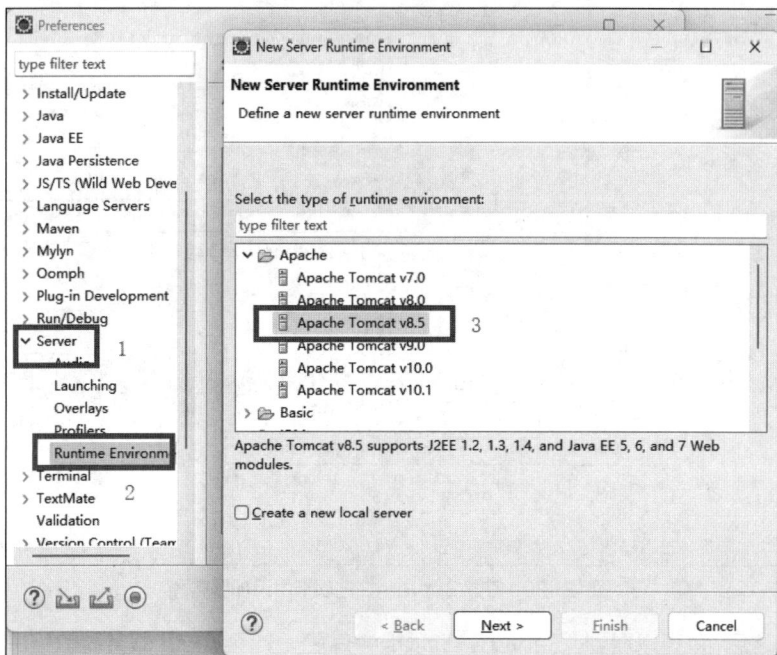

图 12-18　服务器配置对话框

单击"Next"按钮，会弹出具体的服务器配置对话框，如图 12-19 所示。首先单击"Browse"按钮，打开"选择文件夹"对话框；在路径中搜索选择 Tomcat 解压路径并确认路径选择，最后单击"Finish"按钮，完成 Tomcat 的配置工作。

图 12-19　配置 Tomcat 服务器

完成配置之后，在 Eclipse 工具的"Servers"选项卡中添加服务器，如图 12-20 所示。在弹出的对话框中选择配置好的服务器，最后单击"Finish"按钮完成添加。

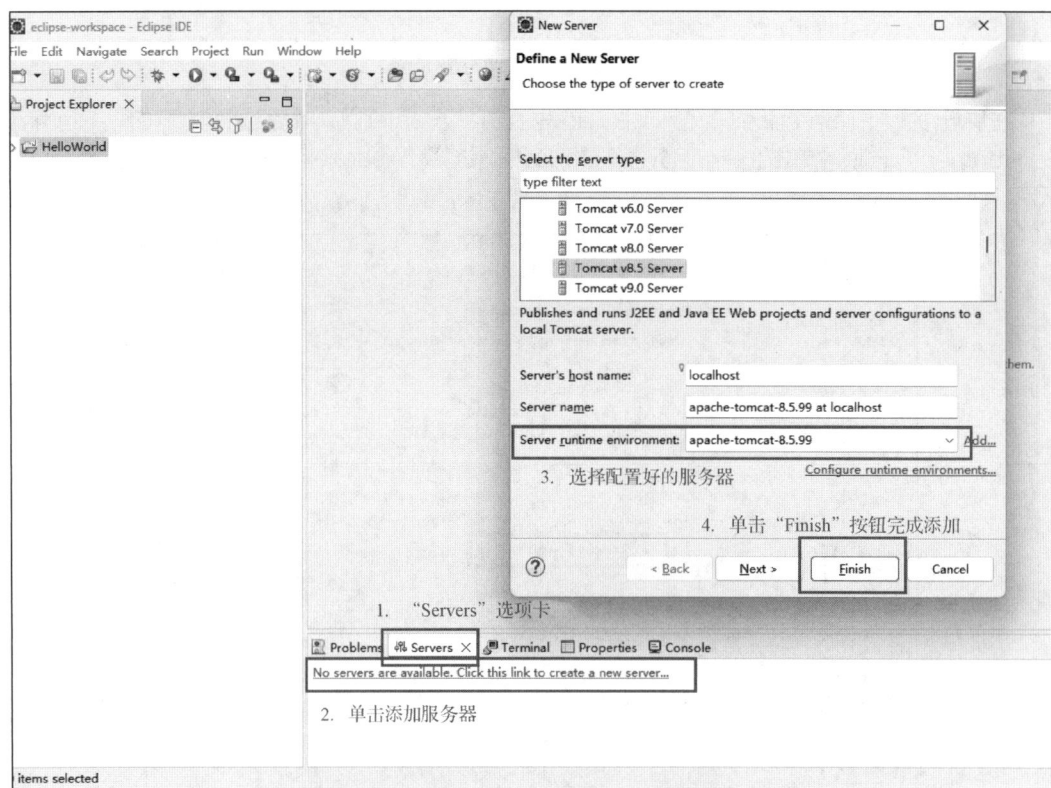

图 12-20　在"Servers"选项卡中添加服务器

完成添加之后，就可以看到"Servers"选项卡中有了一个 Tomcat 服务器的标识，如图 12-21 所示。

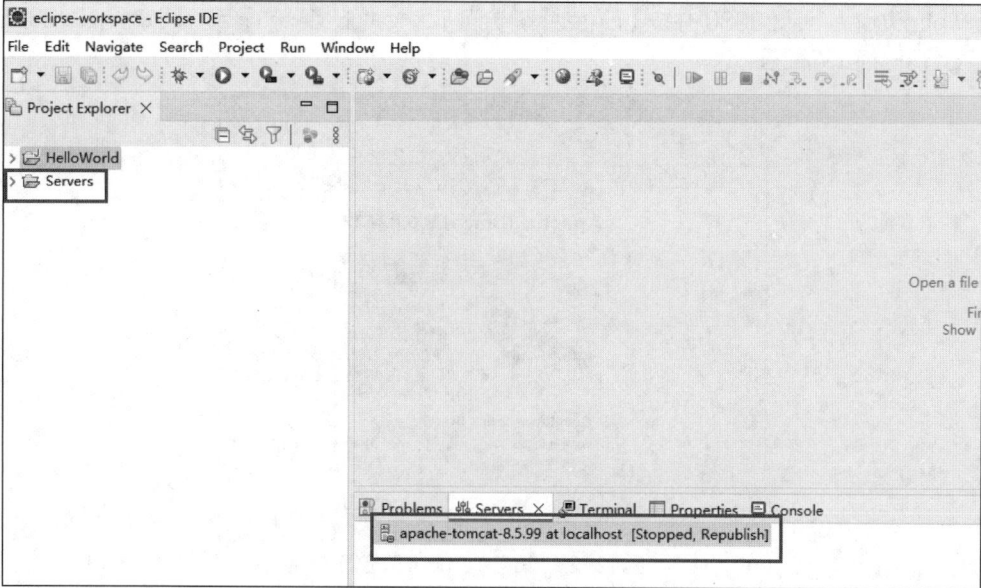

图 12-21 Tomcat 服务器标识

　　至此，Tomcat 的准备工作就完成了。需要注意 Tomcat 一些的配置，例如监听端口号等，因为 Tomcat 默认使用 8080 端口，而这个端口可能会被 Oracle 数据服务器占用。所以，如果读者使用的是 Oracle 数据库，可以将 Tomcat 的端口修改成 8081。具体修改在 "Package" 下的 "Servers" 中进行，其修改方式如图 12-22 所示。

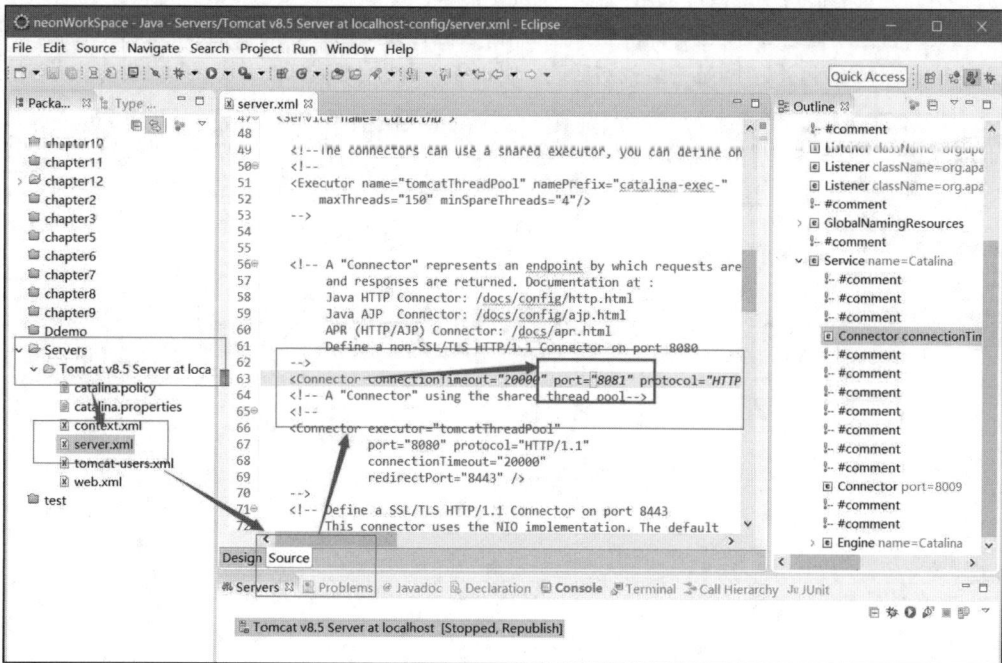

图 12-22 配置 Tomcat 监听端口

现在就可以使用 Tomcat 服务器了。

配置完成后，单击 "启动" 按钮，启动 Tomcat 服务器。无报错启动完成后，在浏览器地址栏中输入 http://local host:8080 并按【Enter】键访问 Tomcat 服务器，显示页面如图 12-23 所示，表示服务器已经正确配置。

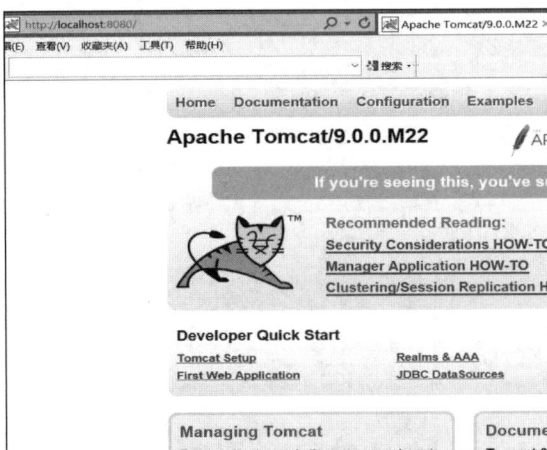

图 12-23　访问 Tomcat 服务器

2. Maven

Maven 项目对象模型（Project Object Model，POM）可以通过一小段描述信息来管理项目的构建，是管理报告和文档的软件项目管理工具。

Java 最大的优势之一是它有丰富的第三方库资源，但这也是它的问题所在。因为版本和继承关系问题，Java 中 JAR 包的管理也非常令人头疼，Maven 则可以帮助开发者管理项目中的 JAR 包。当然，Maven 也能很方便地管理项目报告、生成站点等。

Maven 会自动管理 JAR 包，只需要知道 JAR 包的位置即可。如需要相应的 JAR 包信息，可以在 MVNREPOSITORY 网站中查找对应的 JAR 包，其使用方式如图 12-24 和图 12-25 所示。

图 12-24　使用关键字搜索 JAR 包

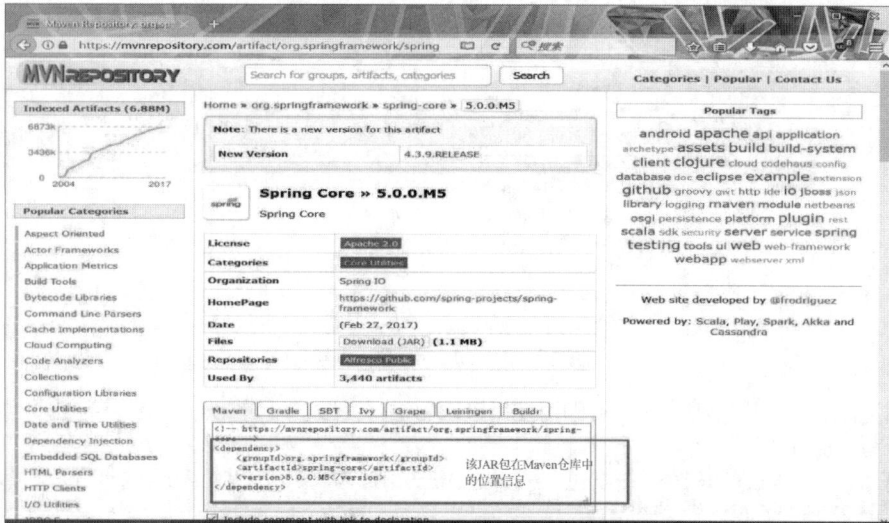

图 12-25　获取对应版本的 Maven 地址信息

对 Maven 感兴趣的读者可以自行查阅相关资料进行学习，此处仅做介绍。为了让后续的设计
能够进行，此处将 Maven 作为构建工具，并使用 Spring 作为系统框架，创建一个空白项目。

先创建一个 Maven 的 Webapp 项目，其步骤如图 12-26～图 12-29 所示。

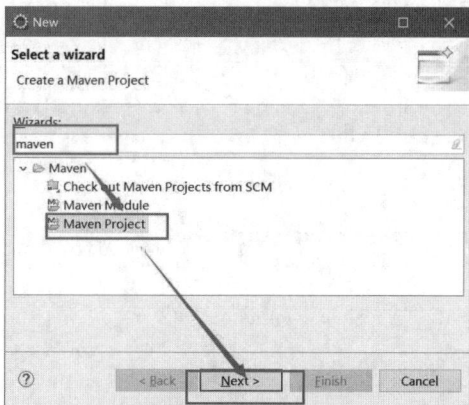

图 12-26　创建 Maven 项目 1

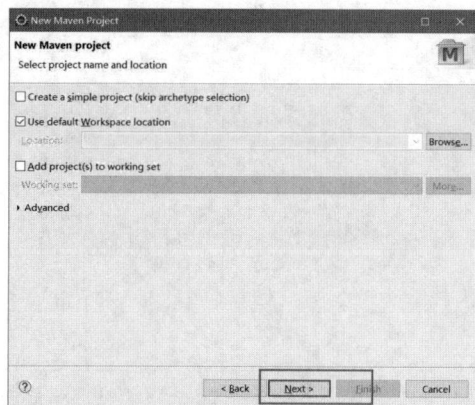

图 12-27　创建 Maven 项目 2

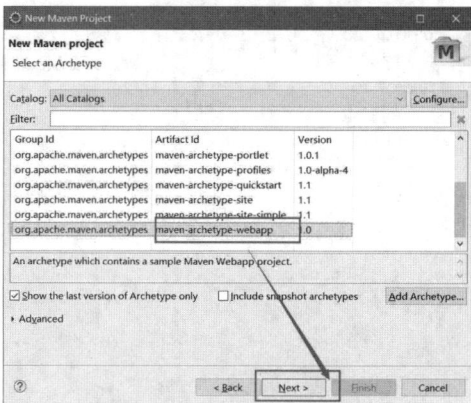

图 12-28　选择 Webapp 框架

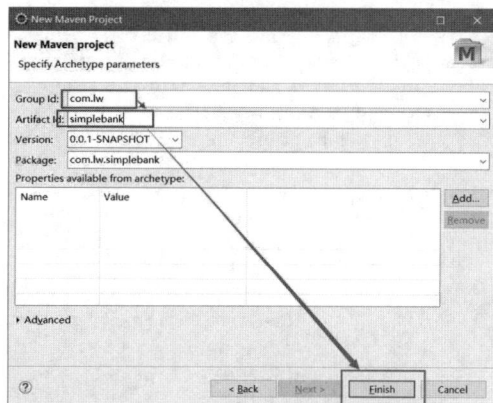

图 12-29　配置对应信息，完成创建

完成配置之后，项目的框架如图 12-30 所示。

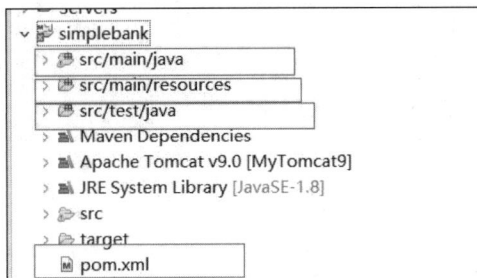

图 12-30　Maven 项目框架

创建完成之后，进行相应的配置即可使用该项目进行开发。配置 pom.xml，完成项目的 JAR
包导入，其配置如下：

```
<project xmlns="http://maven.apache.org/POM/4.0.0" xmlns:xsi=
"http://www.w3.org/2001/XMLSchema- instance"
    xsi:schemaLocation="http://maven.apache.org/POM/4.0.0
http://maven.apache.org/maven-v4_0_0.xsd">
    <modelVersion>4.0.0</modelVersion>
    <groupId>com.lw</groupId>
    <artifactId>simplebank</artifactId>
    <packaging>war</packaging>
    <version>0.0.1-SNAPSHOT</version>
    <name>simplebank Maven Webapp</name>
    <url>http://maven.apache.org</url>

    <properties>
        <project.build.sourceEncoding>UTF-8</project.build.sourceEncoding>
        <maven.build.timestamp.format>yyyyMMddHHmmss</maven.build.timestamp.
format>
        <spring.version>4.3.9.RELEASE</spring.version>
        <mybatis.version>3.1.1</mybatis.version>
        <mybatisspring.version>1.1.1</mybatisspring.version>
    </properties>

    <dependencies>
        <dependency>
            <groupId>org.springframework</groupId>
            <artifactId>spring-core</artifactId>
            <version>${spring.version}</version>
        </dependency>
        <dependency>
            <groupId>org.springframework</groupId>
            <artifactId>spring-Webmvc</artifactId>
            <version>${spring.version}</version>
        </dependency>
        <dependency>
            <groupId>org.springframework</groupId>
            <artifactId>spring-test</artifactId>
            <version>${spring.version}</version>
        </dependency>
        <dependency>
            <groupId>org.mybatis</groupId>
            <artifactId>mybatis</artifactId>
            <version>${mybatis.version}</version>
        </dependency>
        <dependency>
            <groupId>org.mybatis</groupId>
            <artifactId>mybatis-spring</artifactId>
```

```xml
            <version>${mybatisspring.version}</version>
</dependency>
    <dependency>
        <groupId>mysql</groupId>
        <artifactId>mysql-connector-java</artifactId>
        <version>6.0.6</version>
    </dependency>
<dependency>
    <groupId>junit</groupId>
    <artifactId>junit</artifactId>
    <version>4.12</version>
    <scope>test</scope>
</dependency>
<dependency>
    <groupId>c3p0</groupId>
    <artifactId>c3p0</artifactId>
    <version>0.9.1.2</version>
</dependency>
<dependency>
    <groupId>javax.servlet</groupId>
    <artifactId>servlet-api</artifactId>
    <version>3.0-alpha-1</version>
    <scope>provided</scope>
</dependency>
<dependency>
    <groupId>javax.servlet.jsp</groupId>
    <artifactId>jsp-api</artifactId>
    <version>2.2</version>
    <scope>provided</scope>
</dependency>
<dependency>
        <groupId>javax.servlet</groupId>
        <artifactId>jstl</artifactId>
        <version>1.2</version>
    </dependency>
    <dependency>
        <groupId>jsptags</groupId>
        <artifactId>pager-taglib</artifactId>
        <version>2.0</version>
        <scope>provided</scope>
    </dependency>
<dependency>
    <groupId>commons-lang</groupId>
    <artifactId>commons-lang</artifactId>
    <version>2.6</version>
</dependency>
<dependency>
    <groupId>commons-codec</groupId>
    <artifactId>commons-codec</artifactId>
    <version>1.10</version>
</dependency>
<dependency>
    <groupId>org.apache.httpcomponents</groupId>
    <artifactId>httpclient</artifactId>
    <version>4.5</version>
</dependency>
<dependency>
    <groupId>org.slf4j</groupId>
    <artifactId>slf4j-api</artifactId>
    <version>1.7.10</version>
</dependency>
<dependency>
    <groupId>log4j</groupId>
```

```xml
            <artifactId>log4j</artifactId>
            <version>1.2.17</version>
        </dependency>
        <dependency>
            <groupId>com.alibaba</groupId>
            <artifactId>fastjson</artifactId>
            <version>1.1.41</version>
        </dependency>
        <dependency>
            <groupId>org.codehaus.jackson</groupId>
            <artifactId>jackson-mapper-asl</artifactId>
            <version>1.9.13</version>
        </dependency>
        <dependency>
            <groupId>org.mybatis.generator</groupId>
            <artifactId>mybatis-generator-core</artifactId>
            <version>1.3.5</version>
        </dependency>
        <dependency>
            <groupId>com.fasterxml.jackson.core</groupId>
            <artifactId>jackson-databind</artifactId>
            <version>2.7.4</version>
        </dependency>
        <dependency>
            <groupId>com.fasterxml.jackson.core</groupId>
            <artifactId>jackson-core</artifactId>
            <version>2.7.4</version>
        </dependency>
        <dependency>
            <groupId>com.fasterxml.jackson.core</groupId>
            <artifactId>jackson-annotations</artifactId>
            <version>2.7.4</version>
        </dependency>
        <dependency>
            <groupId>commons-io</groupId>
            <artifactId>commons-io</artifactId>
            <version>1.3.2</version>
        </dependency>
        <dependency>
            <groupId>commons-fileupload</groupId>
            <artifactId>commons-fileupload</artifactId>
            <version>1.2.1</version>
        </dependency>

    </dependencies>

    <build>
        <plugins>
            <plugin>
                <artifactId>maven-compiler-plugin</artifactId>
                <version>2.3.2</version>
                <configuration>
                    <source>1.8</source>
                    <target>1.8</target>
                </configuration>
            </plugin>
            <plugin>
                <artifactId>maven-war-plugin</artifactId>
                <version>2.2</version>
                <configuration>
                    <version>3.0</version>
                    <failOnMissingWebXml>false</failOnMissingWebXml>
                </configuration>
```

```
                    </plugin>
                </plugins>
                <resources>
                    <resource>
                        <directory>src/main/java</directory>
                        <includes>
                            <include>**/*.xml</include>
                        </includes>
                        <filtering>false</filtering>
                    </resource>
                </resources>
                <finalName>simple-bank</finalName>
        </build>
</project>
```

这里，本地的 Maven 镜像使用的是阿里巴巴提供的 Maven 仓库，该项配置在 Maven 的 settings.
xml 中添加即可，如下所示：

```
<mirror>
        <id>alimaven</id>
        <name>aliyun maven</name>
        <url>http://maven.aliyun.com/nexus/content/groups/public/</url>
        <mirrorOf>central</mirrorOf>
</mirror>
```

如果读者想使用其他的 Maven 仓库，可以根据自己的实际情况进行配置。配置完成之后需要
添加 Spring 对应的配置文件。因配置 Spring 会用到一些配置的数据，此处先配置 Log4j 和 JDBC
对应的配置文件。我们先来配置 log4j.properties 文件，如下所示：

```
log4j.rootLogger=info, console, debug, app, error

###console ###
log4j.appender.console = org.apache.log4j.ConsoleAppender
log4j.appender.console.Target = System.out
log4j.appender.console.layout = org.apache.log4j.PatternLayout
log4j.appender.console.layout.ConversionPattern = %d %p[%C:%L]- %m%n

### debug ###
log4j.appender.debug = org.apache.log4j.DailyRollingFileAppender
log4j.appender.debug.File = log/debug.log
log4j.appender.debug.Append = true
log4j.appender.debug.Threshold = DEBUG
log4j.appender.debug.DatePattern='.'yyyy-MM-dd
log4j.appender.debug.layout = org.apache.log4j.PatternLayout
log4j.appender.debug.layout.ConversionPattern = %d %p[%c:%L] - %m%n

### app ###
log4j.appender.app = org.apache.log4j.DailyRollingFileAppender
log4j.appender.app.File = log/app.log
log4j.appender.app.Append = true
log4j.appender.app.Threshold = INFO
log4j.appender.app.DatePattern='.'yyyy-MM-dd
log4j.appender.app.layout = org.apache.log4j.PatternLayout
log4j.appender.app.layout.ConversionPattern = %d %p[%c:%L] - %m%n

### error ###
log4j.appender.error = org.apache.log4j.DailyRollingFileAppender
log4j.appender.error.File = log/error.log
log4j.appender.error.Append = true
log4j.appender.error.Threshold = ERROR
log4j.appender.error.DatePattern='.'yyyy-MM-dd
log4j.appender.error.layout = org.apache.log4j.PatternLayout
log4j.appender.error.layout.ConversionPattern =%d %p[%c:%L] - %m%n
```

接着配置 jdbc.properties 文件，具体如下：

```
jdbc.driverClassName=com.mysql.cj.jdbc.Driver
jdbc.url=jdbc:mysql://localhost:3306/jdbc?useUnicode=true&characterEncoding=
UTF-8&useSSL=true&serverTimezone=UTC
jdbc.username=root
jdbc.password=123456
c3p0.pool.size.max=20
c3p0.pool.size.min=5
c3p0.pool.size.ini=3
c3p0.pool.size.increment=2
```

配置文件配置结束之后就可以进行 Spring 的配置了。先配置 Spring 的配置文件 spring.xml，如下所示：

```xml
<?xml version="1.0" encoding="UTF-8"?>
<beans xmlns="http://www.springframework.org/schema/beans"
    xmlns:xsi="http://www.w3.org/2001/XMLSchema-instance"
 xmlns:mvc="http://www.springframework.org/schema/mvc"
    xmlns:context="http://www.springframework.org/schema/context"
    xmlns:aop="http://www.springframework.org/schema/aop" xmlns:tx=
"http://www.springframework.org/schema/tx"
    xsi:schemaLocation="http://www.springframework.org/schema/beans
            http://www.springframework.org/schema/beans/spring-beans-3.0.xsd
            http://www.springframework.org/schema/mvc
            http://www.springframework.org/schema/mvc/spring-mvc-3.0.xsd
            http://www.springframework.org/schema/context
            http://www.springframework.org/schema/context/spring-context-3.0.xsd
            http://www.springframework.org/schema/tx
            http://www.springframework.org/schema/tx/spring-tx-3.0.xsd ">

    <!-- 扫描 service、dao 组件 -->
    <context:component-scan base-package="com.lw" />
    <!-- 分解配置 jdbc.properites -->
    <context:property-placeholder location="classpath:properties/
jdbc.properties" />

    <!-- 数据源 c3p0 -->
    <bean id="dataSource" class="com.mchange.v2.c3p0.ComboPooledDataSource">
        <property name="driverClass" value="${jdbc.driverClassName}" />
        <property name="jdbcUrl" value="${jdbc.url}" />
        <property name="user" value="${jdbc.username}" />
        <property name="password" value="${jdbc.password}" />
        <property name="maxPoolSize" value="${c3p0.pool.size.max}" />
        <property name="minPoolSize" value="${c3p0.pool.size.min}" />
        <property name="initialPoolSize" value="${c3p0.pool.size.ini}" />
        <property name="acquireIncrement" value="${c3p0.pool.size.increment}" />
    </bean>

    <!-- 使用 sessionFactory 将 Spring 和 MyBatis 整合 -->
    <bean id="sqlSessionFactory" class="org.mybatis.spring.SqlSessionFactoryBean">
        <property name="dataSource" ref="dataSource" />
        <property name="configLocation" value="classpath:spring/spring-mybatis.xml" />
        <property name="mapperLocations" value="classpath*:com/lw/mapper/*.xml" />
    </bean>
    <bean class="org.mybatis.spring.mapper.MapperScannerConfigurer">
        <property name="basePackage" value="com.lw.mapper" />
        <property name="sqlSessionFactoryBeanName" value="sqlSessionFactory" />
    </bean>

    <bean id="transactionManager" class="org.springframework.jdbc.datasource.
DataSourceTransactionManager">
        <property name="dataSource" ref="dataSource" />
    </bean>
    <tx:advice id="transactionAdvice" transaction-manager="transactionManager">
```

```xml
            <tx:attributes>
                <tx:method name="add*" propagation="REQUIRED" />
                <tx:method name="append*" propagation="REQUIRED" />
                <tx:method name="insert*" propagation="REQUIRED" />
                <tx:method name="save*" propagation="REQUIRED" />
                <tx:method name="update*" propagation="REQUIRED" />
                <tx:method name="modify*" propagation="REQUIRED" />
                <tx:method name="edit*" propagation="REQUIRED" />
                <tx:method name="delete*" propagation="REQUIRED" />
                <tx:method name="remove*" propagation="REQUIRED" />
                <tx:method name="repair" propagation="REQUIRED" />
                <tx:method name="delAndRepair" propagation="REQUIRED" />

                <tx:method name="get*" propagation="SUPPORTS" />
                <tx:method name="find*" propagation="SUPPORTS" />
                <tx:method name="load*" propagation="SUPPORTS" />
                <tx:method name="search*" propagation="SUPPORTS" />
                <tx:method name="datagrid*" propagation="SUPPORTS" />

                <tx:method name="*" propagation="SUPPORTS" />
            </tx:attributes>
        </tx:advice>
    </beans>
```

然后对 Spring 的 MVC 框架进行配置，具体的 spring-mvc.xml 配置文件内容如下：

```xml
<?xml version="1.0" encoding="UTF-8"?>
<beans xmlns="http://www.springframework.org/schema/beans"
        xmlns:xsi="http://www.w3.org/2001/XMLSchema-instance" xmlns:p=
"http://www.springframework.org/schema/p"
        xmlns:context="http://www.springframework.org/schema/context"
        xmlns:mvc="http://www.springframework.org/schema/mvc"
        xsi:schemaLocation="
        http://www.springframework.org/schema/beans
        http://www.springframework.org/schema/beans/spring-beans-3.0.xsd
        http://www.springframework.org/schema/context
        http://www.springframework.org/schema/context/spring-context-3.0.xsd
        http://www.springframework.org/schema/mvc
        http://www.springframework.org/schema/mvc/spring-mvc-3.0.xsd">

        <!-- 启用默认的注解映射支持 -->
        <mvc:annotation-driven />

        <!-- 自动扫描该包，使 Spring MVC 认为包下用了@controller 注解的类是控制器 -->
        <context:component-scan base-package="com.lw.controller" />

    <!--    <mvc:view-controller path="/" view-name="redirect:/resource/html/
index.html"/> -->

        <!--避免 IE 在执行 AJAX 请求时返回 JSON 格式的数据，触发文件下载 -->
        <bean id="mappingJacksonHttp2MessageConverter"
            class="org.springframework.http.converter.json.
MappingJackson2HttpMessageConverter">
            <property name="supportedMediaTypes">
                <list>
                    <value>text/html;charset=UTF-8</value>
                </list>
            </property>
        </bean>

        <!-- 定义跳转文件的前后缀，配置视图模式 -->
        <bean
```

```
                class="org.springframework.Web.servlet.view.
InternalResourceViewResolver">
                <property name="prefix" value="/resource/html/" />
                <property name="suffix" value=".html" />
        </bean>

            <!-- 配置文件上传。如果没有使用文件上传可以不用配置。当然如果不配置，配置文件中也不
必引入上传组件包 -->
        <bean id="multipartResolver"
        class="org.springframework.Web.multipart.commons.
CommonsMultipartResolver">
            <!-- 默认编码 -->
            <property name="defaultEncoding" value="utf-8" />
            <!-- 文件大小最大值 -->
            <property name="maxUploadSize" value="10485760000" />
            <!-- 内存中的最大值 -->
            <property name="maxInMemorySize" value="40960" />
        </bean>

    </beans>
```

接着进行 Spring 与 MyBatis 的整合配置，具体的 spring-mybatis.xml 配置文件内容如下：

```
<?xml version="1.0" encoding="UTF-8" ?>
<!DOCTYPE configuration PUBLIC "-//mybatis.org//DTD Config 3.0//EN"
"http://mybatis.org/dtd/mybatis-3-
config.dtd">
<configuration>
    <!-- 无须配置   -->
</configuration>
```

因为之前已经将 Spring 和 MyBatis 整合了，所以这个配置文件就不需要进行额外的配置了。
如果因一些特殊情况需要添加一些映射，读者可以根据实际情况进行相应的配置。

至此，Maven 项目已经初步配置完成，只需要在 Web.xml 中整合 Spring 和项目配置即可，
如下所示：

```
<?xml version="1.0" encoding="UTF-8"?>
 <Web-app xmlns:xsi="http://www.w3.org/2001/XMLSchema-instance"
    xmlns="http://java.sun.com/xml/ns/javaee"
    xsi:schemaLocation="http://java.sun.com/xml/ns/javaee
http://java.sun.com/xml/ns/javaee/Web-app_3_0.xsd"
    id="WebApp_ID" version="3.0">

    <display-name>A simple net-bank demo</display-name>

        <!-- 指定 Spring Bean 的配置文件所在目录。默认配置在 WEB-INF 目录下 -->
    <context-param>
        <param-name>contextConfigLocation</param-name>
        <param-value>classpath:spring/spring.xml</param-value>
    </context-param>

    <context-param>
        <param-name>log4jConfigLocation</param-name>
        <param-value>classpath:properties/log4j.properties</param-value>
    </context-param>

    <context-param>
        <param-name>log4jRefreshInterval</param-name>
        <param-value>60000</param-value>
    </context-param>
    <listener>
        <listener-class>
```

```
                    org.springframework.Web.util.Log4jConfigListener
            </listener-class>
        </listener>

        <!-- Spring 配置 -->
        <listener>
            <listener-class>org.springframework.Web.context.ContextLoaderListener
</listener-class>
        </listener>
        <listener>
            <listener-class>org.springframework.Web.util.
IntrospectorCleanupListener</listener-class>
        </listener>

        <!-- Spring MVC 配置 -->
        <servlet>
            <servlet-name>spring</servlet-name>
            <servlet-class>org.springframework.Web.servlet.DispatcherServlet
</servlet-class>

            <init-param>
                <param-name>contextConfigLocation</param-name>
                <param-value>classpath:spring/spring-mvc.xml</param-value>
            </init-param>

            <load-on-startup>1</load-on-startup>
        </servlet>

        <servlet-mapping>
            <servlet-name>spring</servlet-name>
            <url-pattern>/</url-pattern>
        </servlet-mapping>
        <servlet-mapping>
            <servlet-name>default</servlet-name>
            <url-pattern>*.css</url-pattern>
            <url-pattern>*.js</url-pattern>
            <url-pattern>*.html</url-pattern>
        </servlet-mapping>

        <!-- 配置项目字符集的过滤方式，这里是 UTF-8 字符集  -->
        <filter>
            <filter-name>CharacterEncodingFilter</filter-name>
            <filter-class>org.springframework.Web.filter.
CharacterEncodingFilter</filter-class>
            <init-param>
                <param-name>encoding</param-name>
                <param-value>UTF-8</param-value>
            </init-param>
            <init-param>
                <param-name>forceEncoding</param-name>
                <param-value>true</param-value>
            </init-param>
        </filter>
        <filter-mapping>
            <filter-name>CharacterEncodingFilter</filter-name>
            <url-pattern>/*</url-pattern>
        </filter-mapping>
        <welcome-file-list>
            <welcome-file>/index.html</welcome-file>
        </welcome-file-list>

    </Web-app>
```

现在进行 Maven 项目编译，并将项目在 Tomcat 中发布。启动 Tomcat 后，若项目正常启动并看见欢迎页面，说明配置无误。本项目使用 HTML 制作视图页面，所以需要修改 index.jsp 为 index.html 页面。项目的配置文件中添加了对 HTML 页面的映射，但本项目并未使用到该配置。不过为了扩展，此配置暂时保留。代码如下：

```
<!-- 定义跳转文件的前后缀，配置视图模式 -->
<bean
    class="org.springframework.Web.servlet.view.
InternalResourceViewResolver">
    <property name="prefix" value="/resource/html/" />
    <property name="suffix" value=".html" />
</bean>
```

index.html 页面的代码如下：

```
<!DOCTYPE html>
<html class="login-alone">
    <head>
        <title>简易网上银行系统</title>
         <meta name="keywords" content="登录页面" />
        <meta http-equiv="content-type" content="text/html; charset=UTF-8" />
        <link rel="shortcut icon" type="image/x-icon"
href="homepage/favicon.ico?v=3.9" />
        <link href="ui/css/screen.css?v=3.9" media="screen, projection"
rel="stylesheet" type="text/css" />
        <link rel="stylesheet" type="text/css" href="ui/css/base.css?v=3.9">
        <link rel="stylesheet" type="text/css" href="passport/css/login.
css?v=3.9">
    </head>
    <body>
        <div class="logina-logo" style="height: 55px">

        </div>
        <div id="login" class="logina-main main clearfix">
            <div class="tab-con">
                <form id="form-login" method="post" action="passport/
ajax-login">
                    <table>
                        <tbody>
                            <tr>
                                <th>账户</th>
                                <td width="245">
                                    <input id="email" type="text" name="email"
placeholder="电子邮箱/手机号" autocomplete="off" value=""></td>
                                <td>
                                </td>
                            </tr>
                            <tr>
                                <th>密码</th>
                                <td width="245">
                                    <input id="password" type="password" name=
"password" placeholder="请输入密码" autocomplete="off">
                                </td>
                                <td>
                                </td>
                            </tr>
                            <tr id="tr-vcode" style="display:none;" >
                                <th>验证码</th>
                                <td width="245">
                                    <div class="valid">
                                        <input type="text" name="vcode"><img class=
```

```
"vcode" src="passport/
    vcode?_=1411476793" width="85" height="35" alt="">
                                    </div>
                                </td>
                                <td>
                                </td>
                            </tr>
                            <tr class="find">
                                <th></th>
                                <td>
                                    <div>
                                        <label class="checkbox" for="chk11"><input
style="height: auto;" id="chk11" type="checkbox" name="remember_me" >记住我</label>
                                        <a href="passport/forget-pwd">忘记密码？</a>
                                    </div>
                                </td>
                                <td></td>
                            </tr>
                            <tr>
                                <th></th>
                                <td width="245"><input id="button" class="confirm"
type="button" value="登  录"></td>
                                <td></td>
                            </tr>
                        </tbody>
                    </table>
                    <input type="hidden" name="refer" value="site/">
                </form>
            </div>
            <div class="reg">
                <p>还没有账号？<br>赶快免费注册一个吧！</p>
                <a class="reg-btn" href="register.html">立即免费注册</a>
            </div>
        </div>

        <div id="main" class="logina main main clearfix">
        <div style="width:250px;height:auto;float: left;">
            <div id="name" class="font-body"></div>
            <div id="cust_info" class="font-body">资产</div>
            <div id="cust_save" class="font-body">存款</div>
            <div id="cust_draw" class="font-body">取款</div>
            <div id="cust_tran" class="font-body">转账</div>
        </div>
        <div style="width:auto;height:auto;float: left;">
            <div id="main-info" class="tab-con" style="float:left">
                <table>
                    <tbody>
                        <tr>
                            <th>账户</th>
                            <td id="account" width="245" style="">

                            <td>
                            </td>
                        </tr>
                        <tr>
                            <th>余额</th>
                            <td id="balance" width="245" style="">

                            <td>
```

```
                                    </td>
                                </tr>
                            </tbody>
                        </table>
                    </div>
                    <div id="main-info" class="tab-con" style="float:left">
                        <table>
                            <tbody>
                                <tr>
                                    <th>账户</th>
                                    <td width="245">
                                        <input class="inputclass" id=
"accountSave" type="text" name="accountSave"  autocomplete="off" value="" ></td>
                                    <td>
                                    </td>
                                </tr>
                                <tr>
                                    <th>余额</th>
                                    <td width="245">
                                        <input class="inputclass" id=
"balanceSave" type="text" name="balanceSave"  autocomplete="off" value="" ></td>
                                    <td>
                                    </td>
                                </tr>
                                <tr>
                                    <th></th>
                                    <td width="245"><input id="buttonBalanceSave"
class="confirm" type="button" value="确 定"></td>
                                    <td></td>
                                </tr>
                            </tbody>
                        </table>
                    </div>
                    <div id="main-draw" class="tab-con" style="width:auto;
height:auto;float: left;">
                        <table>
                            <tbody>
                                <tr>
                                    <th>账户</th>
                                    <td width="245">
                                        <input class="inputclass" id="accountDraw"
type="text" name="accountDraw"  autocomplete="off" value="" ></td>
                                    <td>
                                    </td>
                                </tr>
                                <tr>
                                    <th>金额</th>
                                    <td width="245">
                                        <input class="inputclass" id=
"balanceDraw" type="text" name= "balanceDraw" autocomplete="off" value=""></td>
                                    <td>
                                    </td>
                                </tr>
                                <tr>
                                    <th></th>
                                    <td width="245"><input id="buttonBalanceDraw"
class="confirm" type="button" value="确 定"></td>
                                    <td></td>
                                </tr>
                            </tbody>
                        </table>
```

```
                                    </div>
                                    <div id="main-tran" class="tab-con" style="width:auto;
height:auto;float: left;">
                                        <table>
                                            <tbody>
                                                <tr>
                                                    <th>转出账户</th>
                                                    <td width="245">
                                                        <input class="inputclass" id=
"accountFrom" type="text" name="accountFrom" autocomplete="off" value="" ></td>
                                                    <td>
                                                    </td>
                                                </tr>
                                                <tr>
                                                    <th>转入账户</th>
                                                    <td width="245">
                                                        <input class="inputclass" id=
"accountTo" type="text" name="accountTo" autocomplete="off" value="" ></td>
                                                    <td>
                                                    </td>
                                                </tr>
                                                <tr>
                                                    <th>金额</th>
                                                    <td width="245">
                                                        <input class="inputclass" id=
"balanceTrans" type="text" name="balanceTrans" autocomplete="off" value=""></td>
                                                    <td>
                                                    </td>
                                                </tr>
                                                <tr>
                                                    <th></th>
                                                    <td width="245"><input id=
"buttonBalanceTrans" class="confirm" type="button" value="确 定"></td>
                                                    <td></td>
                                                </tr>
                                            </tbody>
                                        </table>
                                    </div>
                                </div>
                            </div>
        <div id="footer">
            <div class="copyright">Copyright © 2017 </div>
        </div>
         <script src="js/jquery-3.2.1.min.js"></script>
         <script src="js/login.js"></script>
    </body>
</html>
```

启动项目，初始页面如图 12-31 所示。

图 12-31 初始页面

至此，项目已经搭建完成。关于 Web 项目的各种配置和整合，读者可以查阅相关内容进行学习，此任务仅供初步参考学习，不再赘述。

12.5.2　账户注册及登录

对于网上银行系统来说，账户模块十分重要。以目前我国用户量最多的手机用户来说，每当用户下载了一个 App，通常第一件事情就是创建一个账户。对于 Web 应用开发来说也是如此。用户可以唯一标识个人信息以及和其相关的其他内容信息。例如本例中的简易网上银行系统，用户就有其对应的账户信息。

本小节重点讲解账户的登录和注册，让读者对 Web 项目有初步的认识。登录是已注册用户进入系统的行为，注册则是新用户首次在系统上进行登记以获取登录权限的行为。这两个行为涉及数据库的查询和修改操作，通过这些步骤，用户可以登录系统，并享有系统提供的种种功能。本小节只讲解登录功能，读者可以根据项目提供的 register.html 补全信息，实现用户的注册功能。

为模拟用户登录操作，先创建两个表：一个 user 表和一个 account 表。user 表的创建语句如下：

```
create table user(
    id varchar(18) primary key,
    name varchar(40),
    age int,
    password varchar(40),
    phone varchar(11),
    home_addr varchar(200),
    input_date varchar(10),
    input_time varchar(19),
    last_update_date varchar(10),
    last_update_time varchar(19)
);
```

account 表的创建语句如下：

```
create table account (
    account varchar(20) primary key,
    owner varchar(40),
    balance int ,
    input_date varchar(10),
    input_time varchar(19),
    last_update_date varchar(10),
    last_update_time varchar(19)
);
```

完成创建之后，在 user 表中预埋 1 条用户数据，其导出数据文件为 user.csv；同时创建 2 条账户数据，其导出数据文件为 account.csv。在项目启动前，数据库中 user 表的数据如图 12-32 所示。

图 12-32　user 表预埋数据（1 条）

account 表中的预埋数据如图 12-33 所示。

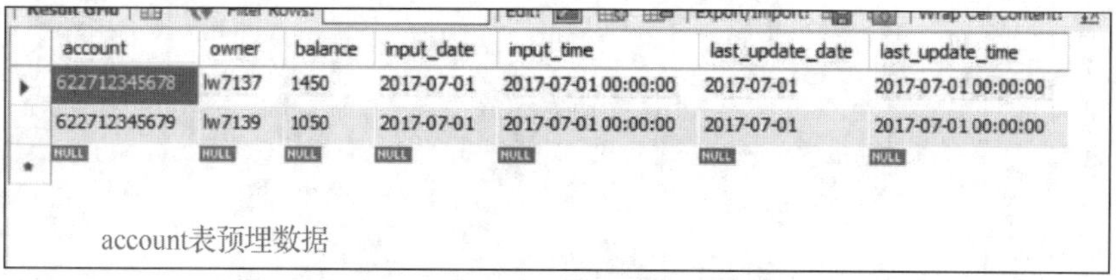

account	owner	balance	input_date	input_time	last_update_date	last_update_time
622712345678	lw7137	1450	2017-07-01	2017-07-01 00:00:00	2017-07-01	2017-07-01 00:00:00
622712345679	lw7139	1050	2017-07-01	2017-07-01 00:00:00	2017-07-01	2017-07-01 00:00:00
NULL	NULL	NULL	NULL	NULL	NULL	NULL

account表预埋数据

图 12-33　account 表预埋数据（2 条）

为了方便项目开发，增加密码 MD5 加密类 MD5Encode.java，代码如下：

```
package com.lw.encode;

import java.security.MessageDigest;

public class MD5Encode {

     // 根据传入的字符串，获取其 MD5 值
     public static String MD5(String inStr) {
          MessageDigest md5 = null;
          try {
               md5 = MessageDigest.getInstance("MD5");
          } catch (Exception e) {
               System.out.println(e.toString());
               e.printStackTrace();
               return "";
          }
          char[] charArray = inStr.toCharArray();
          byte[] byteArray = new byte[charArray.length];

          for (int i = 0; i < charArray.length; i++)
               byteArray[i] = (byte) charArray[i];

          byte[] md5Bytes = md5.digest(byteArray);

          StringBuffer hexValue = new StringBuffer();

          for (int i = 0; i < md5Bytes.length; i++) {
                int val = ((int) md5Bytes[i]) & 0xff;
                if (val < 16)
                     hexValue.append("0");
                hexValue.append(Integer.toHexString(val));
          }

          return hexValue.toString();
     }
     public static void main(String[] args) {
          System.out.println(MD5("123456"));
     }
}
```

同时，增加获取当前日期和时间的工具类 DateUtil.java，代码如下：

```
package com.lw.util;

import java.text.SimpleDateFormat;
import java.util.Date;

public class DateUtil {

     private static SimpleDateFormat sdf_date = new SimpleDateFormat
("yyyy-MM-dd");
```

```
        private static SimpleDateFormat sdf_time = new SimpleDateFormat("yyyy-MM-dd
HH:mm:ss");

        // 获取当前日期的字符串值
        public static String getCurrDate() {
            return sdf_date.format(new Date());
        }

        public static String getCurrTime() {
            return sdf_time.format(new Date());
        }

}
```

最后，增加将页面传入数据转换成 Map 的工具类 String2Map.java，代码如下：

```
package com.lw.util;

import java.util.HashMap;
import java.util.Map;

public class String2Map {

    public static Map<String, String> parseString2Map(String json) {
        Map<String, String> map = new HashMap<>();
        String[] params = json.split("&");

        for(String str : params) {
            map.put(str.substring(0, str.indexOf("=")), str.substring
(str.indexOf("=") + 1));
        }
        return map;
    }
}
```

至此，前期准备工作已完成。新增 LoginController.java 类，用来进行登录控制，代码如下：

```
package com.lw.controller;

import java.util.HashMap;
import java.util.Map;

import org.apache.commons.lang.StringUtils;
import org.springframework.beans.factory.annotation.Autowired;
import org.springframework.stereotype.Controller;
import org.springframework.Web.bind.annotation.RequestBody;
import org.springframework.Web.bind.annotation.RequestMapping;
import org.springframework.Web.bind.annotation.ResponseBody;

import com.lw.encode.MD5Encode;
import com.lw.mapper.AccountMapper;
import com.lw.mapper.UserMapper;
import com.lw.model.Account;
import com.lw.model.User;
import com.lw.util.String2Map;

@Controller
public class LoginController {

    @Autowired
    private UserMapper userMapper;
    @Autowired
    private AccountMapper accMapper;


    @RequestMapping(value="/login")
```

```java
@ResponseBody
public Map<String, String> checkInfo(@RequestBody String loginJson){

    // 返回的数据
    Map<String, String> data = new HashMap<>();
    // 解析 JSON
    Map<String, String> infoMap = String2Map.parseString2Map(loginJson);

    String userId = infoMap.get("userId");
    String pwd = infoMap.get("pwd");

    if (StringUtils.isEmpty(userId)) {
        data.put("flag", "false");
        data.put("errorMsg", "用户名不可以为空! ");
        return data;
    }
    if (StringUtils.isEmpty(pwd)) {
        data.put("flag", "false");
        data.put("errorMsg", "用户密码不可以为空! ");
        return data;
    }

    User user = userMapper.selectByPrimaryKey(userId); // 查询数据库
    if (null == user) {
        data.put("flag", "false");
        data.put("errorMsg", "用户不存在! ");
        return data;
    }
    if (!user.getPassword().equals(MD5Encode.MD5(pwd))) {
        data.put("flag", "false");
        data.put("errorMsg", "用户密码错误! ");
        return data;
    }
    Account acc = accMapper.selectByOwner(userId);

    data.put("flag", "true");
    data.put("errorMsg", "");
    data.put("userId", user.getId());
    data.put("name", user.getName());
    data.put("account", acc.getAccount());
    data.put("balance", String.valueOf(acc.getBalance()));

    return data;
}
}
```

在 index.js 中添加登录的 AJAX 请求，代码如下：

```javascript
$(function(){
    $("#button").click(function() {
        var userId = $("#email").val();
        if(null == userId || "" == userId) {
            alert("请输入用户名! ");
            return;
        }
        var pwd = $("#password").val();
        if(null == pwd || "" == pwd) {
            alert("请输入密码! ");
            return;
        }
        $.ajax({
            type:"post",
```

```
                    url:"/simplebank/login",
                    async:false,
                    dataType:"json",
                    data:{"userId":userId,"pwd":pwd},
                    success: function(data){
                        JSON.stringify(data);
                        if ("true" == data.flag) {
                                $("#name").html("尊敬的" + data.name + ":");
                                $("#email").val("");
                                $("#password").val("");
                                $("#login").hide();
                                $("div[id^='main']").hide();
                                $("#main").show();
                                $("#main-info").show();
                                $("#name").val(data.name);
                                $("#account").html(data.account);
                                $("#balance").html(data.balance);
                        } else {

                                alert(data.errorMsg);
                        }
                    },
                    error : function( data){
                        alert("未知错误! ");
                    }
                });
        });
});
```

右击项目，运行 Maven 的 clean 和 install 命令，启动 Tomcat 服务器，完成项目跳转。跳转后的页面如图 12-34 所示。

图 12-34　用户主页面

完成登录验证后，用户将进入主页面，该页面中有存取款和转账功能。默认显示账户信息页面。一个人可能有很多个账户，此处是比较简单的场景。在真实的场景下，账户和各个账户的余额可能有多个，而账户的总余额只有一个，那就是所有账户余额的总和。读者可以根据这个场景来修改 LoginController.java 和对应页面，对每个用户返回一个 Account 列表，然后分页展示，同时在主页面显示账户的总资产。

在该页面中，选择"资产"则显示用户的账户和余额，选择"存款"则显示存款账户文本框和存款金额文本框，选择"取款"则显示取款账户和取款金额文本框，选择"转账"则显示转出账户、转入账户和转账金额文本框。可以在页面和后台共同添加业务逻辑代码，以实现上述功能。

12.5.3　转账功能

实现存取款功能的逻辑较为单一，存款需要进行账户是否存在的校验。为了保护客户权益，还可以增加账户是否是某客户账户的校验，防止用户输入账户信息后导致财产安全问题。对此比较贴心的处理是提供用户所有的账号，让用户以使用下拉列表的方式选择需要存款的账户。取款时需要校验账户是否存在、账户是否是某客户所属的账户和账户余额是否足够等，该操作也可以使用下拉列表的方式进行。转账则较为复杂，需要先验证账户是否是某客户的账户，同时要保证目标账户和自己账户的余额足够。而且该操作需要进行事务处理，如果转出账户扣除转账金额成功，但是转入账户增加转账金额失败，则意味着转账失败，将转入账户中退回转出账户的金额扣除。

因转账功能基于存取款功能且比之复杂，故将用户金额的增减功能整合到转账事务中讲解，读者可以模仿转账功能编写存取款功能。

为了实现存取款功能，可在服务器端增加转账功能控制类 AccountOperationController.java，其业务代码如下：

```java
package com.lw.controller;

import java.util.HashMap;
import java.util.Map;

import org.springframework.beans.factory.annotation.Autowired;
import org.springframework.stereotype.Controller;
import org.springframework.transaction.annotation.Isolation;
import org.springframework.transaction.annotation.Propagation;
import org.springframework.transaction.annotation.Transactional;
import org.springframework.Web.bind.annotation.RequestBody;
import org.springframework.Web.bind.annotation.RequestMapping;
import org.springframework.Web.bind.annotation.ResponseBody;

import com.lw.mapper.AccountMapper;
import com.lw.model.Account;
import com.lw.util.DateUtil;
import com.lw.util.String2Map;

@Controller
@RequestMapping(value="/account")
public class AccountOperationController {

    @Autowired
    private AccountMapper accMapper;


    @RequestMapping(value="/trans")
    @ResponseBody
    // 添加事务注解
    @Transactional(propagation=Propagation.REQUIRED,rollbackFor=
Exception.class,timeout=1,isolation=Isolation.DEFAULT)
    public Map<String, String> checkInfo(@RequestBody String transInfo){

        // 返回的数据
        Map<String, String> data = new HashMap<>();
        // 解析 JSON
        Map<String, String> infoMap = String2Map.parseString2Map(transInfo);

        String accountFrom = infoMap.get("accountFrom");
        String accountTo = infoMap.get("accountTo");
        int count = Integer.parseInt(infoMap.get("count"));

        if(count < 0) {
            data.put("flag", "false");
            data.put("errorMsg", "转账金额不能为负数！");
            return data;
```

```
        }
        Account accountF = accMapper.selectByPrimaryKey(accountFrom);
        if(null == accountF) {
                data.put("flag", "false");
                data.put("errorMsg", "转出账户不存在！");
                return data;
        }
        if(count > accountF.getBalance()) {
                data.put("flag", "false");
                data.put("errorMsg", "转出账户余额不足！");
                return data;
        }

        Account accountT = accMapper.selectByPrimaryKey(accountTo);
        if(null == accountT) {
                data.put("flag", "false");
                data.put("errorMsg", "转入账户不存在！");
                return data;
        }

        accountF.setBalance(accountF.getBalance() - count);
        accountT.setBalance(accountT.getBalance() + count);

        accountF.setLastUpdateDate(DateUtil.getCurrDate());
        accountF.setLastUpdateTime(DateUtil.getCurrTime());
        accountT.setLastUpdateDate(DateUtil.getCurrDate());
        accountT.setLastUpdateTime(DateUtil.getCurrTime());

        accMapper.updateByPrimaryKey(accountF);
        accMapper.updateByPrimaryKey(accountT);

        data.put("flag", "true");
        data.put("errorMsg", "");
        data.put("account", accountF.getAccount());
        data.put("balance", String.valueOf(accountF.getBalance()));
        return data;
    }
}
```

在页面端增加请求存取款功能的 AJAX 代码，其 JavaScript 代码在 login.js 中添加，对应的 JavaScript 代码如下：

```
$("#buttonBalanceTrans").click(function(){
        var accountFrom = $("#accountFrom").val();
        var accountTo = $("#accountTo").val();
        var balanceTrans = $("#balanceTrans").val();

        if(null == accountFrom || "" == accountFrom) {
                alert("请输入转出账户！");
                return;
        }
        if(null == accountTo || "" == accountTo) {
                alert("请输入转入账户！");
                return;
        }
        if(null == balanceTrans || "" == balanceTrans) {
                alert("请输入转出金额！");
                return;
        }
        var count = Number(balanceTrans);
        if(isNaN(count) || count < 0) {
```

```
                        alert("请输入合法的金额! ");
                        $("#balanceTrans").val("");
                        return;
                    }

            $.ajax({
                    type:"post",
                    url:"transeferServlet",
                    async:false,
                    dataType:"json",
                    data:{"accountFrom":accountFrom,"accountTo":accountTo,
"count":count},

                    success: function(data){
                        JSON.stringify(data);
                        if ("true" == data.flag) {
                                // 如果是本账户转账，则更新账户信息
                                if(data.account == $("#account").html()) {
                                        $("#balance").html(data.balance);
                                }
                                $("#balanceTrans").val("");
                                alert("转账成功! ");
                        } else {
                                alert(data.errorMsg);
                        }
                    },
                    error : function( data){
                            alert("未知错误! ");
                    }
            });


    });

    function erasureInput(){
        $("input[id^='account']").val("");
        $("input[id^='balance']").val("");
    }
```

在后台代码中，"@Transactional(propagation=Propagation.REQUIRED,rollbackFor=
Exception.class,timeout=1,isolation=Isolation.DEFAULT)" 是事务注解。Spring 整合了数据库事
务管理，使得数据库事务的编写更加简单和方便，减少了因人为错误导致事务没有得到合理控制的风
险。该注解用于某方法时，该方法具有事务性。当注解置于类级别时，表明该类的所有方法都具有事
务性。

在用户登录后的账户信息页面，单击"转账"按钮，进入转账操作页面进行转账操作，成功后
会提示"转账成功!"，如图 12-35 所示。

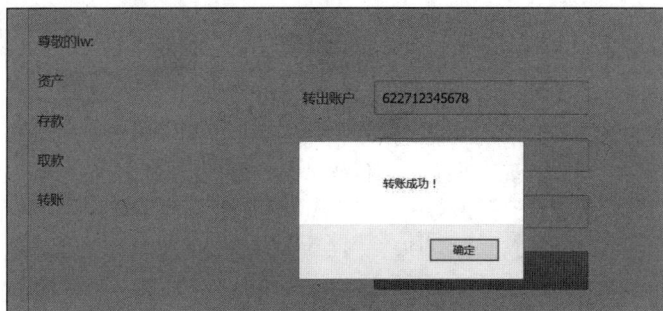

图 12-35　转账成功

为了验证结果是否符合预期，可通过数据库查询操作进行数据确认，如图 12-36 所示。

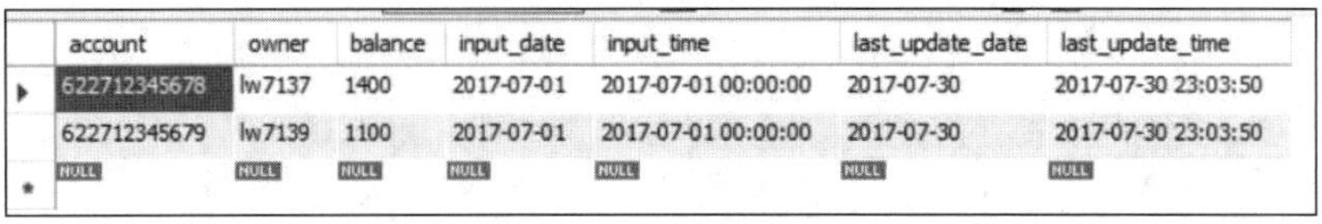

	account	owner	balance	input_date	input_time	last_update_date	last_update_time
▸	622712345678	lw7137	1400	2017-07-01	2017-07-01 00:00:00	2017-07-30	2017-07-30 23:03:50
	622712345679	lw7139	1100	2017-07-01	2017-07-01 00:00:00	2017-07-30	2017-07-30 23:03:50
*	NULL	NULL	NULL	NULL	NULL	NULL	NULL

图 12-36　转账验证

完成后单击“确定”按钮，查看当前账户信息，其结果如图 12-37 所示。

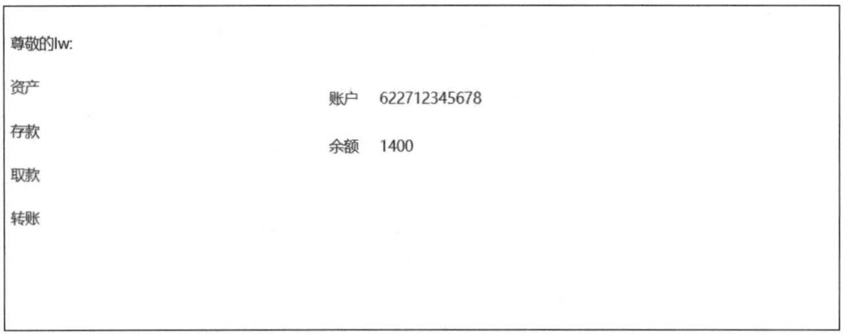

图 12-37　转账后账户信息

至此，转账功能已实现。

该简易网上银行系统是一个简单的 Web 项目，其中注册功能和用户操作功能提供了页面和处理类，读者可以根据之前的模板进行编写练习，动手实现更多功能。存取款页面只有数据，没有提供前端和后端的处理逻辑，读者可以参考转账业务逻辑进行补充。快速熟悉项目的途径就是自己动手编写相关功能的代码，这样才能快速、深入地理解项目。

12.6 技能拓展

拓展 12-1　使用 AIGC 工具辅助编程

在数字化时代，人工智能（Artificial Intelligence，AI）已成为推动各领域变革的核心力量。人工智能旨在让计算机模拟人类的智能行为，涵盖了机器学习、深度学习等众多技术分支。它通过对大量数据的学习和分析，使计算机具备解决复杂问题、做出决策以及完成特定任务的能力。

人工智能生成内容（Artificial Intelligence Generated Content，AIGC）作为人工智能应用的一个重要方向，正重塑着内容创作的格局。AIGC 借助人工智能技术，能够自主生成文本、图像、音频、视频等丰富多样的内容形式，极大地提高了内容生产的效率和灵活性。在 AIGC 蓬勃发展的背后，大语言模型技术扮演着极为关键的角色。大语言模型技术的发展不断推动生成式技术领域的革新。大语言模型基于深度学习架构，通过在海量文本数据上进行训练，学习到语言的结构、语义和语法等知识，从而具备强大的语言理解和生成能力。

大语言模型技术的发展不断推动生成式技术领域的革新。其中，在开发领域，AIGC 工具通过集成大语言模型的能力，可以实现代码生成、代码补全、生成注释、代码理解、代码优化、添加单元测试、智能纠错等功能，显著提升开发效率。当前 AIGC 辅助编程工具众多，包括通义灵码、GitHub Copilot、Fitten Code、Cursor、CodeGeeX、Tabnine、Codeium、CodeWhisperer、CodeArt Snap、Comate、 Bito、Duet AI 等，而且这些工具和一些常用的 IDE 都有很好的集成。下面以通义灵码为例，演示如何在 IDE 中集成 AIGC 工具以及常见的使用场景。

通义灵码是阿里云推出的智能编码辅助工具，该产品以大语言模型能力为核心，为开发者提供智能编码辅助。它能够熟练使用 200 多种编程语言，并精通 16 种主流语言；可以提供行级/函数级实时续写、自然语言生成代码、单元测试生成、代码优化、注释生成、代码解释、智能问答、异常报错排查等能力，显著提升开发效率。产品支持 JetBrains 系列、VS Code 及 Visual Studio 主流 IDE，兼容多版本环境。

可以在常用的开发工具 IntelliJ IDEA（IntelliJ 集成开发环境，IntelliJ）、Visual Studio Code（Visual Studio 代码编辑器，VS Code）中快速集成通义灵码插件，集成插件后登录即可正常使用。下面演示如何在 IntelliJ IDEA 集成通义灵码插件以及使用相应功能。

1. 安装通义灵码插件

（1）打开 IntelliJ IDEA 开发工具，在菜单栏上通过选择 "File" → "Settings" → "Plugins" 进入插件市场，搜索 "TONGYI Lingma" 插件，找到通义灵码插件后单击 "Install" 按钮进行安装，如图 12-38 所示。

（2）通义灵码插件安装完成后，需要重启 IntelliJ IDEA 开发工具，重启后登录通义灵码，使用阿里云账号进行登录，如图 12-39 所示。

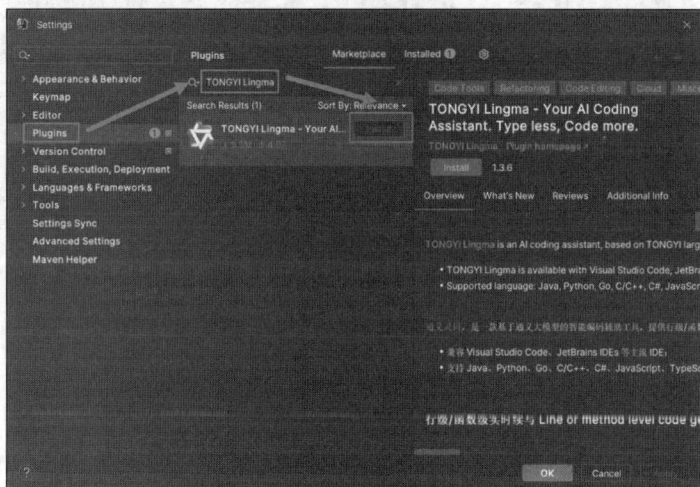

图 12-38 安装通义灵码插件   图 12-39 登录通义灵码

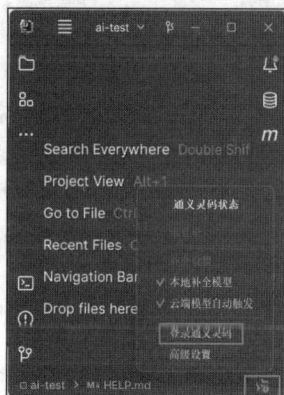

2. 使用通义灵码辅助编程

（1）行级/函数级实时续写

在 IntelliJ IDEA 编辑器中，当启用自动云端生成代码的功能时，通义灵码会根据当前编写的代码文件及其上下文，智能地提供行级或函数级的代码建议。代码建议以灰色字体显示，开发者可以在审核之后选择是否采纳这些生成的代码，从而减少人工输入的代码量，显著提高开发效率。如图 12-40 所示。

（2）自然语言描述生成代码

通义灵码支持两种通过自然语言描述生成代码的方式：一种是在编辑器中直接通过注释的方式描述需要的功能，可以看到在编辑器中生成代码建议；另一种是在智能问答中描述需要的功能，智能问答助手将生成代码建议，并支持一键插入或复制代码，如图 12-41、图 12-42 所示。

（3）代码操作快捷入口

通义灵码对还支持生成单元测试、代码优化、代码注释、解释代码等功能，有 3 个快捷入口可以调用这些功能。

① 在每个函数方法上，有功能使用快捷入口，如图 12-43 所示。

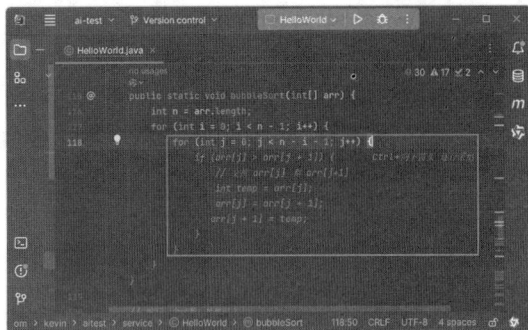

图 12-40　行级/函数级实时续写

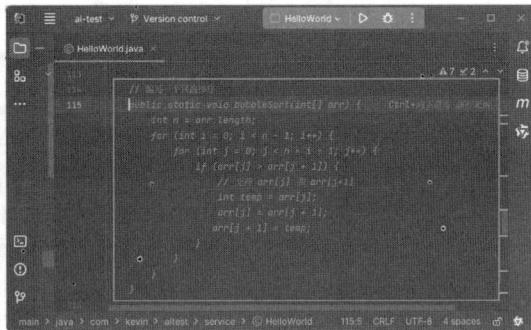

图 12-41　编辑器中生成代码

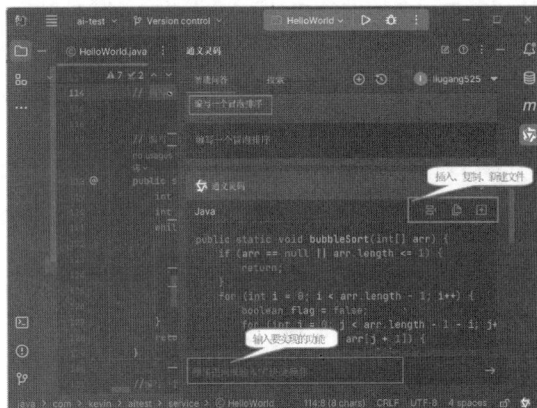

图 12-42　智能问答中生成代码

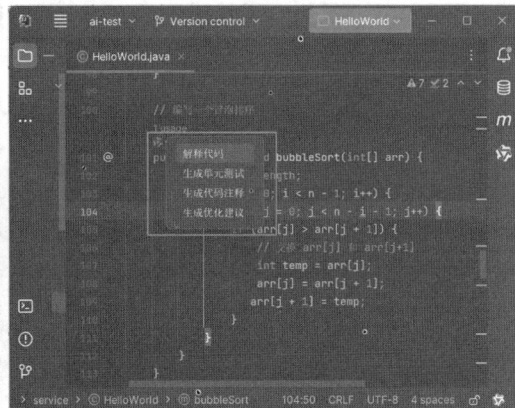

图 12-43　函数方法上的快捷功能（1）

② 选中代码后，在右键级联菜单上有功能使用快捷入口，如图 12-44 所示。

③ 选中代码后，在智能问答中，可以使用"/"查看快捷指令，有相应的功能使用快捷入口，如图 12-45 所示。

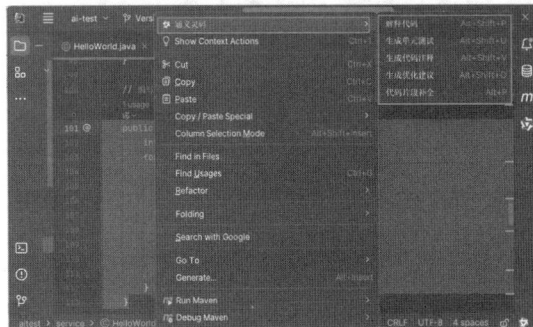

图 12-44　函数方法上的快捷功能（2）

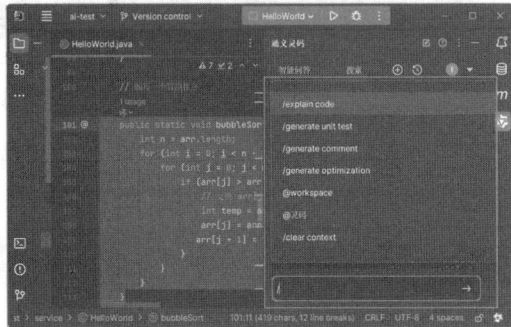

图 12-45　函数方法上的快捷功能（3）

- /help：学习如何使用通义灵码。
- /explain code：解释选中的代码。
- /generate unit test：为选中的代码生成单元测试。
- /generate comment：为选中的代码生成方法注释或行间注释。
- /generate optimization：为选中的代码生成优化建议和相关优化代码。
- /clear context：当你在会话中时，单击后将清空上下文记忆。

（4）智能问答与搜索

在编程过程中，遇到问题或者需要查找资料时，可以向智能问答进行提问，如图 12-46 所示。提问时可以通过以下 3 种方式缩小问题范围，从而快速高效地获得想要的结果。

① 先选中代码，然后输入问题，通义灵码将围绕选中代码与开展对话；

② 精准表达问题，以及给出相对详细的上下文输入，比如选中的代码、日志、报错信息等；

③ 多次交互，告诉通义灵码，所给出代码建议或回答是否满足预期，或生成内容存在的具体问题，通义灵码也会根据反馈不断改进。

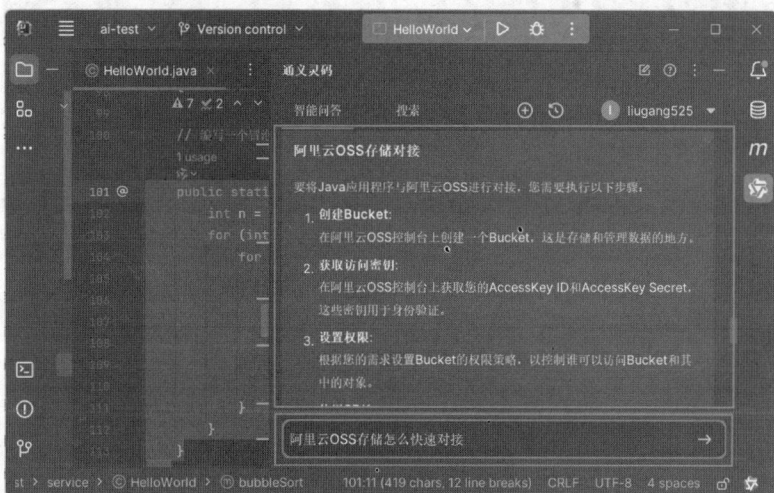

图 12-46　智能问答

在编程过程中如果需要进行技术资料检索、代码片段搜索，选择"搜索"选项卡，即可快速开始搜索，如图 12-47 所示。

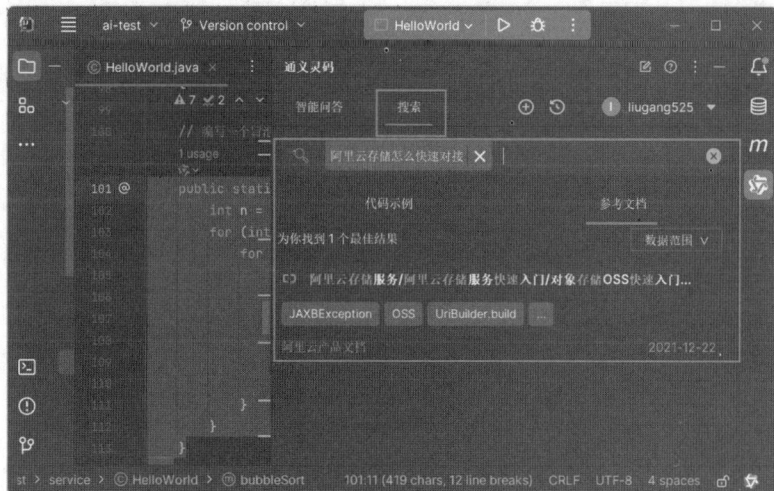

图 12-47　搜索功能

（5）新建会话/历史会话

智能问答窗口中，单击右上角的新建按钮⊕即可新建会话窗口，会话窗口将回到默认状态。历史会话功能可以存储与通义灵码的交流记录，方便针对多次的建议进行对比和选择。在任意 IDE 客户端或工程中，均可以查看或搜索与通义灵码的历史会话。如图 12-48 所示。

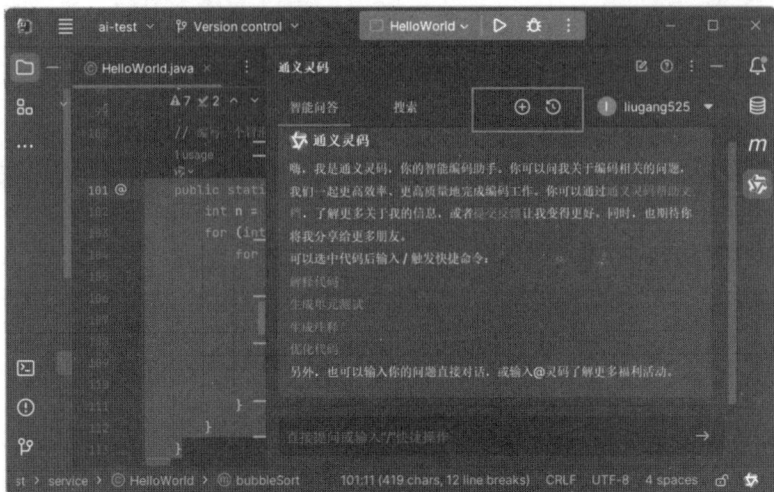

图 12-48　会话管理

12.7　单元小结

　　本单元着重讲解了 JDBC 和 Web 项目的创建。12.1 节主要讲解了 JDBC 的概念，通过数据库的连接创建和数据操作讲解了数据库的使用。12.2 节主要介绍了日志的级别，并在简易网上银行系统中进行了配置和使用。日志的作用非常大，一般项目在运行中出现了问题，因为无法像在本地一样进行测试，只能通过日志文件分析和解决问题。不过一般项目中的日志都是根据需求配置好的，读者可以暂且忽略此内容，等有需要的时候再深入地了解和学习。12.3 节介绍了 JUnit 的功能测试，通过任务讲解如何进行 JUnit 测试。JUnit 框架的快捷测试可以帮助开发者快速验证功能点是否实现、程序是否存在漏洞等，方便了功能点的开发和维护工作。12.4 节介绍了事务，这是实际项目开发中最常见的功能之一。只要理解了事务的特性，在开发过程中把握好事务的边界，就能很好地对其进行处理。同时，Spring 提供了对事务的注解，简化了开发工作。最后使用一个任务完成了对 Java 基础知识及使用的讲解，Web 项目是 Java 一直以来稳居开发语言前列的保障。12.5 节通过对 Maven 和 Tomcat 的简单介绍，整合 Spring 和 MyBatis 完成了一个 Maven 项目的创建，并实现了简单的登录操作和转账操作，大致讲解了一个 Web 项目的组成和功能的添加，让读者对 Web 项目有大体的认知并且能够快速熟悉和动手开发 Web 项目。

　　学习的目的在于应用，希望读者在阅读完本书之后，能够快速地熟悉并应用 Java 相关知识来完成对学习的检验。